U0434869

建筑与市政工程施工现场专业人员职业标准培训教材

质量员岗位知识与专业技能

（市政方向）

建筑与市政工程施工现场专业人员职业标准培训教材编审委员会
中国建设教育协会
组织编写

焦永达　主　编

中国建筑工业出版社

图书在版编目（CIP）数据

质量员岗位知识与专业技能（市政方向）/焦永达主编. —北京：中国建筑工业出版社，2014.10
建筑与市政工程施工现场专业人员职业标准培训教材
ISBN 978-7-112-17258-0

Ⅰ.①质… Ⅱ.①焦… Ⅲ.①市政工程-质量管理-职业培训-教材 Ⅳ.①TU712

中国版本图书馆 CIP 数据核字（2014）第 211431 号

本书是根据中华人民共和国住房和城乡建设部颁布的《建筑与市政工程施工现场专业人员职业标准》JGJ/T 250－2011 和建筑与市政工程质量员（市政方向）考核评价大纲编写的，与《质量员通用与基础知识》一书配套使用。

本书主要内容包括：工程质量管理的基本知识，施工质量计划的内容和编制方法，市政工程主要材料的质量评价，工程质量控制的方法，施工质量控制要点，市政工程质量问题的分析、预防与处理方法，市政工程质量检查、验收、评定，施工检（试）验的内容、方式和判断标准，市政工程质量资料的收集与整理。

本书为市政质量员岗位资格考试培训教材，也可供建设行业施工现场工作人员学习参考。

责任编辑：朱首明　李　明　王美玲
责任设计：李志立
责任校对：姜小莲　刘梦然

建筑与市政工程施工现场专业人员职业标准培训教材
质量员岗位知识与专业技能
（市政方向）
建筑与市政工程施工现场专业人员职业标准培训教材编审委员会
中国建设教育协会
组织编写
焦永达　主编

*

中国建筑工业出版社出版、发行（北京西郊百万庄）
各地新华书店、建筑书店经销
北京科地亚盟排版公司制版
北京富生印刷厂印刷

*

开本：787×1092 毫米　1/16　印张：12¾　字数：317 千字
2014 年 9 月第一版　　2016 年 12 月第七次印刷
定价：**35.00** 元
ISBN 978-7-112-17258-0
（25928）

建筑与市政工程施工现场专业人员职业标准培训教材
编审委员会

出版说明

建筑与市政工程施工现场专业人员队伍素质是影响工程质量和安全生产的关键因素。我国从20世纪80年代开始，在建设行业开展关键岗位培训考核和持证上岗工作。对于提高建设行业从业人员的素质起到了积极的作用。进入21世纪，在改革行政审批制度和转变政府职能的背景下，建设行业教育主管部门转变行业人才工作思路，积极规划和组织职业标准的研发。在住房和城乡建设部人事司的主持下，由中国建设教育协会、苏州二建建筑集团有限公司等单位主编了建设行业的第一部职业标准——《建筑与市政工程施工现场专业人员职业标准》，已由住房和城乡建设部发布，作为行业标准于2012年1月1日起实施。为推动该标准的贯彻落实，进一步编写了配套的14个考核评价大纲。

该职业标准及考核评价大纲有以下特点：（1）系统分析各类建筑施工企业现场专业人员岗位设置情况，总结归纳了8个岗位专业人员核心工作职责，这些职业分类和岗位职责具有普遍性、通用性。（2）突出职业能力本位原则，工作岗位职责与专业技能相互对应，通过技能训练能够提高专业人员的岗位履职能力。（3）注重专业知识的完整性、系统性，基本覆盖各岗位专业人员的知识要求，通用知识具有各岗位的一致性，基础知识、岗位知识能够体现本岗位的知识结构要求。（4）适应行业发展和行业管理的现实需要，岗位设置、专业技能和专业知识要求具有一定的前瞻性、引导性，能够满足专业人员提高综合素质和适应岗位变化的需要。

为落实职业标准，规范建设行业现场专业人员岗位培训工作，我们依据与职业标准相配套的考核评价大纲，组织编写了《建筑与市政工程施工现场专业人员职业标准培训教材》。

本套教材覆盖《建筑与市政工程施工现场专业人员职业标准》涉及的施工员、质量员、安全员、标准员、材料员、机械员、劳务员、资料员8个岗位14个考核评价大纲。每个岗位、专业，根据其职业工作的需要，注意精选教学内容、优化知识结构、突出能力要求，对知识、技能经过合理归纳，编写为《通用与基础知识》和《岗位知识与专业技能》两本，供培训配套使用。本套教材共29本，作者基本都参与了《建筑与市政工程施工现场专业人员职业标准》的编写，使本套教材的内容能充分体现《建筑与市政工程施工现场专业人员职业标准》，促进现场专业人员专业学习和能力提高的要求。

作为行业现场专业人员第一个职业标准贯彻实施的配套教材，我们的编写工作难免存在不足，因此，我们恳请使用本套教材的培训机构、教师和广大学员多提宝贵意见，以便进一步的修订，使其不断完善。

建筑与市政工程施工现场专业人员职业标准培训教材编审委员会

前　　言

本书是根据中华人民共和国住房和城乡建筑部颁布的《建筑与市政工程施工现场专业人员职业标准》JCJ/T 250—2011及《建筑与市政工程施工现场专业人员考核评价大纲》编写的，可以作为市政工程施工现场人员职业能力评价用书及考试培训教材，也可供大中专院校、建筑施工企业技术管理人员及监理人员参考。

本书综合运用市政工程专业的理论基础和市政工程技术发展的成果，突出职业和岗位特点，重点介绍市政质量员应具备的岗位知识与专业技能，内容力求理论联系实际，注重对学员的实践能力、解决问题能力的培养，并兼顾全书的系统性和完整性。

本书由中国市政工程协会组织编写，焦永达任主编，岗位知识由侯洪涛、余家兴主笔，专业技能由张亚庆、余家兴、李庚蕊主笔。

本书在编写过程中得到了武汉市市政建设集团有限公司、北京市市政建设集团有限责任公司、济南工程技术学院等单位的支持和帮助，并参考了现行的相关规范和技术规范，参阅了业内专家、学者的文献和资料，在此一并表示衷心的谢意！对为本书付出了辛勤劳动的中国建筑教育协会、中国建筑出版社编辑同志表示衷心的感谢！

由于编者水平有限，书中疏漏、错误在所难免，恳请使用本书的读者不吝指正。

目 录

一、工程质量管理的基本知识

（一）工程施工质量管理

1. 工程质量管理的概念

（1）工程质量

工程质量是指承建工程的使用价值，是工程满足社会需要所必须具备的质量特征，是一组固有特性满足要求的程度；体现在工程的性能、寿命、可靠性、安全性和经济性等方面。工程施工应以抓好工作质量来保证验收批、分项工程施工质量，保证分部、单位工程和工程项目施工质量。

（2）工程质量管理

工程质量管理为实现工程建设的质量方针、目标，进行质量策划、质量控制、质量保证和质量改进等系列活动。

（3）全面质量管理

全面质量管理 Total Quality Management（TQM）是以质量为中心，以组织全员参与为基础，以顾客满意、组织成员和社会均能受益为长期目标的质量管理形式。

全面质量管理的基本要求：①“三全”（全过程、全员、全企业）的要求；②“为用户服务”的观点；③“预防为主”的理念；④“用数据说话”的方法。

2. 工程质量管理的特点

与一般的产品质量相比较，工程质量具有如下一些特点：影响因素多、质量变动大，决策、设计、材料、机械、环境、施工工艺、管理制度以及参建人员素质等均直接或间接地影响工程质量。工程项目建设不像一般工业产品的生产那样，在固定的生产流水线，有规范化的生产工艺和完善的检测技术，有成套的生产设备和稳定的生产环境，因此工程质量具有干扰因素多、质量波动较大的特点。

（1）质量策划难度大

工程建设项目，特别是市政工程建设项目具有建设规模大、分期建设、多种专业配合，对施工工艺和施工方法的要求高等特点。这一特点，决定了质量策划的难度。首先是策划人员必须具备工程项目建设必需的专业技术知识，还要充分了解各种施工工艺的特点和现场的适用性；其次，由于工程项目规模大，过程识别较为困难，如果过程划分太简单，不便于质量和成本控制，但若划分太细，则增加了协调和控制难度。

（2）人员管理过程复杂

工程项目建设人力资源组织复杂，有企业的管理人员、现场施工专业人员、作业人员，此外还有分包企业人员和劳务人员。

在人员的管理上，由于劳务人员素质和工作经验参差不齐，故劳务人员的管理更加困难，应加强培训和检查。同时，由于劳务人员的流动性大，在工程进度上存在许多不确定性，往往会影响到工程质量控制。

（3）施工进度安排难度大

工程项目越大、技术环节越多、建设周期越长，受天气、水文等自然因素的影响越大。

天气、水文等自然要素的不确定性较大，从而给人力、设备的计划安排带来困难。此外，施工设备也要部分进行租赁，同劳务人员的管理存在同样的管理难度。

（4）最终产品必须是合格产品

工程项目建设必须一次达到质量要求。如果发现验收批、分项工程存在质量问题，必须对质量问题进行及时处理，否则工程整体质量将全部会受到影响。因此工程项目施工过程中的质量控制，就显得极其重要。

（5）质量改进工作多样性

由于各工程建设内容不可能完全一致，因此许多质量管理的统计方法和分析工具不能完全套用，导致寻找质量薄弱环节和改进方向较为困难，客观上增加了质量改进困难。

3. 施工质量的影响因素

影响施工质量的因素主要包括五大方面：人员、机械、材料、方法和环境。在施工过程中对这五方面因素严加控制是保证工程质量的关键。

（1）人员

人是直接参与施工的决策者、管理者和作业者。人的因素影响主要是指个人的质量意识和质量活动能力对施工质量形成造成的影响。在质量管理中，人的因素起决定性的作用。所以，施工质量控制应以控制人的因素为基本出发点。

（2）材料

材料包括工程材料和施工用料，又包括原材料、构配件、半成品、成品等。各类材料是工程施工的物资条件，材料质量是工程质量的基础，材料质量不符合要求，工程质量就不可能符合标准。所以加强材料的质量控制，是提高工程质量的重要保证。

（3）机械

机械设备包括工程设备、施工机械和各类施工工器具。工程设备是指组成工程实体的工艺设备和各类机具，如电梯、泵机、通风空调设备等，它们是工程项目的重要组成部分，其质量的优劣，直接影响工程使用功能的质量。施工机械设备是指施工过程中使用的各类机具设备，包括运输设备、操作工具、测量仪器、计量器具以及施工安全设施等。施工机械设备是工程项目实施的重要物质基础，合理选择和正确使用施工机械设备是保证施工质量的重要措施。

（4）方法

施工方法包括施工方案、施工工艺和技术措施等。施工中，由于方案、技术措施考虑不周而拖延进度、影响质量、增加投资的情况并不鲜见。因此，制订和审核方案时，必须结合工程实际，从技术、管理、工艺、组织、操作、经济等方面进行全面分析、综合考虑，以保证方案有利于提高质量、加快进度、降低成本。

（5）环境

环境因素主要包括现场自然环境因素、施工质量管理环境因素和施工作业环境因素。环境因素对工程质量的影响，具有复杂而多变以及不确定性的特点。

1）现场自然环境因素

现场自然环境因素主要指工程地质、水文、气象条件和周边建筑、地下障碍物以及其他不可抗力等对施工质量的影响因素。

2）施工质量管理环境因素

施工质量管理环境因素主要指施工单位质量保证体系、质量管理制度和各参建施工单位之间的协调等因素。

3）施工作业环境因素

施工作业环境因素主要指施工现场的给水排水条件，各种能源介质供应（新加），施工照明、通风、安全防护设施、施工场地空间条件和通道以及交通运输和道路条件等。这些条件是否良好，直接影响到施工能否顺利进行，以及施工质量能否得到保证。

（二）质量控制体系

1. 质量控制体系的组织框架

（1）建立健全质量管理体系，项目部必须建立质量管理体系，建立项目质量管理制度，配备的质量员、试验员、测量员，加强质量教育培训，提高全员质量意识，全面贯彻落实企业的质量方针和目标。

（2）根据施工方案在开工前进行技术交底，对影响工程质量的各种因素、各个环节，首先进行分析研究，实现有效的事前控制。

（3）加强技术规范、施工图纸、质量标准以及监理程序等文件的学习，严格按设计和规范要求施工，对分部分项工程质量进行检查、验收，并妥善处理质量问题。

（4）贯彻“谁施工谁负责质量”的原则，坚持“三检制”，加强过程管理，严格控制工程质量。

施工项目部的质量管理体系的组织框架通常如图 1-1 所示。

2. 质量控制体系中的人员职责

建立项目质量责任制是实现工程质量目标的重要保障，项目部质量保证体系主要岗位及其岗位职责如下。

（1）项目负责人岗位职责

1）代表企业实施施工项目管理，组建项目部。贯彻执行国家法律、法规、政策和强制性标准，执行企业的管理制度，维护企业的合法权益。

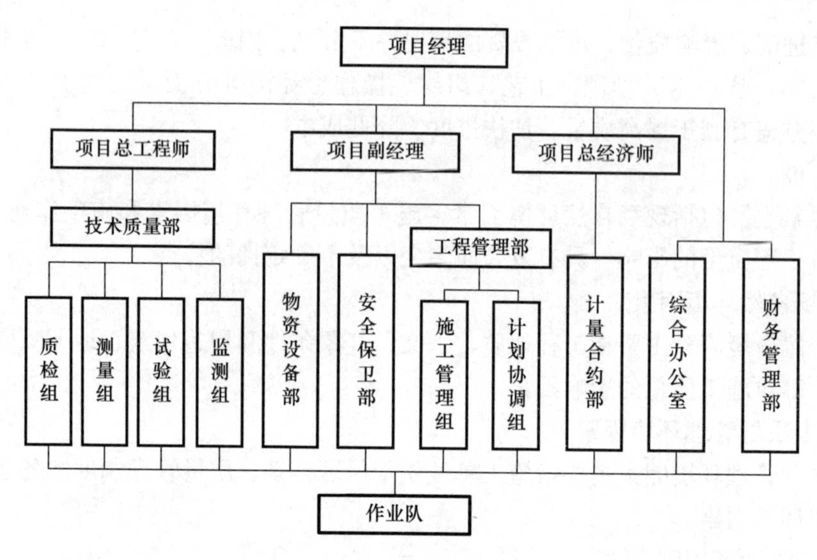

图1-1 质量管理体系框架图

2）履行“项目管理目标责任书”规定的任务。

3）组织编制工程项目实施性施工组织设计。

4）对进入现场的生产要素进行优化配置和动态管理。

5）在授权范围内负责与各相关方的协调，解决项目中出现的问题。

6）进行现场文明施工管理、安全生产管理，发现和处理突发事件。

7）按“项目管理目标责任书”进行质量目标分解与量化，并处理好与国家、集体、个人的利益分配。

8）参与工程竣工验收，准备结算资料和分析总结，接受审计，处理项目部善后工作。

9）协助公司进行项目的检查、鉴定和评奖申报。

（2）项目副经理岗位职责

1）参与制订施工组织设计和质量计划、专项施工方案及质量安全的保证控制措施。

2）负责编制总体进度计划以及年、季、月度施工生产计划，并组织实施。

3）协助项目负责人进行施工组织管理和施工质量管理。

4）负责专业分包项目的进度、质量、安全、成本和文明施工的监督、协调和管理。

5）负责劳动力、材料（周转工具）、构配件、机具、设备、资金等需用量计划和管理。

6）参与项目成本管理。

7）参与工程结算、索赔。

8）负责项目安全管理。

9）负责项目机械、材料管理。

（3）项目技术负责人职责

1）负责项目技术、质量管理工作。

2）负责编制项目实施性施工组织设计和专项施工方案。

3）负责图纸会审、设计变更和工程洽商，负责测量交接桩。

4）负责施工组织设计、安全专项施工方案、关键部位、特殊工序以及“四新”技术交底。

5）负责编制项目质量、试验制度，确定项目执行的标准、规范。

6）负责施工中技术质量问题的解决和处理。

7）负责项目一般不合格的评审和整改。

8）负责项目技术创新和技术总结。

9）负责工程竣工验收和竣工资料的整理移交。

（4）施工员岗位职责

1）参与施工组织管理策划。

2）参与制订管理制度。

3）参与图纸会审、技术核定。

4）负责施工作业班组的技术交底。

5）负责组织测量放线、参与技术复核。

6）参与制订并调整施工进度计划、施工资源需求计划，编制施工作业计划。

7）参与做好施工现场组织协调工作，合理调配生产资源，落实施工作业计划。

8）参与现场经济技术签证、成本控制及成本核算。

9）负责施工平面布置的动态管理。

10）参与质量、环境与职业健康安全的预控。

11）负责施工作业的质量、环境与职业健康安全过程控制，参与隐蔽、分项、分部和单位工程的质量验收。

12）参与质量、环境与职业健康安全问题的调查，提出整改措施并监督落实。

13）负责编写施工日志、施工记录等相关施工资料。

14）负责汇总、整理和移交施工资料。

（5）质量员岗位职责

1）参与进行施工质量策划。

2）参与制订质量管理制度。

3）参与材料、设备的采购。

4）负责核查进场材料、设备的质量保证资料，监督进场材料的抽样复验。

5）负责监督、跟踪施工试验，负责计量器具的符合性审查。

6）参与施工图会审和施工方案审查。

7）参与制订工序质量控制措施。

8）负责工序质量检查和关键工序、特殊工序的旁站检查，参与交接检（试）验、隐蔽验收、技术复核。

9）负责检验（收）批和分项工程的质量验收、评定，参与分部工程和单位工程的质量验收、评定。

10）参与制订质量通病预防和纠正措施。

11）负责监督质量缺陷的处理。

12）参与质量事故的调查、分析和处理。

13）负责质量检查的记录，编制质量资料。

14）负责汇总、整理、移交质量资料。

（6）材料员岗位职责

1）参与编制材料、设备配置计划。

2）参与建立材料、设备管理制度。

3）负责收集材料、设备的价格信息，参与供应单位的评价、选择。

4）负责材料、设备的选购，参与采购合同的管理。

5）负责进场材料、设备的验收和抽样复检。

6）负责材料、设备进场后的接收、发放、储存管理。

7）负责监督、检查材料、设备的合理使用。

8）参与回收和处置剩余及不合格材料、设备。

9）负责建立材料、设备管理台账。

10）负责材料、设备的盘点、统计。

11）参与材料、设备的成本核算。

12）负责材料、设备资料的编制。

13）负责汇总、整理、移交材料和设备资料。

（7）机械员岗位职责

1）参与制订施工机械设备使用计划，负责制订维护保养计划。

2）参与制订施工机械设备管理制度。

3）参与施工总平面布置及机械设备的采购或租赁。

4）参与审查特种设备安装、拆卸单位资质和安全事故应急救援预案、专项施工方案。

5）参与特种设备安装、拆卸的安全管理和监督检查。

6）参与施工机械设备的检查验收和安全技术交底，负责特种设备使用备案、登记。

7）参与组织施工机械设备操作人员的教育培训和资格证书查验，建立机械特种作业人员档案。

8）负责监督检查施工机械设备的使用和维护保养，检查特种设备安全使用状况。

9）负责落实施工机械设备安全防护和环境保护措施。

10）参与施工机械设备事故调查、分析和处理。

11）参与施工机械设备定额的编制，负责机械设备台账的建立。

12）负责施工机械设备常规维护保养支出的统计、核算、报批。

13）参与施工机械设备租赁结算。

14）负责编制施工机械设备安全、技术管理资料。

15）负责汇总、整理、移交机械设备资料。

（8）劳务员岗位职责

1）参与制订劳务管理计划。

2）参与组建项目劳务管理机构和制订劳务管理制度。

3）负责验证劳务分包队伍资质，办理登记备案；参与劳务分包合同签订，对劳务队伍现场施工管理情况进行考核评价。

4）负责审核劳务人员身份、资格，办理登记备案。

5）参与组织劳务人员培训。

6）参与或监督劳务人员劳动合同的签订、变更、解除、终止及参加社会保险等工作。

7）负责或监督劳务人员进出场及用工管理。

8）负责劳务结算资料的收集整理，参与劳务费的结算。

9）参与或监督劳务人员工资支付、负责劳务人员工资公示及台账的建立。

10）参与编制、实施劳务纠纷应急预案。

11）参与调解、处理劳务纠纷和工伤事故的善后工作。

12）负责编制劳务队伍和劳务人员管理资料。

13）负责汇总、整理、移交劳务管理资料。

（9）资料员岗位职责

1）参与制订施工资料管理计划。

2）参与建立施工资料管理规章制度。

3）负责建立施工资料台账，进行施工资料交底。

4）负责施工资料的收集、审查及整理。

5）负责施工资料的往来传递、追溯及借阅管理。

6）负责提供管理数据、信息资料。

7）负责施工资料的立卷、归档。

8）负责施工资料的封存和安全保密工作。

9）负责施工资料的验收与移交。

10）参与建立施工资料管理系统。

11）负责施工资料管理系统的运用、服务和管理。

（10）标准员岗位职责

1）参与企业标准体系表的编制。

2）负责确定工程项目应执行的工程建设标准，编列标准强制性条文，并配置标准有效版本。

3）参与制订质量安全技术标准落实措施及管理制度。

4）负责组织工程建设标准的宣贯和培训。

5）参与施工图会审，确认执行标准的有效性。

6）参与编制施工组织设计、专项施工方案、施工质量计划、职业健康安全与环境计划，确认执行标准的有效性。

7）负责建设标准实施交底。

8）负责跟踪、验证施工过程标准执行情况，纠正执行标准中的偏差，重大问题提交企业标准化委员会。

9）参与工程质量、安全事故调查，分析标准执行中的问题。

10）负责汇总标准执行确认资料、记录工程项目执行标准的情况，并进行评价。

11）负责收集对工程建设标准的意见、建议，并提交企业标准化委员会。

12）负责工程建设标准实施的信息管理。

（11）安全员岗位职责

1）参与制订施工项目安全生产管理计划。

2）参与建立安全生产责任制度。

3）参与制订施工现场安全事故应急救援预案。

4）参与开工前安全条件检查。

5）参与施工机械、临时用电、消防设施等的安全检查。

6）负责防护用品和劳保用品的符合性审查。

7）负责作业人员的安全教育培训和特种作业人员资格审查。

8）参与编制危险性较大的分部、分项工程专项施工方案。

9）参与施工安全技术交底。

10）负责施工作业安全及消防安全的检查和危险源的识别，对违章作业和安全隐患进行处置。

11）参与施工现场环境监督管理。

12）参与组织安全事故应急救援演练，参与组织安全事故救援。

13）参与安全事故的调查、分析。

14）负责安全生产的记录、安全资料的编制。

15）负责汇总、整理、移交安全资料。

（12）试验员岗位职责

1）参与进行施工质量策划，负责编制项目检（试）验试验计划。

2）参与制订质量管理制度。

3）参与材料、设备的采购。

4）负责核查进场材料、设备的质量保证资料，进场材料的抽样复验、见证取样、委托、送检和标识。

5）负责现场检（试）验、检测、试验以及功能性试验。

6）负责现场检测、试验仪器设备的维修、保养和校准，并妥善保管。

7）参与制订质量通病预防和纠正措施。

8）负责监督质量缺陷的处理。

9）参与质量事故的调查、分析和处理。

10）负责试验资料、报告的记录，编制检（试）验试验台账。

11）负责汇总、整理、移交质量检测、试验资料。

（13）测量员岗位职责

1）负责工程交接桩及其复测。

2）负责编制工程测量方案。

3）负责施工控制网的测设。

4）负责施工的各个阶段和各主要部位的放线、验线。

5）负责测量仪器的核定、校正、维修和保养。

6）负责竣工测量。

3. 施工质量控制流程

分项工程施工质量控制分为两个阶段进行，不同阶段的控制流程各不相同。

（1）施工准备阶段

施工准备阶段的质量控制主要包括：①施工人员熟悉图纸、操作规程和质量标准；②材料、构配件、设备等进场检（试）验。

（2）施工阶段

施工阶段的质量控制主要包括：①根据图纸、操作规程和质量标准进行书面交底；②按要求对分项工程中的全部检验（收）批进行相应的主控项目、一般项目进行自检和监理复检；③对材料、构配件等进行复验；④对预检、隐检项目进行自检和监理复检；⑤进行各项施工试验检测及结构物实体功能性检测。

若全部项目合格，则进行分项工程验收，若有项目不合格，则进行整改直至合格后进行分项工程验收，如整改后仍不能达到合格标准，则按相关的不合格控制程序执行。

（3）工程施工质量控制流程

综上所述，工程施工质量总控制流程如图 1-2 所示。

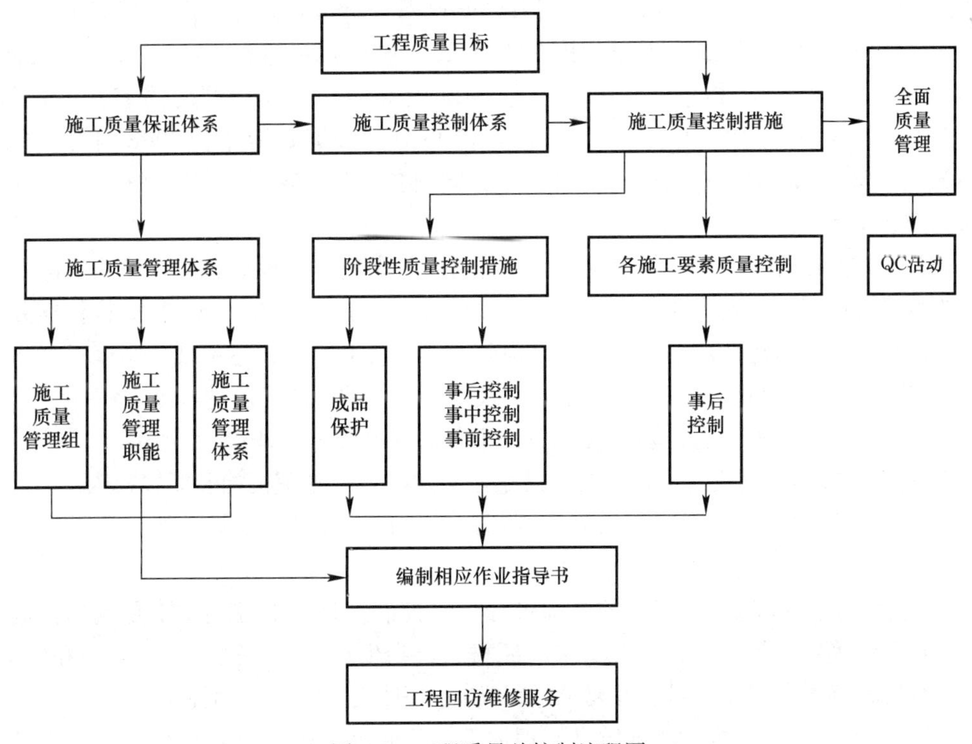

图 1-2 工程质量总控制流程图

（三）施工企业质量管理体系标准和规范

1. ISO9000 质量管理体系标准

（1）ISO9000 质量管理体系的要求

1）ISO9000 族标准的定义

ISO9000 族标准是 ISO 国际标准化组织 TC/176 技术委员会制订的所有国际标准，

其核心是质量保证标准（ISO9001）和质量管理标准（ISO9004）。ISO9000族标准的基本思想，最主要的有两条：其一是控制的思想即对产品形成的全过程——从采购原材料、加工制造到最终产品的销售、售后服务进行控制。只有对产品形成的全过程进行控制并达到过程质量要求，最终产品的质量才有了保证；其二是预防的思想。通过对产品形成的全过程进行控制以及建立并有效运行自我完善机制达到预防不合格，从根本上减少消除不合格品。

质量保证标准是一个统一各国质量保证标准的产物，它包含了所有顾客对供方的要求，是组织建立体系取得认证的依据，该标准族可帮助组织实施并有效运行质量管理体系，是质量管理体系通用的要求或指南。

1987年3月ISO9000系列标准正式发布，我国在原国家标准局部署下组成了“全国质量保证标准化特别工作组”。1988年12月，我国正式发布等效采用ISO9000标准的GB/T 10300《质量管理和质量保证》系列国家标准，并于1989年8月1日起在全国实施。1992年5月，我国决定等同采用ISO9000系列标准，发布GB/T 19000—1992系列标准。1994年我国发布等同采用1994版ISO9000族标准的GB/T 19000族标准。2000年至2003年我国陆续发布等同采用2000版ISO9000族标准的国家标准，包括：GB/T 19000、GB/T 19001、GB/T 19004和GB/T 19011标准。2008年我国根据ISO9000：2005、ISO9001：2008版的发布，同时修订发布GB/T 19000—2008、GB/T 19001—2008标准。

ISO9000族质量管理体系国际标准，是运用目前先进的管理理念，以简明标准的形式推出的实用管理模式，是当代世界质量管理领域成功经验的总结。ISO9000族标准并不是产品的技术标准，而是针对组织的管理结构、人员、技术能力、各项规章制度、技术文件和内部监督机制等一系列体现组织保证产品及服务质量的管理措施的标准。

具体地讲ISO9000族标准就是在以下四个方面规范质量管理：

① 机构：标准明确规定为保证产品质量而必须建立的管理机构及职责权限。

② 程序：组织的产品生产必须制订规章制度、技术标准、质量手册、质量体系操作检查程序，并使之文件化。

③ 过程：质量控制是对生产的全部过程加以控制，是面的控制，不是点的控制。从根据市场调研确定产品、设计产品、采购原材料，到生产、检（试）验、包装和储运等，其全过程按程序要求控制质量。并要求过程具有标识性、监督性、可追溯性。

④ 总结：不断地总结、评价质量管理体系，不断地改进质量管理体系，使质量管理呈螺旋式上升。

2）2000版ISO9000的主要内容

① 一个中心：以顾客为关注焦点。

② 两个基本点：顾客满意和持续改进。

③ 两个沟通：内部沟通、顾客沟通。

④ 三种监视和测量：体系业绩监视和测量、过程的监视和测量、产品的监视和测量。

⑤ 四大质量管理过程：管理职责过程、资源管理过程、产品实现过程、测量、分析

和改进过程。

⑥ 四种质量管理体系基本方法：管理的系统方法（系统分析、系统工程、系统管理、两个 PDCA）、过程方法（PDCA 循环方法）、基于事实的决策方法（数据统计）、质量管理体系的方法。

⑦ 四个策划：质量管理体系策划、产品实现策划、设计和开发策划、改进策划。

⑧ 八项质量管理原则

A. 以顾客为关注焦点—把顾客的满意作为核心驱动力。

B. 领导作用—以强有力的方式全面推行。

C. 全员参与—保证所有人员的工作都纳入到标准体系中去。

D. 过程方法—通过对每项工作的标准维持来保证总体质量目标的实现。

E. 管理的系统方法—各部门、各岗位和各项工作都纳入到一个有机的总体中去。

F. 持续改进—使 ISO9000 体系成为一项长期的行之有效的质量管理措施。

G. 基于事实的决策方法—使标准体系更具有针对性和可操作性。

H. 与供方互利的关系—将本企业标准体系的要求传达到供应商，并通过供应商的标准体系加以保证。

⑨ 十二个质量管理基础：质量管理体系的理论，质量管理体系要求和产品要求，质量管理体系方法，过程方法，质量方针和质量目标，最高管理者在质量管理体系中的作用，文件，质量管理体系评价，持续改进，统计技术的作用，质量管理体系与其他管理体系的关注点，质量管理体系与组织优秀模式之间的关系。

（2）市政工程质量管理中实施 ISO9000 标准的意义

顾客的要求：顾客为了确保得到的产品长期稳定地满足质量要求，纷纷要求供方按 ISO9000 族标准建立质量体系并通过认证，要求供方健全的质量体系来保证供货产品满足要求且质量稳定，因为单纯靠成品抽样检（试）验不可能稳定的产品质量。

1）组织降低产品成本，提高经济效益的需要。由于贯彻实施 ISO9000 标准，能够完善和健全组织的质量管理体系，因此将大大减少或消除不合格品，从而明显地降低产品的成本，提高经济效益。

2）提高工作效率。贯彻实施 ISO9000 族标准，规范组织质量管理，各项质量工作职责分明，消除扯皮现象，大大提高工作效率，同时可使组织最高管理者从琐碎的事物中解脱出来，有更多的精力策划组织的大事。

3）提高组织的声誉、扩大组织知名度、组织通过质量体系认证，证明组织已按 ISO9000 族中质量保证标准建立并有效实施质量体系，组织具备满足顾客质量要求的充足的质量能力，从而取得顾客的信任，扩大组织的知名度，促进业务的发展。

4）开拓国内外市场的需要。通过 ISO9000 族标准，一方面组织具备满足顾客要求的质量保证能力，取得顾客的信任，知名度提高，从而可大大扩大国内市场占有率，同时由于我国 ISO9000 认证已取得国际互认，国此也就为通过认证组织的产品打入国际市场开辟了通道。总之、贯彻 ISO9000 族标准并通过认证是组织生存发展的需要，也是顾客的要求和产品顺利进入国际市场的需要。

2. 施工企业质量管理规范（GB/T 50430）

（1）《工程建设施工企业质量管理规范》与ISO9000国际标准关系

《工程建设施工企业质量管理规范》是根据2003年“全国建筑市场与工程质量安全管理工作会议”上提出的“要强化施工企业的工程质量安全保证体系的建立和正常运行”指示精神，正式立项编制的国家标准。自20世纪90年代初，建筑业企业开始贯彻实施ISO9000国际标准，使工程建设质量管理水平大大提高。但由于工程产品生产和施工企业质量管理工作的特殊性，我国仍然缺乏一个系统的、完整的、适应市场经济的工程质量管理专业标准。

《工程建设施工企业质量管理规范》是ISO9000标准的本地化和行业化，全面覆盖《质量管理体系要求》GB/T 19001—2008的内容，作为工程建设施工企业质量管理的第一个国家标准，也是施工企业质量管理的第一个管理型规范；《工程建设施工企业质量管理规范》不是从狭义的“质量”角度出发、仅局限于工程（产品）质量的控制，而是从与工程质量有关的所有质量行为的角度即“大质量”的概念出发，全面覆盖企业的所有质量管理活动。

《工程建设施工企业质量管理规范》特点：

1）在条文结构安排上充分体现了施工企业管理活动特点，突出了过程方法和PDCA思想；

2）结合施工行业管理特点，在ISO9001标准基础上提出进一步的要求；

3）本土化、行业化特点突出，语言简洁明了，便于企业贯彻实施。

4）与我国施工行业现行管理模式保持一致，施工企业在贯彻时不仅不会增加负担，反而减少了由于企业对ISO9000标准的误解产生的形式化操作，而减轻负担。

（2）施工企业质量管理活动

质量管理活动是为满足相关的质量要求而采取的各项行动。质量管理活动的目的是满足质量要求。施工企业的质量管理活动应围绕活动的定义、活动的测量、活动的改进为主线展开。为了实施的需要，质量管理活动应通过合理的形式进行分解。

《工程建设施工企业质量管理规范》规定：施工企业质量管理的主要活动可以分解为质量方针和目标的建立；组织机构和职责的设置；人力资源管理；施工机具管理；投标及合同管理；建筑材料、构配件和工程设备采购管理；分包管理；工程项目施工质量管理；施工质量检查与验收；工程项目竣工交付使用后的服务；质量管理自查与评价；质量信息管理和质量管理改进等子活动。

同时，施工企业质量管理的各项制度应根据质量管理的需要建立。施工企业质量管理制度的制订必须符合我国相关法律法规的规定。

（3）过程方法

过程方法是一种质量管理原则，企业在运用过程方法建立质量管理体系时，应将过程方法与组织的实际相结合。应用过程方法建立和实施质量管理体系通常包括过程的确定和过程的管理两个方面，如图1-3所示。

1）过程的确定。企业首先要结合管理的宗旨和顾客要求、适用的法律法规要求，确定企业的质量方针和质量目标；随后确定为实现质量方针和质量目标所需的过程、过程的顺序和相互关系；并确定负责过程的部门或人员以及必需的文件。

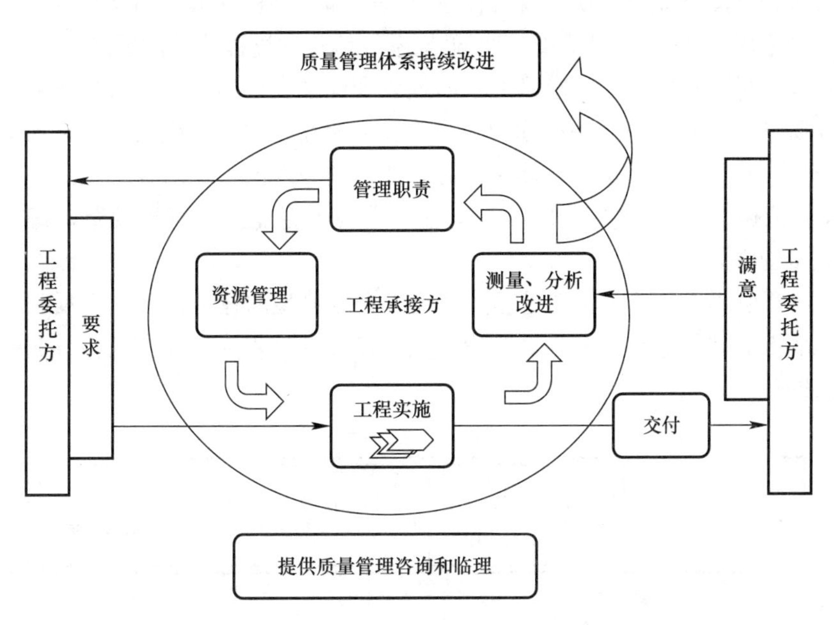

图 1-3 以过程为基础的质量管理体系模式

2）过程的管理。企业应对所确定的每一个过程实施管理。过程管理是在确定过程的输入和输出的基础上，确定所需的活动和资源、确定对过程和活动的监视和测量的要求；按确定的结果实施测量、监视和控制；对测量、监视和控制的结果进行分析，并识别改进过程的机会。

由于是按过程方法设置部门和规定相应的职责和权限，因此可将部门和人员的关注焦点集中到企业的质量目标上，可以改进过程接口的管理。这也是过程方法的优点之一。

虽然每个施工企业的过程具有独特性，但仍可确定一些典型过程，例如：

1）企业管理过程。这包括与战略规划、制订方针、设定目标、确保交流、确保企业其他质量目标和预期结果可获得必要的资源以及管理评审等相关的过程。

2）资源管理过程。这包括一切提供资源的过程，而这些资源是实现企业的质量目标及预期结果的一切过程。

3）实现过程。这包括能实现企业预期结果的一切过程，如工程项目从项目招投标管理到项目保修服务的全部过程。

4）测量、分析与改进过程。这包括测量、收集绩效分析数据、改进有效性和效率所必需的过程，具体包括测量、监视、审核、绩效分析及改进（例如纠正与预防措施）。测量过程通常被记录为管理、资源和实现过程的组成部分，而分析及改进过程一般作为独立过程，这种独立过程与其他过程相互作用，接受测量结果的信息，同时为改进其他过程而输出信息。

（4）质量管理体系的基本要求

质量管理体系的基本要求是八项质量管理原则，尤其是“过程方法”和“管理的系统方法”的质量管理原则以及“质量管理体系方法”和“过程方法”的质量管理体系基础的具体体现；是运用“PDCA”循环的管理思想系统地管理过程的总体思路。

施工企业质量管理的各项要求是通过质量管理体系实现的。质量管理体系是组织建立质量方针和质量目标并实现这些目标的相互关联或相互作用的一组要素，在质量方面起指挥和控制作用。建立健全质量管理体系，是企业经营管理的重要内容之一。

图 1-4 是依据 GB/T 50430—2007《工程建设施工企业质量管理规范》确定的施工企业典型的质量管理体系过程。

图 1-5 展开说明了其中“实现过程”在施工企业典型的业务流程，它反映了企业承担施工总承包职能时典型的业务流程。其中以实线连接的过程为产品实现主导过程，由公司及项目部共同运作。

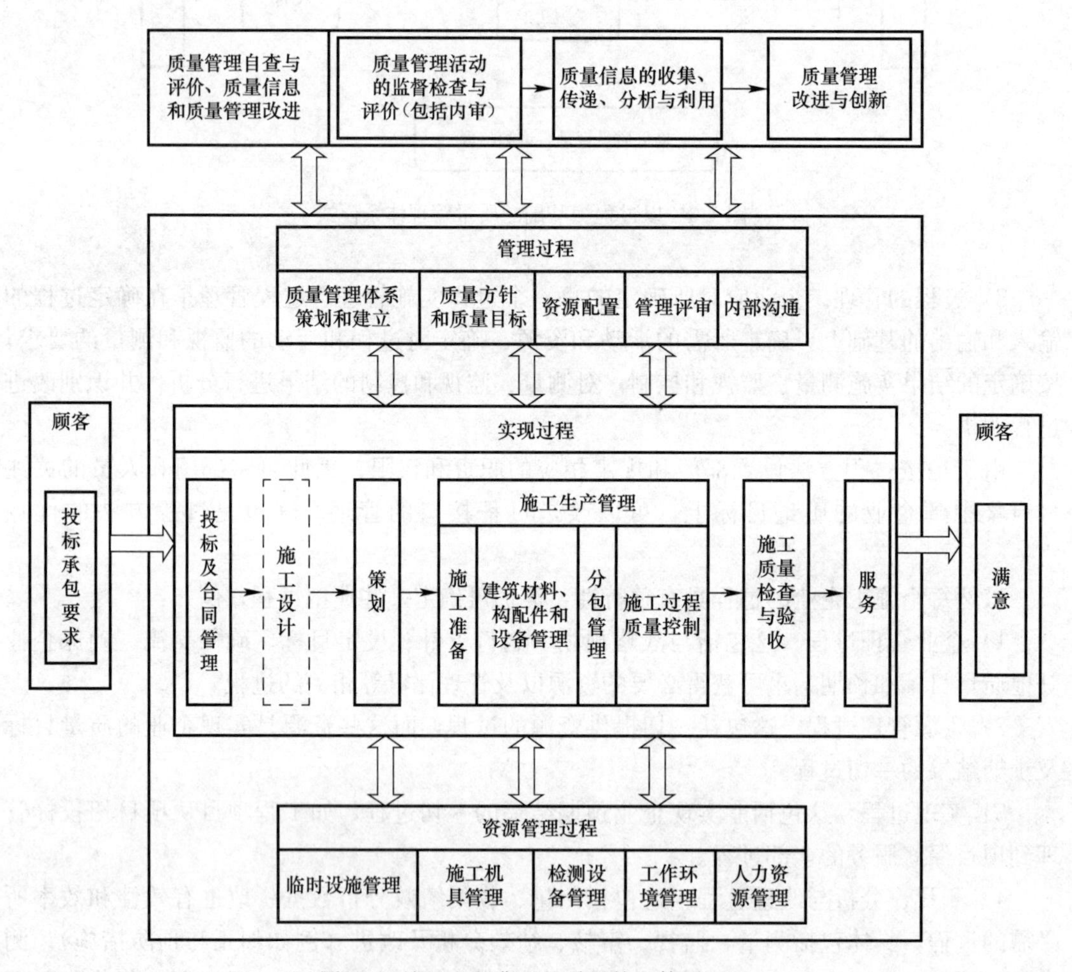

图 1-4　施工企业典型的质量管理体系过程

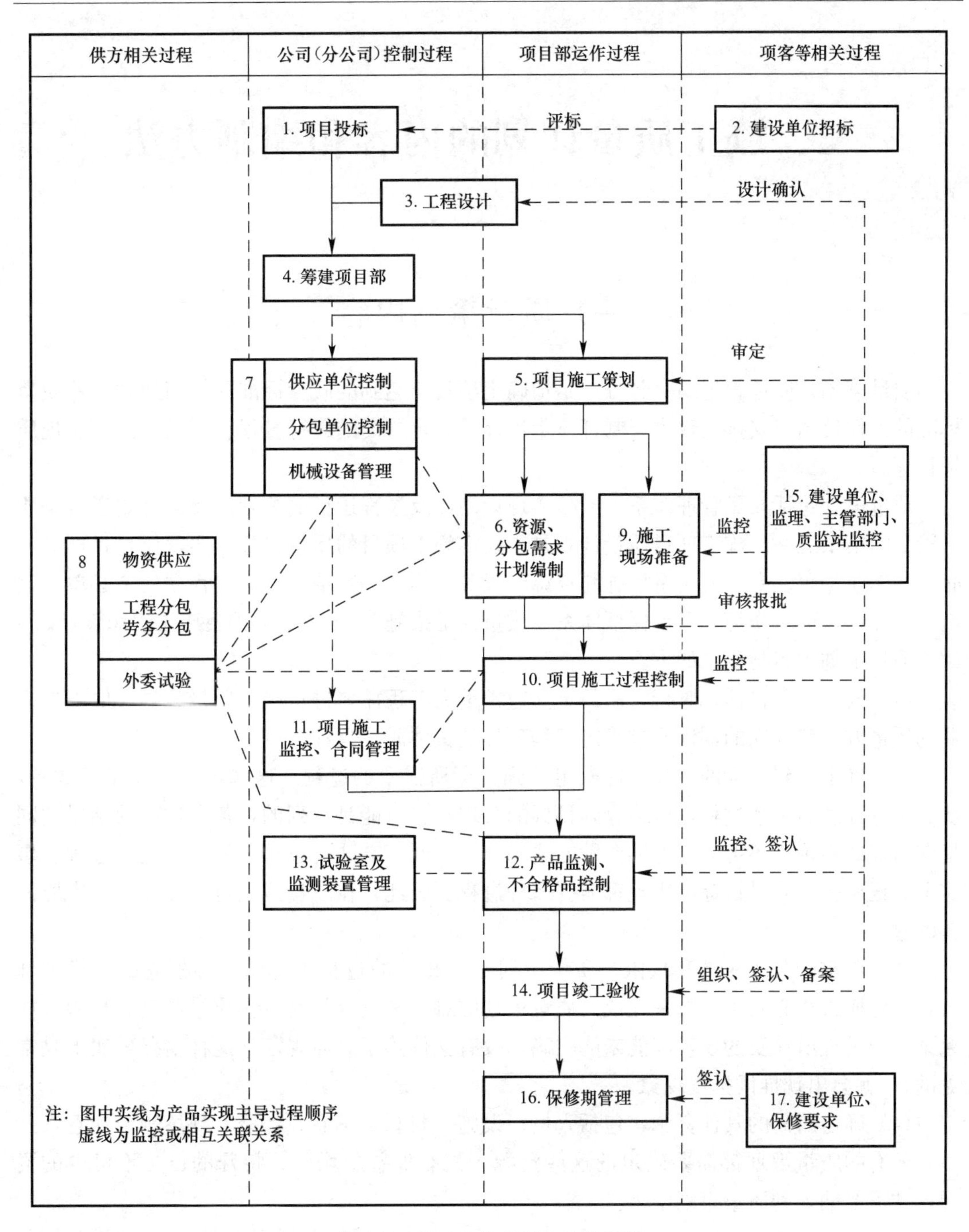

图 1-5 施工企业典型业务流程图

二、施工质量计划的内容和编制方法

（一）质量策划内容

质量策划是质量管理的一部分，是指确定项目应达到的质量标准和如何达到这些质量标准的工作计划与安排。致力于制订质量目标并规定必要的运行过程和相关资源以实现质量目标。

质量策划包括质量管理体系、产品实现计划以及过程运行的策划。质量计划通常是质量策划的结果之一。施工项目质量计划是指确定施工项目的质量目标、实现质量目标规定必要的作业过程、专门的质量措施和资源配置等工作。一般情况下，工程项目不必单独编制质量计划，而是作为“质量保证体系及质量保证措施”，纳入工程项目施工组织设计。

质量策划内容与要求如下：

（1）设定质量目标，履行合同约定。通常重大工程需要进行施工质量策划，应根据企业的质量方针和预期的创优要求确定工程项目的具体质量目标。

（2）确定达到目标的途径，即确定达到目标所需要的过程。这些过程可能是链式的，从一个过程到另一个过程，最终直到目标的实现；也可能是并列的，各个过程的结果共同指向目标的实现；还可能是上述两种方式的结合，既有链式的过程，又有并列的过程。事实上，任何一个质量目标的实现都需要多种过程。因此，在质量策划时，要充分考虑所需要的过程。

（3）确定相关的职责和权限。质量策划是对相关的过程进行的一种事先的安排和部署，而任何过程必须由人员来完成。质量策划的难点和重点就是落实质量职责和权限。如果某一个过程所涉及的质量职能未能明确，没有文件给予具体规定（这种情况事实上是常见的），就会出现推诿扯皮现象。

（4）确定所需的其他资源，包括人员、设施、材料、信息、经费、环境等。注意，并不是所有的质量策划都需要确定的这些资源，只有那些新增的、特殊的、必不可少的资源，才需要纳入到质量策划中来。

（5）确定实现目标的方法和工具。这并不是所有的质量策划都需要的。一般情况下，具体的方法和工具可以由承担该项质量职能的部门或人员去选择。但如果某项质量职能或某个过程是一种新的工作，或者是一种需要改进的工作，那就需要确定其使用的方法和工具。

（6）确定其他的策划需求，包括质量目标和具体措施（也就是已确定的过程）完成的时间、检查或考核的方法、评价其业绩成果的指标、完成后的奖励方法、所需的文件和记录等。一般来说，完成时间是必不可少的，应当确定下来，而其他策划要求则可以根据具体情况来确定。

质量策划重点应放在工程项目实现过程的策划，策划过程应与施工方案、施工部署紧密结合。质量策划应规定施工组织设计或分项、分部、单位工程质量的编制要点及接口关系；规定重要施工过程对技术交底和质量策划要求；规定新技术、新材料、新结构、新设备的策划要求；规定重要工序的过程验收、隐蔽验收的准则或检验评定方法；规定责任人和保证措施。

（二）质量计划编制原则与依据

1. 质量计划目的与意义

按照《工程建设施工企业质量管理规范》有关规定，在承包合同环境下质量计划是企业向顾客表明质量管理方针、目标及其具体实现的方法、手段和措施，体现企业对质量责任的承诺和实施的具体步骤。施工项目质量计划是指确定施工项目的质量目标和如何达到这些质量目标所规定必要的作业过程、专门的质量措施和资源等工作。

2. 质量计划编制原则

（1）为满足工程项目合同质量要求和项目质量目标值的实现，工程项目开工前应由项目负责人主持编制质量计划，质量计划应符合质量方针和质量目标，并与管理体系文件中的内容协调一致。

（2）质量计划应重点体现质量控制，从工序、分项工程、分部工程到单位工程的过程控制，且体现从资源投入到完成工程项目最终检（试）验和试验的全过程控制。质量目标分解与量化应在质量计划中体现。

（3）质量计划实施中的每一过程都应体现计划、实施、检查、处理（PDCA）的持续改进过程。

3. 施工质量计划的编制依据

（1）工程承包合同、设计文件，合同中有关产品（或过程）的质量要求；

（2）施工企业的质量手册及相应的程序文件，质量管理体系文件；

（3）施工组织设计、施工方案、施工操作规程及作业指导书；

（4）项目管理目标责任书；

（5）有关专业工程施工与质量验收规范；

（6）《建筑法》、《建设工程质量管理条例》、环境保护条例及法规；

（7）安全施工管理条例等。

4. 质量计划的编制主体

（1）施工质量计划的编制主体是施工承包企业，施工企业应规定质量目标、方针、企业标准以及项目施工质量计划编制批准的程序。在总承包的情况下，分包企业的施工质量计划是总包企业施工质量计划的组成部分。总包有责任对分包施工质量计划的编制进行指导和审核，并承担施工质量的连带责任。

（2）根据市政工程施工的特点，项目质量计划通常纳入施工组织设计；重大工程项目的质量计价以施工项目管理实施规划的文件形式进行编制。

（3）在已经建立质量管理体系的情况下，质量计划的内容必须全面体现和落实企业质量管理体系文件的要求，同时结合本工程的特点，在质量计划中编写专项管理要求。

（4）质量计划作为对外质量保证和对内质量控制的依据文件，应体现施工项目从分项工程、分部工程到单位工程的过程控制，同时也要体现从资源投入到完成工程最终检（试）验的全过程控制。

（5）施工质量计划由项目部技术负责人组织质量、技术等部门人员编制，应按合同的约定提交监理、建设单位经企业技术负责人审核批准，审核后执行。

5. 施工质量计划的主要内容

主要内容应包括：编制依据，项目概述，质量目标，组织机构，保证体系，质量控制过程与手段，关键过程和特殊过程及作业指导书，检（试）验、试验、测量、验证等工程检测项目计划及方法，更改和完善质量计划的程序等。通常情况下，工程项目质量计划纳入工程项目施工组织设计时，编制依据和项目概述不再单独叙述。质量计划应依据合同约定和企业质量管理规定确定应包括内容，设置质量管理和控制的重点。

（三）质量计划的编制要求与方法

1. 质量计划的编制要求

（1）质量目标

合同范围内的全部工程的所有使用功能符合设计（或更改）图纸要求。分项、分部、单位工程质量达到既定的施工质量验收标准。

（2）管理职责

项目负责人是本工程实施的最高负责人，对工程符合设计、验收规范、标准要求负责；对各阶段按期交工负责。项目负责人委托项目技术负责人负责本工程质量计划和质量文件的实施及日常质量的管理工作；当有更改时，负责控制和管理更改后的质量文件活动。

（3）资源提供

规定项目管理人员及操作工人的岗位任职标准及考核认定方法。规定项目人员流动时进出人员的管理程序。规定人员进场培训（包括供方队伍、临时工、新进场人员）的内容、考核、记录等。规定施工所需的临时材料、新设备修订的操作方法和操作人员进行培训并记录等。规定施工所需的临时设施（含临建、办公设备、住宿房屋等）、支持性服务手段、施工设备及通信设备等。

材料、机械设备等产品的过程控制施工项目上需用的材料、机械设备在许多情况下是由建设方提供的。对这种情况要做出如下规定：①建设方如何标识、控制其提供产品的质量；②检查、检验、验证建设方提供产品满足规定要求的方法；③对不合格的处理办法。

(4) 项目实现过程策划

规定施工组织设计或专项项目质量的编制要点及接口关系。规定重要施工过程的技术交底和质量策划要求。规定新技术、新材料、新结构、新设备的策划要求。规定重要过程验收的准则或技艺评定方法。

对于施工安全设施、用电设施、施工机械设备安装、使用、拆卸等，要规定专门安全技术方案、措施、使用的检查验收标准等内容。

要编制现场计量网络图、明确工艺计量、检测计量、经营计量的网络、计量器具的配备方案、检测数据的控制管理和计量人员的资格。

编制控制测量、施工测量的方案，制订测量仪器配置、人员资格、测量记录控制、标识确认、纠正、管理等措施。

要编制分项、分部、单位工程和项目检查验收、交付验评的方案，作为交验时进行控制的依据。

(5) 材料、设备、机械、劳务及试验等采购控制

由企业自行采购的工程材料、工程机械设备、施工机械设备、工具等，质量计划应作具体的规定。

(6) 施工工艺过程的控制

对工程从合同签订到交付全过程的控制方法作出规定。对工程的总进度计划、分段进度计划、分包工程的进度计划、特殊部位进度计划、中间交付的进度计划作出过程识别和管理规定。

(7) 搬运、储存、包装、成品保护盒交付过程的控制

规定工程实施过程在形成的分项、分部、单位工程的半成品、成品保护方案、措施、交接方式等内容，作为保护半成品、成品的准则。规定工程期间交付、竣工交付，工程的收尾、维护、验评，后续工作处理的方案、措施，作为管理的控制方式。规定重要材料及工程设备的包装防护的方案及方法。

(8) 安装和调试的过程控制

对于工程中水、电、机械设备等的安装、检测、调试、验评、交付、不合格的处置等内容规定方案、措施、方式。由于这些工作同土建施工交叉配合较多，因此对于交叉接口程序、验证内容、交接验收、检测、试验设备要求、特殊要求等内容要作明确规定，以便各方面实施时遵循。

(9) 检（试）验、试验和测量的过程控制

规定材料、构件、施工条件、结构形式进行检（试）验、试验、复验的要求，以验证是否符合质量和设计要求，如钢材进场必须进行型号、钢种、炉号、批量等内容的检（试）验，不清楚时要进行取样试验或复验。

依据合同规定建立现场试验室，并配置相应的试验设备，完善试验条件，规定试验人员资格和试验内容；对于特定要求，要规定试验程序并制订对程序过程进行控制的措施。当企业和现场条件不能满足所需各项试验要求时，要规定委托上级试验或第三方试验的方

案和措施。当有合同要求的专业试验时，应规定有关的试验方案和措施。对于需要进行状态检验和试验的内容，必须规定每个检验试验点所需检验、试验的特性、所采用程序、验收准则、必须的专用工具、技术人员资格、标识方式、记录等要求，例如结构的荷载试验等。

当有监理参加见证试验的过程或部位时，要规定该过程或部位的所在地，见证的试验时间，如何按规定进行检验试验，前后接口部位的要求等内容。

（10）检（试）验、试验和测量设备的过程控制

规定工程项目使用所有检（试）验、试验、测量和计量设备的控制和管理制度，包括：①设备的标识方法；②设备校准的方法；③标明、记录设备准状态的方法；④明确哪些记录需要保存，以便一旦发现设备失准时，便确定以前的测试结果是否有效。

安装和调试的过程控制。对于工程水、电、暖、电信、通风、机械设备等的安装、检测、调试、验评、交付、不合格的处置等内容规定方案、措施、方式。由于这些工作同土建施工交叉配合较多，因此对于交叉接口程序、验证哪些特性、交接验收、检测、试验设备要求、特殊要求等内容要做明确规定，以便各方面实施时遵循。

（11）不合格品的控制

要编制工种、分项、分部工程不合格产品出现的方案、措施，以及防止与不合格品之间发生混淆的标识和隔离措施。规定哪些范围不允许出现不合格；明确一旦出现不合格，哪些允许修补返工，哪些必须推倒重来，哪些必须局部更改设计或降级处理。编制控制质量事故发生的措施及一旦发生后的处置措施。

（12）施工质量控制点的设置

质量控制点是施工质量控制的重点，应依据工程施工的难点、关键工序来确定；因而是施工质量计划重要组成内容。

隐蔽工程、分项分部工程质量验评、特殊要求的工程等必须做可追溯性记录，质量计划要对其可追溯性范围、程序、标识、所需记录及如何控制和分发这些记录等内容做出规定。

坐标控制点、标高控制点、编号、沉降观察点、安全标志、标牌等是工程重要标识记录，质量计划要对这些标识的准确性控制措施、记录等内容作规定。

重要材料（水泥、钢材、构件等）及重要施工设备的运作必须具有可追溯性。

（13）搬运、贮存、包装、成品保护和交付过程的控制

规定工程实施过程在形成的分项、分部、单位工程的半成品、成品保护方案、措施、交接方式等内容，作为保护半成品、成品的准则。规定工程期间交付、竣工交付、工程的收尾、维护、验评、后续工作处理的方案、措施，作为管理的控制方式。规定重要材料及工程设备的包装防护的方案及方法。

2. 施工项目质量计划编制的方法

（1）收集有关工程资料

收集的资料主要有施工规范规程、质量评定标准和类似的工程经验等资料。质量计划编制阶段应重点了解工程项目组成、项目建设单位的项目质量目标，与项目施工组织设计

中的施工方案、施工工艺等内容相结合进行编写。

（2）确定项目质量目标

首先应依据施工组织设计的项目质量总目标和工程项目的组成与划分，逐级分解，落实责任部门和个人；注意与施工技术管理部门共同研究，确定验收项目的划分后，再对最初的项目质量目标做相应的调整。

（3）设置质量管理体系

根据工程项目特点、施工组织、工程进度计划，建立的项目质量目标（质量改进）之树图，配备质量管理人员、设备和器具，确定人员的质量责任，建立项目的质量管理体系。

建立由项目负责人领导，由技术质量负责人策划并组织实施，质量管理人员检查监督，项目专业分包商、施工作业队组各负其责的质量管理体系。

（4）制订项目质量控制程序

根据项目部施工管理的基本程序，结合项目具体特点，在制订项目总体质量计划后，列出施工过程阶段、节点和总体质量水平有影响的项目，作为具体的质量控制点。针对施工质量控制的难点采取不同的施工技术措施；编制项目部质量控制程序，且根据施工质量控制的目标制订详细的施工方案。

（5）材料设备质量管理及措施

质量管理及措施包括：根据工程进度计划，编制相应的质量管理设备器具计划表，做好材料、机械、设备、劳务及试验等采购控制，质量计划对进场采购的工程材料、工程机械设备、施工机械设备、工具等作具体规定，包括对建设方供应（或指定）产品的标准及进场复验要求；采购的法规与规定；明确追溯内容的形成，记录、标志的主要方法；需要的特殊质量保证证据等。

（6）工程检测项目方法及控制措施

根据工程施工阶段、节点的特点，规定材料、构件及施工必须进行检验、试验、复验要求；如钢材进场必须进行型号、钢种、炉号、批量等内容的检验；规定试验人员资格和试验内容；对于特定要求，要规定试验程序及对程序过程进行控制的措施。

当工程项目的规模较大、分期分批施工项目较多时，应与建设、监理等方面确定工程验收项目，根据工程进度分阶段编制项目的质量计划。

当企业和现场条件不能满足所需各项试验要求时，需规定委托企业试验或外单位试验的方案和措施；对合同要求的专业试验应规定有关的试验方案和措施；对于需要进行状态检验和试验的内容，必须规定检验点、所需检（试）验的特性、所采用程序、验收准则、必需的专用工具、技术人员资格、标识方式、记录等要求；对建设方参加见证或试验的过程（部位）时，要规定过程或部位的所在地、见证或试验时间、进行检验试验规定、前后接口部位的要求等。

（四）施工质量计划的实施

1. 质量计划的实施和验证

质量管理人员应按照岗位责任分工，控制质量计划的实施，并应按照规定保存过程相关记录。当发生质量缺陷或事故时，必须分析原因，分清责任，进行整改。

项目技术负责人应定期组织具有资质的质检人员进行内部质量审核，并验证质量计划的实施效果，当项目控制中存在问题或隐患时，应提出解决措施。

对重复出现的不合格质量问题，责任人应按规定承担责任，并依据验证评价的结果进行处罚。

2. 不合格品的处置

对实施过程出现的不合格品，项目部质量员有权提出返工修补处理、降级处理或作不合格品处理意见和建议；质量监督检查部门应以图纸（更改）、技术资料、检测记录为依据用书面形式向以下各方发出通知：当分项分部项目工程不合格时通知项目质量负责人和生产负责人；当分项工程不合格时通知项目负责人；当单位工程不合格时通知项目负责人和公司主管经理。

上述接收返工修补处理、降级处理或不合格处理通知方有权接受或拒绝这些要求；当通知方和接收通知方意见不能调解时，则由上级质量监督检查部门、公司质量主管负责人，乃至项目部负责人进行裁决；若仍不能解决时可申请由当地政府质量监督部门裁决。

3. 质量计划的实施、监视、测量和修改

（1）项目部负责人应按照质量计划的规定和要求在施工活动中组织实施。

（2）项目部技术负责人应定期组织具有资质的质检人员进行内部质量审核，且验证质量计划的实施效果，当项目控制中存在问题或隐患时，应提出解决措施。

（3）对重复出现的质量问题，责任人应承担相应的责任，并依据评价结果接受处罚。

（4）当质量计划需修改时，由项目部技术负责人提出修改意见，报项目负责人审批。

（5）工程竣工后，与质量计划有关的文件由项目部及公司存档。

三、市政工程主要材料的质量评价

（一）道路基层混合料的质量评价

1. 基层混合料质量评价的依据标准

《城镇道路工程施工与质量验收规范》CJJ 1—2008；
《公路路面基层施工技术规范》JTJ 034—2000；
《公路工程无机结合料稳定材料试验规程》JTG E51-2009。

2. 常用的基层材料

（1）石灰稳定土类基层

1）石灰稳定土有良好的板体性，但其水稳性、抗冻性以及早期强度不如水泥稳定土。石灰土的强度随龄期增长，并与养护温度密切相关，温度低于5℃时强度几乎不增长。

2）石灰稳定土的干缩和温缩特性十分明显，且都会导致裂缝。与水泥土一样，由于其收缩裂缝严重，强度未充分形成时表面遇水会软化以及表面容易产生唧浆、冲刷等损坏，石灰土已被严格禁止用于高等级路面的基层，只能用于高级路面的底基层。

（2）水泥稳定土基层

1）水泥稳定土有良好的板体性，其水稳性和抗冻性都比石灰稳定土好。水泥稳定土的初期强度高，其强度随龄期增长。水泥稳定土在暴露条件下容易干缩，低温时会冷缩，而导致裂缝。

2）水泥稳定细粒土（简称水泥土）的干缩系数、干缩应变以及温缩系数都明显大于水泥稳定粒料，水泥土产生的收缩裂缝会比水泥稳定粒料的裂缝严重得多；水泥土强度没有充分形成时，表面遇水会软化，导致沥青面层龟裂破坏；水泥土的抗冲刷能力低，当水泥土表面遇水后，容易产生唧浆冲刷，导致路面裂缝、下陷，并逐渐扩展。为此，水泥土只用于高级路面的底基层。

（3）石灰工业废渣稳定土基层

1）石灰工业废渣稳定土中，应用最多、最广的是石灰粉煤灰类的稳定土（粒料），简称二灰稳定土（粒料），其特性在石灰工业废渣稳定土中具有典型性。

2）二灰稳定土有良好的力学性能、板体性、水稳性和一定的抗冻性，其抗冻性能比石灰土高很多。

3）二灰稳定土早期强度较低，随龄期增长，并与养护温度密切相关，温度低于4℃时强度几乎不增长；二灰中的粉煤灰用量越多，早期强度越低，3个月龄期的强度增长幅度也越大。

4）二灰稳定土也具有明显的收缩特性，但小于水泥土和石灰土，也被禁止用于高等级路面的基层，而只能做底基层。二灰稳定粒料可用于高等级路面的基层与底基层。

（4）适用条件

1）塑性指数在15～20的黏性土以及含有一定数量黏性土的中粒土和粗粒土适合于用石灰稳定。

2）塑性指数在10以下的粉质黏土和砂土宜采用水泥稳定，如用石灰稳定，应采取适当的措施。

3）塑性指数在15以上更适于用水泥和石灰综合稳定。在石灰工业废渣稳定土中，为提高石灰工业废渣的早期强度，可外加1%～2%的水泥。

3. 基层混合料的质量评价

（1）混合料配合比原材料（水泥、粉煤灰、石灰含量）；通过试验室进行试验所得结果来判定。

1）宜用1-3级新灰，石灰的技术指标应符合《城镇道路工程施工与质量验收规范》CJJ 1—2008表3.1.1的要求。

2）粉煤灰中的SiO_2、Al_2O_3和Fe_2O_3总量宜大于70%；细度应满足90%通过0.30mm筛孔，70%通过0.075筛孔。当烧失量大于10%时，应经试验确认混合料强度符合要求时，方可采用。

3）应选用初凝时间大于45min、终凝时间不大于10h的32.5级及以上的普通硅酸盐水泥、矿渣硅酸盐水泥、火山灰质硅酸盐水泥。水泥应有出厂合格证与生产日期，复检合格方可使用。

（2）混合料无侧限抗压强度

根据现场条件按不同材料（水泥、粉煤灰、石灰）剂量，采用不同拌合方法制出的混合料，应按最佳含水量和计算得的干密度制备试件，进行7天无侧限抗压强度判定。

1）同一组试件试验中，采用3倍均方差方法剔除异常值，小试件可经允许有1个异常值；中试件可经允许有1～2个异常值；大试件可经允许有2～3个异常值，异常值数量超过上述规定的试验重做。

2）同一组试验的变异（偏差）系数Cv（%）符合下列规定，方为有效试验：小试件$Cv \leqslant 6\%$；中试件$Cv \leqslant 10\%$；大试件$Cr \leqslant 15\%$。如不能保证试验结果的变异系数小于规定的值，则应按允许误差10%和90%概率重新计算所需的试件数量，增加试件数量并另做新试验。新试验结果与老试验结果一并重新进行统计评定，直到变异系数满足上述规定。

（3）标准击实

混合料应做两次平行试验，取两次试验的平均值作为最大干密度和最佳含水量。两次重复性试验最大干密度的差值不应超过0.05g/cm^3（稳定细粒土）和0.08g/cm^3（稳定中粒土和粗粒土），最佳含水量不应超过0.5%（最佳含水量小于10%）和1.0%（最佳含水量大于10%）。超过上述规定值，应重做试验，直到满足精度要求。

(4) 压实度

通过试验应在同一点进行两次平行测定，两次测定的差值不得大于 0.03g/cm^3。

通过现场试坑材料组织与击实试验的材料有较大差异时，可以试坑材料做标准击实，求取实际的最大干密度。

(5) 弯沉值

混合料基层的回弹弯沉以评定其整体承载能力，进行弯沉测量后，路段的代表弯沉值应小于设计要求的标准值。

（二）沥青混合料的质量评价

1. 沥青混合料质量评定依据标准

《城镇道路工程施工与质量验收规范》CJJ 1—2008；

《公路沥青路面施工技术规范》JTG F40—2004；

《公路工程沥青及沥青混合料试验规程》JTG E202011；

《公路工程集料试验规程》JTG E42—2005。

2. 热拌沥青混合料

(1) 普通沥青混合料

1）普通沥青混合料即 AC 型沥青混合料，适用于城市次干路、辅路或人行道等面层。

2）沥青混合料分为粗粒式、中粒式、细粒式。

3）粗粒式级配类型为 AC-25、ATB-25；中粒式级配类型为 AC-20、AC-16；细粒式级配类型为 AC-13、AC-10

(2) 改性沥青（Modified bitumen）混合料

1）改性沥青（Modified bitumen）混合料是指掺加橡胶、树脂、高分子聚合物、磨细的橡胶粉或其他填料等外掺剂（改性剂），使沥青或沥青混合料的性能得以改善制成的沥青混合料。

2）改性沥青（Modified bitumen）混合料与 AC 型混合料相比具有较高的路面抗流动性即高温下抗车辙的能力，良好的路面柔性和弹性即低温下抗开裂的能力，较高的耐磨耗能力和延长使用寿命。

3）改性沥青（Modified bitumen）混合料面层适用城市主干道和城镇快速路。

(3) 沥青玛瑞脂碎石混合料（Stone mastic asphalt，SMA）

1）SMA 是一种以沥青、矿粉及纤维稳定剂组成的沥青玛瑞脂结合料，填充于间断级配的矿料骨架中，所形成的混合料。

2）SMA 是一种间断级配的沥青混合料，5mm 以上的粗骨料比例高达 70%～80%，矿粉的用量达 7%～13%（“粉胶比”超出通常值 1.2 的限制）；沥青用量较多，高达 6.5%～7%，粘结性要求高，且选用针入度小、软化点高、温度稳定性好的沥青。

3）SMA 是当前国内外使用较多的一种抗变形能力强，耐久性较好的沥青面层混合料；适用于城市主干道和城镇快速路磨耗层。

（4）改性（沥青）SMA

1）采用改性沥青，材料配比采用 SMA 结构形式。

2）具有非常好的高温抗车辙能力、低温变形性能和水稳定性，且构造深度大，抗滑性能好、耐老化性能及耐久性等路面性能都有较大提高。

3）适用于交通流量和行驶频度急剧增长，客运车的轴重不断增加，严格实行分车道单向行驶的城镇主干路和城镇快速路。

3. 沥青混合料的质量评价

（1）原材料

沥青有道路石油沥青和改性沥青，主要以软化点、针入度、延度即三大指标，来评价沥青的质量符合设计或规范要求。

选用的粗集料、细集料、矿粉、纤维稳定剂等按设计及规范要求进行检测并判定符合性。

（2）沥青混合料温度

沥青混合料拌合和施工温度应根据沥青标号及黏度、气候条件、铺装层的厚度、下卧层温度确定。沥青混合拌合和压实温度宜通过在于 135～175℃条件下测定的黏度-温度曲线。

（3）马歇尔试验

当一组测定值中某个测定值与平均值之差大于标准差的 k 倍时，该测定值应予舍弃，并以其余测定值的平均值作为试验结果。当试件数目 n 为 3、4、5、6 个时，k 值分别为 1.15、1.46、1.67、1.82。

（4）车辙检（试）验

同一沥青混合料或同一路段路面，至少平行试验 3 个试件。当 3 个试件动稳定度变异系数不大于 20%时，取其平均值作为试验结果；变异系数大于 20%时分析原因，并追加试验。如计算动稳定度值大于 6000 次/mm，记作：“>6000 次/mm”。

（5）抗滑性能检（试）验

取 3 个试件的表面构造深度的测定结果平均值作为试验结果。当平均值小于 0.2mm 时，试验结果以“<0.2mm”表示。

（6）压实度检（试）验

沥青压实度试验方法多样，通过检测路段数据整理方法，计算一个评定本路段检测的压实度的平均值、变异系数、标准差，并代表压实度的试验结果。

（三）钢材的质量评价

1. 检测依据

《钢筋混凝土用钢　第一部分：热轧光圆钢筋》GB 1499.1—2008；

《钢筋混凝土用钢　第一部分：热轧带肋钢筋》GB 1499.2—2007；

《金属材料弯曲试验方法》GB/T 232—2010；

《金属材料拉伸试验第1部分：室温试验方法》GB/T 228.1—2010；

《钢筋焊接及验收规程》JGJ 18—2012；

《钢筋焊接接头试验方法标准》JGJ/T 27—2001；

《钢筋机械连接技术规程》JGJ 107—2010；

《混凝土结构工程施工质量验收规范》GB 50204—2002（2011年版）。

2. 钢材的分类

钢材是钢锭、钢坯或钢材通过压力加工制成需要的各种形状、尺寸和性能的材料。根据断面形状的不同，钢材一般分为型材、板材、管材和金属制品四大类。

钢材应用广泛、品种繁多，对于市政工程用钢材多的主要是钢筋混凝土和预应力钢筋混凝土所用钢材（钢筋）。

3. 建筑钢材的质量评价

（1）进场检（试）验项目

1）检查产品合格证

钢筋品种、牌号、规格和技术性能必须符合国家现行标准规定和设计要求。

2）钢筋理化检（试）验

应按国家现行相关标准的规定抽取试件作力学性能、重量偏差检（试）验。

① 力学性能检（试）验

A. 拉伸试验：如果一组拉伸试样中，每根试样的所有试验结果都符合产品标准的规定，则判定该组试样拉伸试验合格；如果有一根试样的某一项指标（屈服强度、抗拉强度、伸长度）试验结果不符合产品标准的规定，则应加倍取样，重新检测全部拉伸试验指标，如果仍有一根试样的某一项指标不符合规定，则判定该组试样拉伸试验不合格；当试样断在标距外或断在机械刻划的标距标记上，而且断后伸长率小于规定最小值，或者试验期间设备发生故障，影响了试验结果，则试验结果无效，应重做同样数量试样的试验；试验后试样出现两个或两个以上的缩颈以及显示出肉眼可见的冶金缺陷（例如分层、气泡、夹渣、缩孔等），应在试验记录和报告中注明。

（A）焊接接头

a. 3个热轧钢筋接头试件的抗拉强度均不得小于该牌号钢筋规定的抗拉强度；RRB400钢筋接头试件的抗拉强度均不得小于570N/mm^2；

b. 至少应有2个试件断于焊缝之外，并应呈延性断裂。当达到上述2项要求时，应评定该批接头为抗拉强度合格。

c. 当试验结果有2个试件抗拉强度小于钢筋规定的抗拉强度；或3个试件均在焊缝或热影响区发生脆性断裂时，则一次判定该批接头为不合格品。

d. 当试验结果有1个试件的抗拉强度小于规定值，或2个试件在焊缝或热影响区发生脆性断裂，其抗拉强度均小于钢筋规定抗拉强度的1.10倍时，应进行复验。

e. 复验时，应再切取6个试件。复验结果，当仍有1个试件的抗拉强度小于规定值，或有3个试件断于焊缝或热影响区呈脆性断裂，其抗拉强度小于钢筋规定抗拉强度的1.10倍时，应判定该批接头为不合格品。

注：当接头试件虽断于焊缝或热影响区，呈脆性断裂，但其抗拉强度大于或等于钢筋规定抗拉强度的1.10倍时，可按断于焊缝或热影响区之外，称延性断裂同等对待。

闪光对焊接头、气压焊接头进行弯曲试验时，应将受压面的全面毛刺和镦粗敦凸起部分消除，且应与钢筋的外表齐平。

(B) 机械连接

a. 接头连接件的屈服承载力和受拉承载力的标准值不应小于被连接钢筋的屈服承载力和受拉承载力标准值的1.10倍。

b. 接头应根据抗拉强度、残余变形以及高应力和大变形条件下反复拉压性能的差异，分为下列三种性能等级：

Ⅰ级：接头抗拉强度等于被连接钢筋的实际拉断强度或不小于1.10倍钢筋抗拉强度标准值，残余变形小并具有高延性及反复拉压性能。

Ⅱ级：接头抗拉强度不小于被连接钢筋抗拉强度标准值，残余变形较小并具有高延性及反复拉压性能。

Ⅲ级：接头抗拉强度不小于被连接钢筋屈服强度标准值的1.25倍，残余变形较小并具有一定的延性及反复拉压性能。

钢筋机械连接接头的抗拉强度 **表3-1**

接头等级	Ⅰ级	Ⅱ级	Ⅲ级
抗拉强度	$f_{mst}^{o} \geqslant f_{stk}$ 断于钢筋 或 $f_{mst}^{o} \geqslant 1.10 f_{stk}$ 接头	$f_{mst}^{o} \geqslant f_{stk}$	$f_{mst}^{o} \geqslant 1.25 f_{yk}$

注：f_{mst}^{o}—接头试件实测抗拉强度；f_{stk}—钢筋抗拉强度标准值；f_{yk}—钢筋屈服强度标准值。

对接头的每一验收批，必须在工程结构中随机截取3个接头试件作为抗压强度试验，按设计要求的接头等级进行评定。当3个接头试件的抗拉强度均符合表3-1中相应等级的强度要求时，该验收批应评为合格。如有1个试件的抗拉强度不符合要求，应再取6个试件进行复检。复检中如仍有1个试件的抗拉强度不符合要求，则该验收批应评为不合格。

B. 冷弯试验：如果一组弯曲试样中，弯曲试验后每根试样的弯曲外表面均无肉眼可见的裂纹，则判定该组试样弯曲试验合格；如果有一组试样在达到规定弯曲角度之前发生断裂，或虽已达到规定的弯曲角度但试样弯曲外表面有肉眼可见的裂纹，则应加倍取样，重新进行弯曲试验，如果仍有一根试样不符合要求，则判定该组试样弯曲试验不合格。

弯曲试验可在万能试验机、手动或电动液压弯曲试验器上进行，焊缝应处于弯曲中心点，弯心直径和弯曲角应符合表3-2的规定。

接头弯曲试验指标 **表3-2**

钢筋牌号	弯心直径	弯曲角（°）
HPB300	$2d$	90
HRB335	$4d$	90

续表

钢筋牌号	弯心直径	弯曲角（°）
HRB400、RRB400	$5d$	90
HRB500	$7d$	90

注：1. d 为钢筋直径（mm）；
2. 直径大于 25mm 的钢筋焊接接头，弯心直径应增加 1 倍钢筋直径。

当试验结果，弯至 90°，有 2 个或 3 个试件外侧（含焊缝和热影响区）未发生破裂，应评定该批接头弯曲试验合格；当 3 个试件均发生破裂，则一次判定该批接头为不合格品；当有 2 个试件试件发生破裂，应进行复验。复验时，应再切取 6 个试件。复验结果，当有 3 个试件发生破裂时，应判定该接头为不合格品。

注：当试件外侧横向裂纹宽度达到 0.5mm 时，应认定已经破裂。

② 尺寸检测

A. 光圆筋

A. 光圆钢筋 **表 3-3**

公称直径（mm）	允许偏差（mm）	不圆度（mm）
6（6.5）、8、10、12	±0.3	≤0.4
14、16、18、20、22	±0.4	

B. 带肋钢筋

a. 横肋与钢筋轴线的夹角 β 不应小于 45°，当该夹角不大于 70°时，钢筋相对两面上横肋的方向应相反；

b. 横肋公称间距不得大于钢筋公称直径的 0.7 倍；

c. 横肋侧面与钢筋表面的夹角 α 不得小于 45°；

d. 钢筋相邻两面上横肋末端之间的间隙（包括纵肋宽度）总和不应大于钢筋公称周长的 20%；

e. 当钢筋公称直径不大于 12mm 时，相对肋面积不应小于 0.055；公称直径为 14mm 和 16mm 时，相对肋面积不应小于 0.060；公称直径大于 16mm 时，相对肋面积不应小于 0.065。

③ 重量偏差

依据 GB 50204—2002（2011 年版）要求，进场钢筋必须进行钢筋重量偏差检测。测量钢筋重量偏差时，试样应从不同钢筋上截取，数量不少于 5 根，每根试样长度不小于 500mm，其重量偏差计算：

$$重量偏差=\frac{试样实际总重量-(试样总长度\times单位长度理论重量)}{试样总长度\times单位长度理论重量}$$

重量偏差表 **表 3-4**

公称直径（mm）	实际重量与理论重量的偏差（%）
6～12	±7
14～20（14～22 光圆钢筋）	±5
22～50	±4

（四）混凝土的质量评价

1. 混凝土质量评价依据标准

《混凝土结构工程施工验收规范》GB 50204—2002（2011 年版）；
《建筑用砂》GB/T 14684—2011；
《建筑用碎石、卵石》GB/T 14685—2011；
《混凝土外加剂应用技术规范》GB 50119—2013；
《普通混凝土拌合物性能试验方法标准》GB/T 50080—2002；
《普通混凝土力学性能试验方法标准》GB/T 50081—2002；
《混凝土强度检验评定标准》GB/T 50107—2010；
《普通混凝土长期性能和耐久性能试验方法标准》GB/T 50082—2009。

2. 混凝土的种类

（1）按表观密度不同，分重混凝土、普通混凝土、轻混凝土；

（2）按使用功能不同，分结构用混凝土、道路混凝土、水工（防水）混凝土、耐热混凝土、耐酸混凝土、大体积混凝土及防辐射混凝土等；

（3）按施工工艺不同，分喷射混凝土、泵送混凝土、振动灌浆混凝土等；

（4）按抗压强度等级不同，分普通混凝土、高强度混凝土（$f_{cu}\geqslant60$MPa）、超高强度混凝土（$f_{cu}\geqslant100$MPa）等；

（5）为了克服混凝土抗拉强度低的缺陷，人们还将水泥混凝土与其他材料复合，出现了钢筋混凝土、预应力混凝土、各种纤维增强混凝土及聚合物浸渍混凝土等。

3. 混凝土的质量评价

（1）对混凝土中的原材料进行检（试）验：

1）检查水泥出厂合格证和出厂检（试）验报告，应对其强度、细度、安定性和凝固时间抽样复检。

2）对结构工程混凝土宜使用非碱活性骨料，当使用碱活性骨料时，混凝土的总碱含量不宜大于 3kg/m³；对大桥、特大桥梁等主体结构总碱含量不宜大于 1.8kg/m³；对处于环境类别属三类以上受严重侵蚀环境的桥梁，不得使用碱活性骨料。

（2）坍落度

通过试验，当混凝土试件的一侧发生崩坍或一边剪切破坏，则应重新取样另测。如果第二次仍发生上述情况，则表示该混凝土和易性不好，应记录。

当混凝土拌合物的坍落度大于 220mm 时，用钢尺测量混凝土扩展后最终的最大直径和最小直径，在这两个直径之差小于 50mm 的条件下，用其算术平均值作为坍落扩展度值，否则，此次试验无效。

（3）强度

混凝土强度分为抗压强度、抗折强度、抗拉强度等。混凝土抗压强度是评定混凝土质量的主要指标。

1）取3个试件强度的算术平均值作为每组试件的强度代表值；

2）当一组试件中强度的最大值或最小值与中间值之差超过中间值的15%时，取中间值作为该组试件的强度代表值；

3）当一组试件中强度的最大值和最小值与中间值之差均超过中间值的15%时，该组试件的强度不应作为评定的依据。

4）评定的方法有以下两种。

① 采用统计方法评定时，应按下列规定进行：

当连续产生的混凝土，产生条件在较长时间内保持一致，且同一品种、同一强度等级混凝土的强度变异性保持稳定时，应按下列规定进行评定。

一个检验（收）批的样本容量应为连续的3组试件，其强度应同时符合式（3-1）、式（3-2）规定。

$$m_{fcu} \geqslant f_{cu,k} + 0.7\sigma \tag{3-1}$$

$$f_{cu,min} \geqslant f_{cu,k} - 0.7\sigma \tag{3-2}$$

检验（收）批混凝土立方体抗压强度的标准差应按式（3-3）计算。

$$\sigma = \sqrt{\frac{\sum_{i=1}^{n} f_{cu,i}^{2} - nm^{2} f_{cu}}{n-1}} \tag{3-3}$$

当混凝土强度等级不高于C20时，其强度的最小值尚应满足式（3-4）要求。

$$f_{cu,min} \geqslant 0.85 f_{cu,k} \tag{3-4}$$

当混凝土强度等级高于C20时，其强度的最小值尚应满足式（3-5）要求。

$$f_{cu,min} \geqslant 0.90 f_{cu,k} \tag{3-5}$$

式中 m_{fcu}——同一检验（收）批混凝土立方体抗压强度的平均值（N/mm^2），精确到0.1（N/mm^2）；

$f_{cu,k}$——混凝土立方体抗压强度标准值（N/mm^2），精确到0.1（N/mm^2）；

σ——检验（收）批混凝土立方体抗压强度的标准差（N/mm^2），精确到0.01（N/mm^2）；当检验（收）批混凝土强度标准差计算值小于$2.5N/mm^2$时，应取$2.5N/mm^2$；

$f_{cu,i}$——前一个检（试）验期内同一品种、同一强度等级的第i组混凝土试件的立方体抗压强度代表值（N/mm^2），精确到0.1（N/mm^2）；该检（试）验期不应少于60d，也不得大于90d；

n——前一检（试）验期内的样本容量，在该期间内样本容量不应小于45；

$f_{cu,min}$——同一检验（收）批混凝土立方体抗压强度的最小值（N/mm^2），精确到0.1（N/mm^2）。

其他情况应按下列规定进行评定。

当样本容量不小于10组时，其强度应同时满足式（3-6）、式（3-7）要求。

$$m_{fcu} \geqslant f_{cu,k} + \lambda_1 \times S_{fcu} \tag{3-6}$$

$$f_{cu.min} \geqslant \lambda_2 \times f_{cu,k} \tag{3-7}$$

同一检验（收）批混凝土立方体抗压强度的标准差应按式（3-8）计算。

$$S_{fcu} = \sqrt{\frac{\sum_{i=1}^{n} f_{cu,i}^2 - mm^2 f_{cu}}{n-1}} \tag{3-8}$$

式中 S_{fcu}——同一检验（收）批混凝土立方体抗压强度的标准差（N/mm^2），精确到0.01（N/mm^2）；当检验（收）批混凝土强度标准差计算值小于2.5N/mm^2时，应取2.5N/mm^2；

λ_1，λ_2——合格评定系数，按表（3-5）取用；

n——本检（试）验期内的样本容量。

混凝土强度的合格评定系数　表3-5

试件组数	10～14	15～19	≥20
λ_1	1.15	1.05	0.95
λ_2	0.90	0.85	

② 非统计方法评定

当用于评定的样本容量小于10组时，应采用非统计方法评定混凝土强度。

按非统计方法评定混凝土强度时，其强度应同时符合式（3-9）、式（3-10）规定。

$$m_{fcu} \geqslant \lambda_3 \times f_{cu,k} \tag{3-9}$$

$$f_{cu.min} \geqslant \lambda_4 \times f_{cu,k} \tag{3-10}$$

式中 λ_3，λ_4——合格评定系数，应按表3-6取用。

混凝土强度的非统计法合格评定系数　表3-6

混凝土强度等级	<C60	≥C60
λ_3	1.15	1.10
λ_4	0.95	

（五）砌筑材料的质量评定

1. 砌筑材料质量评定依据标准

《烧结普通砖》CB 5101—2003；

《砌墙砖试验方法》GB/T 2542—2003；

《砌墙砖检（试）验规则》JC 466—1992；

《蒸压灰砂砖》GB 11945—1999；

《烧结多孔砖和多孔砌块》GB 13544—2011；

《粉煤灰砖》JC 239—2001；
《混凝土实心砖》GB/T 21144—2007；
《混凝土多孔砖》JC 943—2004。

2. 砌体材料的种类

根据砌体材料使用原料分为砖、石块和混凝土砖（块）。砖按和工艺制作及外形特征不同可分为烧结砖和非烧结砖。

烧结砖：经烧结而制成的砖，主要有：黏土砖、页岩砖、煤矸石等普通砖、烧结多孔砖、烧结空心砖。

非烧结砖：主要以工业废料为主要原料经蒸养或蒸压而成的砖，如：粉煤灰砖、蒸压灰砂砖、蒸压粉煤灰砖、空心砌块、炉渣砖、碳化砖等。

市政工程常用砖的种类有页岩砖、蒸压灰砂砖、粉煤灰砖、粉煤灰砌块、烧结多孔砖。

3. 砌体材料的质量评价

（1）烧结普通砖

1）强度等级

烧结普通砖的强度等级应符合表 3-7 规定。

烧结普通（多孔）砖的强度等级要求（MPa）　　**表 3-7**

强度等级	抗压强度平均值 $f \geqslant$	变异系数 $\delta \leqslant 0.21$	变异系数 $\delta > 0.21$
		强度标准值 $f_k \geqslant$	单块最小抗压强度值 $f_{min} \geqslant$
MU30	30.0	22.0	25.0
MU25	25.0	18.0	22.0
MU20	20.0	14.0	16.0
MU15	15.0	10.0	12.0
MU10	10.0	6.5	7.5

2）泛霜

每块砖样应符合下列规定；

优等品：无泛霜。

一等品：不允许出现中等泛霜。

合格品：不允许出现严重泛霜。

3）石灰爆裂

优等品：不允许出现最大破坏尺寸大于 2mm 的爆裂区域。

一等品：最大破坏尺寸大于 2mm，且小于等于 10mm 的爆裂区域，每组砖样不得多于 15 处；不允许出现最大破坏尺寸大于 10mm 的爆裂区域。

合格品：最大破坏尺寸大于 2mm，且小于等于 15mm 的爆裂区域，每组砖样不得多于 15 处。其中大于 10mm 的不得多于 7 处。

（2）蒸压灰砂砖

1）尺寸偏差和外观质量

尺寸偏差和外观质量采用二次抽样方法，根据《蒸压灰砂砖》GB 11945—1999 中表 1

规定的质量指标，检查出其中不合格品块数 d_1 按下列规则判定：

$d_1 \leqslant 5$ 时，尺寸偏差和外观质量合格；

$d_1 \geqslant 9$ 时，尺寸偏差和外观质量不合格；

$d_1 > 5$ 且 $d_1 < 9$ 时，需再次从该产品批中抽样 50 块检（试）验，检查出不合格品数 d_2，按下列规则判定：

$(d_1 + d_2) \leqslant 12$ 时，尺寸偏差和外观质量合格；

$(d_1 + d_2) \geqslant 13$ 时，尺寸偏差和外观质量不合格。

2）强度等级（表 3-8）

蒸压灰砂砖的强度等级要求（MPa）　　**表 3-8**

强度级别	抗压强度		抗折强度	
	平均值不小于	单块值不小于	平均值不小于	单块值不小于
MU25	25.0	20.0	5.0	4.0
MU20	20.0	16.0	4.0	3.2
MU15	15.0	12.0	3.3	2.6
MU10	10.0	8.0	2.5	2.0

注：优等品的强度级别不得小于 MU15。

（3）粉煤灰砖

1）尺寸偏差和外观质量

尺寸偏差和外观质量采用二次抽样方法，首先抽取第一样本（$n_1 = 50$），根据《粉煤灰砖》JC 239—2001 中表 1 规定的质量指标，检查出其中不合格品块数 d_1 按下列规则判定：

$d_1 \leqslant 5$ 时，尺寸偏差和外观质量合格；

$d_1 \geqslant 9$ 时，尺寸偏差和外观质量不合格；

$d_1 > 5$ 且 $d_1 < 9$ 时，需对第二样本（$n_2 = 50$）进行检（试）验，检查出不合格品数 d_2，按下列规则判定：

$(d_1 + d_2) \leqslant 12$ 时，尺寸偏差和外观质量合格；

$(d_1 + d_2) \geqslant 13$ 时，尺寸偏差和外观质量不合格。

2）强度等级（表 3-9）

粉煤灰砖的强度等级要求（MPa）　　**表 3-9**

强度级别	抗压强度		抗折强度	
	10 块平均值≥	单块值≥	10 块平均值≥	10 块平均值≥
MU30	30.0	24.0	6.2	5.0
MU25	25.0	20.0	5.0	4.0
MU20	20.0	16.0	4.0	3.2
MU15	15.0	12.0	3.3	2.6
MU10	10.0	8.0	2.5	2.0

注：强度级别以蒸汽养护后一天的强度为准。

（六）预制构件的质量评价

1. 检（试）验依据

《混凝土路缘石》JC 899—2002；
《混凝土路面砖》JC 446—2000；
《无机地面材料耐磨性试验方法》CB/T 12988—91；
《混凝土和钢筋混凝土排水管》GB/T 11836—2009；
《混凝土和钢筋混凝土排水管试验方法》GB/T 16752—2006；
《铸铁检查井盖》CJ/T 3012—1993；
《钢纤维混凝土检查井盖》JC 889—2001；
《再生树脂复合材料检查井盖》CJ/ 121—2000；
《混凝土结构工程施工质量验收规范》GB 50204—2002（2011 年版）。

2. 预制构件的分类

根据工程各施工特点，将预制构件分为结构预制构件（装配式）和小型预制构件。
装配式预制构件包括钢筋混凝土空心梁板、混凝土桩、混凝土柱、混凝土桁架等。
小型预制构件包括混凝土路缘石、混凝土路面砖、混凝土管材、检查井盖、座等。

3. 预制构件的质量评价

（1）装配式预制构件

1）检查预制构件合格证，预制构件必须符合设计要求。

2）外观质量

预制构件的外观质量不应有严重缺陷，对已经出现的严重缺陷，应按技术处理方案进行处理，并重新检查验收。

3）尺寸偏差

预制构件的不应有影响结构性能和安装、使用功能的尺寸偏差。对超尺寸允许偏差且影响结构性能和安装、使用功能的部位，应按技术处理方案进行处理，并重新检查验收。

4）强度

混凝土按 5m^3 且不超过半个工作班生产的相同配合比的混凝土留置一组试件，并经检（试）验合格。

5）结构性能检（试）验

钢筋混凝土构件和允许出现裂缝的预应力混凝土构件进行承载力、挠度和裂缝宽度检（试）验结果如下：

① 当试件结构性能的全部检（试）验结果均符合《混凝土结构工程施工质量验收规范》GB 50204—2002（2011 年版）第 9.3.2～9.3.5 条的检（试）验要求时，该批构件的

结构性能应通过验收。

② 当第一个试件的检（试）验结果不能全部符合上述要求，但又能符合第二检（试）验的要求时，可再抽两个试件进行检（试）验。第二次检（试）验的指标，对承载力及抗裂检（试）验系数的允许值应取 GB 50204 中第 9.3.2 条和第 9.3.4 条规定的允许值减 0.05；对挠度的允许值应取 GB 50204 中第 9.3.3 条规定允许值的 1.10 倍，当第二次抽取的两个试件的全部检（试）验结果均符合第二次检（试）验的要求时，该批构件的结构性能应通过验收。

③ 当第二次抽取的第一个试件的全部检（试）验结果均已符合上述 GB 50204 规范中第 9.3.2～9.3.5 条的要求时，该批构件的结构性能应通过验收。

（2）小型预制构件

1）混凝土路缘石

① 外观质量和尺寸偏差（表 3-10 和表 3-11）

混凝土路缘石外观质量　　**表 3-10**

项　目	单　位	优等品（A）	一等品（B）	合格品（C）
缺棱掉角影响顶面或侧面的破坏最大投影尺寸≤	mm	10	15	30
面层非贯穿裂纹最大投影尺寸≤	mm	0	10	20
可视面粘皮（脱皮）及表面缺损面积≤	mm^2	20	30	40
贯穿裂纹	不允许			
分层	不允许			
色差、杂色	不明显			

混凝土路缘石尺寸允许偏差　　**表 3-11**

项目	优等品（A）	一等品（B）	合格品（C）
长度 l	±3	+4　−3	+5　−3
宽度 b	±3	+4　−3	+5　−3
高度 h	±3	+4　−3	+5　−3
平整度≤	2	3	4
垂直度≤	2	3	4

经检（试）验外观质量及尺寸偏差的所有项目都符合某一等级规定时，判定该项为相应质量等级。

根据某一项目不合格试件的总数（R_1）及二次抽样检（试）验中不合格（包括第一次检（试）验不合格试件）的总数（R_2）进行判定。

若 $R_1 \leqslant 1$，合格；若 $R_1 \geqslant 3$，不合格，若 $R_1 = 2$ 时，则允许按规范要求进行第二抽样检（试）验。若 $R_2 \leqslant 4$，合格；若 $K_2 \geqslant 5$，不合格。

若该批产品经过两次抽样检（试）验达不到标准规定要求而不合格时，可进行逐件检（试）验处理，重新组成外观质量和尺寸偏差合格的批。

② 拉弯与抗压强度（表 3-12）

混凝土路缘石拉弯与抗压强度 表 3-12

直线路缘石			直线路缘石（含圆形、L形）		
弯拉强度（MPa）			抗压强度（MPa）		
强度等级 C_f	平均值	单块最小值	强度等级 C_c	平均值	单块最小值
$C_f3.0$	≥3.00	2.40	C_c30	≥30.0	24.0
$C_f4.0$	≥4.00	3.20	C_c35	≥35.0	28.0
$C_f5.0$	≥5.00	4.00	C_c40	≥40.0	32.0

③ 吸水率（表 3-13）

混凝土路缘石吸水率 表 3-13

项　目	优等品（A）	一等品（B）	合格品（C）
吸水率（%）不大于	6.0	7.0	8.0

3 块试件试验结果的算术平均值符合表 3-13 中某一等级规定时，判定该检（试）验项为相应的质量等级；3 件（块）试件试验结果的算术平均值及单件（块）试样最小值均符合表 3-13 中某一等级规定时，判定该试样为相应的强度等级。所有检（试）验项目的检（试）验结果同时符合表 3-13 中的某一等级时，判定该试件的为相应的质量等级；抗折强度、抗压强度、吸水率中有一项不符合合格品等级规定时，该批产品判为不合格品。

2）混凝土路面砖

① 外观质量和尺寸偏差（表 3-14 和表 3-15）

路面砖的外观质量 表 3-14

项　目		优等品	一等品	合格品
正面粘皮及缺损的最大投影尺寸（mm）≤		0	5	10
缺棱掉角的最大投影尺寸（mm）≤		0	10	20
裂纹	非贯穿裂纹长度最大投影尺寸（mm）≤	0	10	20
	贯穿裂纹	不允许		
分层		不允许		
色差、杂色		不允许		

在 50 块试件中，根据不合格试件的总数（K_1）及二次抽样检（试）验中不合格（包括第一次检（试）验不合格试件）的总数（K_2）进行判定。

若 $K_1 \leqslant 3$，可验收；若 $K_1 \geqslant 7$，拒绝验收，若 $4 \leqslant K_1 \leqslant 6$，则允许按规范要求进行第二抽样检（试）验。

若 $K_2 \leqslant 8$，可验收；若 $K_2 \geqslant 9$，拒绝验收。

路面砖的尺寸偏差（mm） 表 3-15

项目	优等品	一等品	合格品
长度、宽度	±2.0	±2.0	±2.0
厚度	±2.0	±3.0	±4.0

续表

项目	优等品	一等品	合格品
厚度差	≤2.0	≤3.0	≤3.0
平整度	≤1.0	≤2.0	≤2.0
垂直度	≤1.0	≤2.0	≤2.0

在10块试件中，根据不合格试件的总数（K_1）及二次抽样检（试）验中不合格（包括第一次检（试）验不合格试件）的总数（K_2）进行判定。

若$K_1 \leqslant 1$，可验收；若$K_1 \geqslant 3$，拒绝验收，$K_1=2$，则允许按规范要求进行第二抽样检（试）验。

若$K_2=2$，可验收；若$K_2 \geqslant 3$，拒绝验收。

② 抗折与抗压强度（表3-16）

路面砖的强度（MPa） **表3-16**

边长/厚度	小于5mm		大于或等于5mm		
强度等级	平均值≥	单块最小值≥	强度等级	平均值≥	单块最小值≥
C_C30	30.0	25.0	$C_f3.5$	3.50	3.00
C_C35	35.0	30.0	$C_f4.0$	4.00	3.20
C_C40	40.0	35.0	$C_f5.0$	5.00	4.20
C_C50	50.0	42.0	$C_f6.0$	6.00	5.00
C_C60	60.0	50.0	—	—	—

③ 吸水率（表3-17）

路面砖的吸水率 **表3-17**

质量等级	吸水率（%）
优等品	≤5.0
一等品	≤6.5
合格品	≤8.0

所有检（试）验项的检（试）验结果都符合表3-17某一等级规定时，判定该批产品为相应的质量等级；有一个检（试）验项不符合合格品等级的规定时，该批产品判定为不合格品。

3）混凝土管材

混凝土管材质量判定 **表3-18**

质量等级	判定标准
优等品	混凝土抗压强度符合标准要求，外观质量符合标准规定，8根或8根以上管子尺寸达到优等品要求，内水压力和外压荷载达到规定要求时，该产品为优等品
一等品	混凝土抗压强度符合标准要求，外观质量符合标准规定，允许有2根管子修补，且在规定的允许修补范围内已修补，8根或8根以上管子尺寸达到一等品要求，内水压力和外压荷载达到规定要求时，该产品为一等品
合格品	混凝土抗压强度符合标准要求，外观质量符合标准规定，允许有管子修补，且在规定的允许修补范围内已修补，8根或8根以上管子尺寸达到合格品要求，内水压力和外压荷载达到规定要求时，该产品为合格品

4）检查井盖、座

承载力试验时，如有一套不符合要求，则再抽取2套重复本项试验，如再有一套不符合要求则该检查井盖为不合格。

（七）防水材料的质量评价

1. 防水材料质量评价的依据标准

《弹性体改性沥青防水卷材（SBS）》GB 18242—2000；

《塑性体改性沥青防水卷材（APP）》GB 18243—2000。

2. 防水材料的分类

按胎基分为聚酯胎（PY）和玻纤胎（G）两类。

按上表面隔离材料分为聚乙烯膜（PE）、细砂（S）与矿物粒（片）料（M）三种。

按物理力学性能分为Ⅰ型和Ⅱ型。

卷材按不同胎基、不同上表面材料分为六个品种，见表3-19。

卷材品种　　**表3-19**

上表面材料＼胎基	聚酯胎	玻纤胎
聚乙烯膜	PY-PE	G-PE
细砂	PY-S	G-S
矿物粒（片）料	PY-M	G-M

3. 防水材料质量评价

（1）检查防水材料的出厂合格证和性能检（试）验报告；

（2）卷重、面积及厚度。

卷重、面积及厚度应符合表3-20规定。

卷重、面积及厚度　　**表3-20**

规格（公称厚度）（mm）		2		3			4					
上表面材料		PE	S	PE	S	M	PE	S	M	PE	S	M
面积（m²/卷）	公称面积	15		10			10			7.5		
	偏差	±0.15		±0.10			±0.10			±0.10		
最低卷重（kg/卷）		33.0	37.5	32.0	35.0	40.0	42.0	45.0	50.0	31.5	33.0	37.5
厚度（mm）	平均值≥	2.0		3.0		3.2	4.0		4.2	4.0		4.2
	最小单值	1.7		2.7		2.9	3.7		3.9	3.7		3.9

用最小分度值为0.2kg的台秤量每卷卷材的质量。

用最小分度值为1mm卷尺在卷材两端和中部三处测量宽度、长度，以长乘宽的平均值求得每卷卷材面积。若有接头，以量出两段长度之和减去150mm计算。

当面积超出标准规定的正偏差时，按公称面积计算其卷重，当其符合最低卷重要求时，亦判为合格。

(3) 外观

成卷卷材应卷紧卷齐，端面里进外出不得超过 10mm。

成卷卷材在 4～60℃任一产品温度下展开，在距卷芯 1000mm 长度外不应有 10mm 以上的裂纹或粘结。

胎基应浸透，不应有未被浸渍的条纹。

卷材表面必须平整，不允许有孔洞、缺边和裂口，矿物粒（片）料粒度应均匀一致并紧密地粘附于卷材表面。

每卷接头处不应超过 1 个，较短的一段不应少于 1000mm，接头应剪切整齐，并加长 150mm。

将卷材立放于平面上，用一把钢板尺平放在卷材的端面上，用另一把最小分度值为 1mm 的钢板尺垂直伸入卷材端面最凹处，测得的数值即为卷材端面的里进外出值。然后将卷材展开按外观质量要求检查。沿宽度方向裁取 50mm 宽的一条，胎基内不应有未被浸透的条纹。

(4) 物理力学性能

物理力学性能符合表 3-21 规定。

防水卷材物理力学性能　　表 3-21

序号	胎基			PY		G	
	型号			Ⅰ	Ⅱ	Ⅰ	Ⅱ
1	可溶物含量（g/m²）≥		2mm	—		1300	
			3mm	2100			
			4mm	2900			
2	不透水性	压力（MPa）≥		0.3	0.2		0.3
		保持时间（min）≥		30			
3	耐热度（℃）			110	130	110	130
				无滑动、流淌、滴落			
4	拉力（N/50mm）≥		纵向	450	800	350	500
			横向			250	300
5	最大拉力时延伸率（%）≥		纵向	25	40	—	
			横向				
6	低温柔度（℃）			−5	−15	−5	−15
				无裂纹			
7	撕裂强度（N）≥		纵向	250	350	250	350
			横向			170	200
8	人工气候加速老化	外观		Ⅰ级			
				无滑动、流淌、滴落			
		拉力保持率（%）≥	纵向	80			
		低温柔度（℃）		3	−10	3	−10
				无裂纹			

注：表 1～6 项为强制性项目。当需要耐热度超过 130℃卷材时，该指标可由供需双方协商确定。

拉力、最大拉力时延伸率、撕裂强度各项试验结果的平均值达到标准规定的指标时判为该项指标合格，不透水性、耐热度、低温柔度、人工气候加速老化各项试验结果满足表 14-21 的要求。

（八）桥梁结构构配件质量评价

1. 桥梁结构构配件质量评价的依据标准

《预应力筋用锚具、夹具和连接器应用技术规程》JGJ/85—2010，备案号 J1141—2010；

《公路桥梁伸缩缝装置》JT/T 327—2004。

《预应力筋用锚具、夹具和连接器》GB/T 14370—2007；

《预应力混凝土用钢绞线》GB/T 5224—2003；

《公路桥梁板式橡胶支座》JT/T 4—2004；

《公路桥梁盆式支座》JT/T 391—2009；

《桥梁球型支座》GB/T 17955—2009；

《城市桥梁工程施工与质量验收规范》CJJ2—2008。

2. 桥梁结构构配件分类

（1）支座的分类

板式支座（四氟板支座）、盆式橡胶支座、QZ 球形支座。

（2）伸缩缝装置分类

模数式桥梁伸缩缝装置、梳齿式伸缩缝、板式橡胶伸缩缝。

（3）锚具、夹具和连接器选型

根据工程环境、结构特点、预应力筋品种和张拉施工方法，合理选择适用的锚具、夹具和连接器。

锚具、夹具和连接器的选用 **表 3-22**

预应力筋品种	张拉端	固定端	
		安装在结构外部	安装在结构内部
钢绞线	夹片锚具 压接锚具	夹片锚具 挤压锚具 压接锚具	压花锚具 挤压锚具
单根钢丝	夹片锚具 镦头锚具	夹片锚具 镦头锚具	镦头锚具
钢丝束	镦头锚具 冷（热）铸锚	冷（热）铸锚	镦头锚具
预应力螺纹钢筋	螺母锚具	螺母锚具	螺母锚具

3. 桥梁结构构配件质量评价

（1）支座的质量评价

1）支座要检查生产合格证，也就是要具有生产设备等各方面的能力。出厂性能试验报告检（试）验，①板式支座（四氟板支座）主要进行原材料性能、橡胶胶料物理机械性能、成品几何尺寸、成品外观质量、成品力学性能、支座解剖检（试）验、标志、包装、储存、运输检查有一项不合格即为不合格产品；②盆式橡胶支座主要进行力学性能、支座用材料物理机械性能、支座整体质量及主要零部件加工精度、外观质量检查有一项不合格即为不合格产品；③球型支座主要进行力学性能、支座用料的物理机械性能、支座整体质量及主要零部件加工精度、外观质量检查有一项不合格即为不合格产品。

2）板式橡胶支座（硬度、拉伸强度、扯断伸长率、脆性温度、恒定压缩永久变形、耐臭氧老化、热空气老化试验、抗压弹性模量、抗剪弹性模量、极限抗压强度）；

3）盆式支座（硬度、拉伸强度、扯断伸长率、脆性温度、恒定压缩永久变形、耐臭氧老化、热空气老化试验、成品主要几何尺寸（除防腐要求）、在竖向设计承载力作用下支座压缩变形不大于支座总高度的 2%、在竖向设计承载力作用下盆环上口径向变形不得大于盆环外径的 0.05%、卸载后，支座残余变形小于设计荷载下相应变形的 5%）；

4）球型支座（在竖向设计承载力的作用下，支座的竖向压缩变形不应大于支座总高度的 1%、在竖向设计承载力的作用下，支座的盆环径向变形不应大于盆环外径的 0.5‰、成品几何尺寸）。

以上检（试）验项目合格，评定为合格，否则是不合格。

（2）伸缩缝装置的质量评价

伸缩缝装置必须符合设计要求，必须检查出厂合格证和出厂价格构配件性能报告。并进行复检，必须进行出厂检（试）验（外观尺寸、外观质量、内在质量、组装精度、整体性能）。

出厂检（试）验时，若有一项指标不合格，则应从该批产品中再随机抽取双倍数目的试样，对不合格项目进行复检，若仍有一项不合格则判定该产品不合格。

（3）锚具、夹具和连接器的质量评价

1）外观检（试）验：如表面无裂缝，影响锚固能力的尺寸符合设计要求，应判为合格，如此项尺寸有 1 套超过允许偏差，则应另取双倍数量重做检（试）验，如仍有 1 套不符合要求，则应逐套检查，合格者方可使用。如发现 1 套有裂纹，即应对全部产品进行逐件检（试）验，合格者方可使用。

2）硬度检（试）验：每个零件测试点 3 点，当硬度值符合设计要求的范围应判为合格；如有 1 个零件不合格，则应另取双倍数量的零件重做检（试）验；如仍有 1 个零件不合格，则应逐个检（试）验，合格者方可使用。

3）静载检（试）验：静载锚固能力检（试）验、疲劳荷载检（试）验及周期荷载检（试）验，如符合《预应力筋用锚具、夹具和连接器》GB/T 14370—2007 中第 5 章技术要求的规定，应判为合格；如有 1 个试件不符合要求，则另取双倍数量重做检（试）验；如仍有 1 个试件不合格，则该批为不合格品。

四、工程质量控制的方法

（一）影响工程质量的主要因素的控制

1. 工程施工质量基本要求

工程施工质量有着严格的要求和标准，应满足设计要求和标准规定；市政工程施工质量还需要满足使用功能要求和安全性要求。在所有影响施工质量的因素中，人、材料、机械、方法和环境方面的因素是主要因素。对这些因素严格加以控制，是保证工程质量的关键。

2. 主要因素控制

（1）人的因素影响

工程建设项目中的人员包括决策管理人员、技术人员和操作人员等直接参与市政工程建设的所有人员。人作为质量的创造者，人的因素是质量控制的主体；人作为控制的动力，应充分调动其积极性，以发挥人的主观能动性、积极性和责任感，坚持持证上岗，组织专业技术培训，以人的工作质量保证工程质量。

（2）材料的控制

材料包括原材料、成品、半成品、构配件，是工程施工的主要物质基本，没有材料就无法施工。材料质量是工程质量的重要因素，材料质量不符合要求，工程质量也就不可能符合标准。所以，加强材料的质量控制，是提高工程质量的重要保证，是创造正常施工条件，实现投资、进度控制的前提。对工程材料质量的控制应着重于下面的工作：

1）优选供货商，合理组织材料供应。只有选择好供货商，才有获得质量更好、价格更低的材料资源的可能，才能从材料上确保工程质量，降低工程的造价。在此基础上，要严格控制材料的采购、加工、储备、运输，并建立起严密的计划台账和管理体系。

2）加强材料检查验收，严把材料质量关。对用于工程的主要材料，进场时必须具备正规的材质化验单和正式的出厂合格证，对于重要工程或关键施工部位所用的材料，原则上必须进行全部检（试）验，材料质量抽样和检（试）验的方法要符合有关材料质量标准和测试规程，能反应检验（收）批次材料的质量与性能。

（3）机械设备的控制

机械设备控制包括施工机械设备、工具等控制。机械设备是实现施工机械化的重要物质基础，是确保施工质量的关键条件，因此，必须做好有效的控制工作。机械设备是施工生产的手段，对工程质量也有重要影响。所以要根据不同施工工艺特点和技术要求，选用合适的机械设备，正确使用、管理和保养好机械设备。同时也要健全各种对机械设备的管理制度，如“人机固定”制度、“操作证”制度、岗位责任制度、交接班制度、“技术保养”制度等确保机械设备处于最佳使用状态。

（4）工艺方法的控制

方法控制包括工程项目整个建设周期内所采取的施工技术方案、工艺流程、检测手段、施工组织设计等的控制。其主要控制要点：

1）施工方案控制：施工方案选择是否正确，直接关系到工程项目的质量控制目标能否实现。因此，必须结合具体工程实际情况，从组织、管理、工艺、技术、操作等多方面进行全面分析与综合考虑，力求方案工艺先进、技术可行、措施得力、操作方便、经济合理，以达到提高工程质量的目的。

2）工艺流程的控制：工艺流程选择和控制可有效提高项目施工质量。例如：起重机开行路线与停机点的位置和起重机的性能、构件的尺寸及质量，构件的平面布置、供应方式与吊装方法等有关，应力求开行路线最短；每一停机点尽可能多吊构件，并保证能将构件吊至安装位置。构件平面布置应满足吊装工艺的要求，充分发挥起重机的效率，以避免构件在场内进行二次搬运。

总之，方法是实现工程建设的重要手段，无论方案的制订、工艺的设计、施工组织设计的编制、施工顺序的开展和操作要求等，都必须以确保质量为目的，严加控制。

（5）环境因素的控制

影响工程质量的环境因素比较多，且对工程质量的影响具有复杂而多变的特点，如工程地质、水文、气象等条件就变化万千，温度、湿度、大风、暴雨、酷暑、严寒都直接影响工程质量。

工程具体条件与施工特点、施工方案和技术措施对影响工程质量的环境因素是紧密相关，为此，采取有效的措施加以控制，如在雨季、冬季、风季、炎热季节施工，应针对工程的特点，尤其是对沥青路面工程、水泥混凝土工程、路基土方工程、桥涵基础工程等，必须拟定季节性施工保证质量的有效措施，以避免工程质量受到冻害、干裂、冲刷、坍塌等环境因素的影响与危害。

（二）施工准备阶段质量控制

施工准备阶段的控制是指工程正式开始前所进行的质量策划，这项工作是工程施工质量控制的基础和先导，主要包括以下方面：

（1）建立项目质量管理体系和质量保证体系，编制项目质量保证计划。

（2）制订施工现场的各种质量管理制度，完善项目计量及质量检测技术和手段。

（3）组织设计交底和图纸审核，是施工项目质量控制的重要环节。通过设计图纸的审查，了解设计意图，熟悉关键部位的工程质量要求。通过设计交底，使建设、设计、施工等参加单位进行沟通，发现和减少设计图纸的差错，以保证工程顺利实施，保证工程质量和安全。

（4）编制施工组织设计，将质量保证计划与施工工艺和施工组织进行融合，是施工项目质量控制的至关紧要环节。施工组织设计是指导施工准备和组织施工的全面性技术经济文件。对施工组织设计要进行两方面的控制：一是选定施工方案后，制订施工进度计划表时，必须考虑施工顺序、施工流向、主要分部分项工程的施工方法、特殊项目的施工方法和技术措施能否保证工程质量；二是制订施工方案时，必须进行技术经济比较，使工程项目满足符合性、有效性和可靠性要求，取得施工工期短、成本低、安全生产、效益好的经济质量。

（5）对材料供应商和分包商进行评估和审核，建立合格的供应商和分包商名册。

（6）严格控制工程所使用原材料的质量，根据本工程所使用原材料情况编制材料检（试）验计划，并按计划对工程项目施工所需的原材料、半成品、构配件进行质量检查和复验，确保用于工程施工的材料质量符合规范规定和设计要求。

（7）工程测量控制资料施工现场的原始基准点、基准线、参考标高及施工控制网等数据资料，是施工之前进行质量控制的一项基础工作。

（三）施工阶段质量控制

施工阶段质量控制是整个工程质量控制的重点。根据工程项目质量目标要求，加强对施工现场及施工工艺的监督管理，重点控制工序质量，督促施工人员严格按设计施工图纸、施工工艺、国家有关质量标准和操作规程进行施工和管理。

1. 施工项目有方案

应依据工程条件和有关标准规定编制关键分项分部工程和危险性较大分项分部工程施工方案，如基础工程专项施工方案、深基坑支护专项方案、模板支架施工专项方案、脚手架专项施工方案、钢筋（预应力）工程专项方案、混凝土工程专项方案、预制安装工程专项方案、施工现场临时用电施工方案、塔吊安装拆除施工方案、施工现场与周边防护施工方案、质量通病防治施工方案。

2. 质量预控有对策

质量预控是指施工技术人员和质量管理人员事先对分项分部工程进行分析，找出在施工过程中可能或容易出现的质量环节，制订相应的对策，采取质量预控措施予以预防。特别应注意工程项目施工的重点技术或经验不足的环节，如钢梁或桁架的制作与安装项目，常会产生预制与拼装相互配合的质量问题，必须事先做好策划和采取预控措施。

3. 技术措施有交底

技术交底是施工技术管理的重要环节，通常分为分项、分部和单位工程，按照企业管理规定在正式施工前分别进行。市政工程技术交底经常采用技术安全交底形式，以便科学合理地组织施工，安全地进行作业。

技术交底的内容应根据具体工程有所不同，主要包括施工图纸、施工组织设计、施工工艺、技术安全措施、规范要求、操作规程；其中质量标准要求是重要部分。对于重点工程、特殊工程，采用新结构、新工艺、新材料、新技术有特殊要求的工程，需要分别进行技术安全交底。技术安全交底应采取会议或现场讲解形式，且应形成会议纪要或技术交底记录。

4. 材料配制使用有试验

为了保证工程质量，我国相应标准规定对工程使用的主要材料、半成品、构配件以及施工过程留置的试块、试件等实行现场抽（取）样检（试）验和见证取样送检。见证取样送检必须严格执行规定的程序进行。

5. 工序交接有检查

施工中各专业工种（工序）相互之间必须进行交接检验，并形成记录。上道工序应自检符合规定，才能进行下道工序施工；有监理工程师检查要求的重要工序，应经监理工程师检查认可，才能进入下道工序施工。

6. 隐蔽工程有验收

隐蔽工程在隐蔽前应进行质量验收，是施工质量控制的重要环节。在施工单位自检符合规定的基础上，应请监理等单位进行检查验收，填写隐蔽工程验收记录，内容应与隐蔽工程实物一致。

7. 成品保护有措施

成品保护是工程施工质量控制的最后环节之一。质量管理人员应对现场施工人员加强成品保护教育：在养护期间派专人看护，在没达到设计要求前，任何人都不得在上行走或作业；竣工维护期间，应制订切实可行保护措施，保护成品免遭损坏。

8. 行使质量一票否决

如发现三检制未能正确执行、隐蔽工程未经验收、质量异常或质量问题、擅自变更设计图纸、擅自替换材料、使用不合格材料、未经资质审查的操作人员无证上岗等影响质量问题，应行使质量一票否决权，及时予以纠正。

9. 设计变更有手续

因施工现场情况发生变化，常会导致设计变更；诸如设计单位对原施工图纸和设计文件中所表达的设计标准状态的改变和修改；施工单位发现设计与施工条件不符；建设方为节约投资、加快进度等非施工单位自身因素引起的变更，均应有依据、有理由、有条件和有手续办理设计变更，并及时修改质量标准和变动质量控制点。

10. 质量文件有档案

应按照市政工程技术资料管理有关规定，对质量有关的技术文件存档保存，如水准点，坐标位置，测量放线，沉降、变形观测记录，图纸会审记录，材料合格证，试验报告，技术交底记录，各种施工原始记录，隐蔽过程记录，设计变更记录，竣工图等。

（四）工程竣工验收阶段的质量控制

1. 工程竣工验收的程序

（1）工程项目完工后，施工单位应自行组织有关人员进行检验，并将资料与自检结果，报监理单位申请验收。

（2）监理单位应根据《建设工程监理规范》的要求对工程进行竣工预验收。符合规定后由施工单位向建设单位提交工程竣工报告和完整的质量控制资料，申请建设单位组织竣工验收。

（3）建设单位项目负责人应根据监理单位的工程竣工报告组织建设、勘查、设计、施工、监理项目负责人，并邀请监督部门参加工程验收。

2. 工程竣工验收的组织

（1）检验批及分项工程验收

应由监理工程师（建设单位项目技术负责人）组织施工项目专业技术人员、质量管理人员、技术（质量）负责人等进行验收。

（2）专项验收

有“四新”技术的推广应用工程项目，当国家、行业、地方标准没有具体验收要求的分项工程及检验批，可由建设单位组织制订专项验收要求，专项验收要求应符合设计意图，包括分项工程及检验批的划分、抽样方案、验收方法、判定指标等内容，监理、设计、施工等单位可参与制订。为保证工程质量，重要的专项验收要求应在实施前组织专家论证。

（3）分部工程验收

分部工程验收应由总监理工程师（建设单位项目负责人）组织施工单位项目负责人和技术、质量负责人等进行验收；地基与基础、主体结构分部工程的勘察、设计单位工程项目负责人和施工单位技术、质量部门负责人也应参加相关分部工程验收。

（4）竣工预验收

单位工程完成后，施工单位应依据验收规范、设计图纸等组织有关人员进行自检；单位工程有分包单位施工时，分包单位对所承包的工程项目应按规定的程序检验，总包单位应派人参加；自检结果符合规定后，施工单位应提出竣工预验收申请。

（5）竣工验收

单位工程质量验收应由建设单位项目负责人组织，勘察、设计、施工、监理单位的项目负责人，施工单位项目技术、质量负责人和监理单位的总监理工程师应参加验收。

在一个单位工程中，对满足生产要求或具备使用条件，施工单位已自行检验，监理单位已预验收的子单位工程，建设单位可组织进行验收。由几个施工单位负责施工的单位工程，当其中的子单位工程已按设计要求完成，并经自行检验，也可按规定的程序组织正式验收，办理交工手续。在整个单位工程验收时，已验收的子单位工程验收资料应作为单位工程验收的附件。

建设行政主管部门应委托工程质量监督机构对工程竣工验收的验收程序、组织形式、执行标准等情况实施监督。

3. 工程质量保证资料

（1）按照“单位（子单位）工程质量控制资料核查记录”资料相关内容，核查小组分别对“道路工程、给水排水工程、桥梁工程”等各项资料名称内容审查后填写核查意见：“符合要求、基本符合要求或不符合要求”，核查人由监理单位核查人签名。工程质量控制资料核查记录表最终由施工单位项目负责人、有关人员、建设单位项目负责人提出意见并签字。

按照“单位（子单位）工程质量控制资料核查记录”相关内容填写“单位（子单位）工程质量竣工验收记录”中“质量控制资料”核查“共几项，审查符合要求几项，经核定符合标准要求几项”，验收结论由监理（建设）单位评论并填写。

（2）工程实体质量控制（安全和主要使用功能核查及抽查结果）

按照施工质量验收标准的规定，工程实体质量控制主要内容有符合规划设计条件和设计文件和规范要求，没有影响结构安全和使用功能的质量问题。

按照“单位（子单位）工程安全和功能检（试）验资料核查及主要功能抽查记录表”资料相关内容核查小组分别对“道路工程、给水排水工程、桥梁工程”等各项“安全和功能检查项目”内容审查后在“施工单位核查意见”栏目内填写“合格、不合格”；“项目监理抽查结果”分为“合格、不合格”。

工程质量控制工程安全和功能检（试）验资料核查及主要功能抽查记录表，应由施工单位项目负责人、建设单位项目负责人、各方有关人员提出意见并签字。

按照“单位（子单位）工程安全和功能检（试）验资料核查及主要功能抽查记录表”相关内容填写“单位（子单位）工程质量竣工验收记录”中“安全和主要使用功能核查及抽查结果”，“共核查几项，符合要求几项，共抽查几项，符合要求几项，经返工处理符合要求几项”，验收结论由监理（建设）单位评论并填写。

（3）工程外观质量验收

建设（监理）和质量检测等单位参加工程质量现场检（试）验评定，对竣工工程外观质量验收进行全面检查。按照“单位（子单位）工程外观质量检查记录表”资料相关内容核查小组分别对“道路工程、给水排水工程、桥梁工程”等各项“项目”内容审查后填写“抽查质量情况”并得出“好、一般、差”等结论。

工程外观质量检查记录表应由施工单位项目负责人、建设单位项目负责人、各方有关人员提出意见并签字。

按“单位（子单位）工程外观质量检查记录表”相关内容填写“单位（子单位）工程质量竣工验收记录”中“外观质量验收”，“共抽查几项，符合要求几项，不符合要求几项”，验收结论应由监理（建设）单位评论并填写。

（五）设置施工质量控制点的原则和方法

1. 质量控制点的概念

质量控制点是指对工程项目的性能、安全、寿命、可靠性等有影响的关键部位及对下道工序有影响的关键工序，为保证工程质量需要进行控制的重点、关键部位或薄弱环节，需在施工过程中进行严格管理，以使关键工序及部位处于良好的控制状态。

2. 设置质量控制点的原则

（1）质量控制点应突出重点。

在项目的各项工作各阶段环节中，对项目质量的影响程度不一样，应当对容易引起质量问题的环节进行重点关注。质量控制设置在工程施工的关键时刻和关键部位，关注有利于控制影响系统质量的关键因素。

（2）质量控制点应当易于纠偏。

应设置在系统质量目标偏差易于测定的关键活动和关键时刻，有利于质量管理人员及时发现质量偏差和及时制订纠偏措施。比如在沟槽施工管道工程隐蔽施工的时候，应当采取旁站的方法来开展监控工作，应从管道开挖时进行检查，检查操作队伍是否按照规范进行施工，还要检查管道的质量是否符合要求，如果不符合要求，应责令返工。

（3）质量控制点应有利于参与工程建设的各方共同从事工程质量的控制活动。

工程建设各方可根据各自质量控制特点建立不同的质量控制点。各方可根据项目的具体情况，协商确定共同的质量控制点，并制订各自的质量控制措施。

（4）保持控制点的设置的灵活性和动态性。

质量控制点在项目实施中，并不是一成不变的。在项目实施过程中，应该根据项目建设的实际情况，对已设立的质量控制点随时进行必要的调整，以达到对工程总目标的全过程、全方位的控制，保证对工程项目总目标的实现。

质量控制点是实施质量控制的重点。在实施过程中的关键过程或环节及隐蔽工程；实施中的薄弱环节或质量变异大的工序、部位和实施对象；对后续工程实施或后续阶段质量和安全有重大影响的工序、部位和实施对象；实施中无足够把握的、实施条件困难或技术难度大的过程或环节；在采用新技术或新设备应用部位或环节应设置质量控制点。

3. 选择质量控制点的对象和方法

（1）人的行为

某些分部分项工程或操作重点应控制人的行为，避免人的失误造成质量问题，如对高空作业、水下作业、危险作业、易燃易爆作业、重型构件吊装或多机抬吊、动作复杂而快速运转的机械操作、精密度和操作要求高的工序、技术难度大的工序等，都应从人的生理缺陷、生理活动、技术能力、思想素质等方面对操作者全面进行考核。事前还必须反复交底，提醒注意事项，以免产生错误行为和违纪违章现象。

(2) 物的状态

在某些分部分项工程或操作中，则应以物的状态作为控制的重点。如加工精度与施工机具有关；计量不准与计量设备、仪表有关；危险源与失稳、倾覆、腐蚀、毒气、振动、冲击、火花、爆炸等有关，也与立体交叉、多工种密集作业场所有关等。也就是说，根据不同分部分项工程的特点，有的应以控制机具设备为重点，有的应以防止失稳、倾覆、过热、腐蚀等危险源为重点，有的则以作业场所作业控制为重点。

(3) 材料的质量与性能：材料的质量和性能是直接影响工程质量的主要因素；尤其是某些工序，更应将材料的质量和性能作为控制的重点。如电热法预应力筋选择与加工，就要求钢筋匀质、弹性模量一致，含硫（S）量和含磷（P）量不能过大，以免产生热脆和冷脆；Ⅳ级钢筋可焊性差，易热脆，用作预应力筋时，应尽量避免对焊接头，焊后要进行通电热处理。又如水泥的质量是直接影响混凝土工程质量的关键因素，施工中就应对进场的水泥质量进行重点控制，必须检查核对其出厂合格证，并按要求进行强度和安定性的复验等。

(4) 关键的操作

如预应力筋张拉作业，在 $0 \rightarrow 1.05\sigma$（持荷 2min）$\rightarrow \sigma$ 张拉程序中，要进行超张拉和持荷 2min。超张拉的目的，是为了减少混凝土弹性压缩和徐变，减少钢筋的松弛、孔道摩阻力、锚具变形等原因所引起的应力损失；持荷 2min 的目的，是为了加速钢筋松弛的早发展，减少钢筋松弛的应力损失。在操作中，如果不进行超张拉和持荷 2min，就不能保证预应力值达到设计要求；若张拉应力控制不准，过大或过小，会严重影响预应力的结构的施工质量。

(5) 施工顺序

有些工序或操作，必须严格控制相互之间的先后顺序，如冷拉钢筋，一定要先对焊后冷拉，否则，就会失去冷强。施工中的薄弱环节，或质量不稳定的工序、部位或对象，例如地下防水层的施工；对后续工程施工或后续工序质量或安全有重大影响的工序、部位或对象，如模板的安装与拆除等也必须严格控制先后顺序。

(6) 施工技术

1) 技术间隙：有些工序间的技术间歇时间性很强，如不严格控制亦会影响质量，如分层浇筑混凝土，必须在下层混凝土未初凝前将上层混凝土浇筑完等。

2) 技术参数：有些技术参数与质量密切相关，亦必须严格控制。如外加剂的掺量，混凝土的水胶比，沥青胶的耐热度，回填土的最佳含水量，灰缝的饱满度，防水混凝土的抗渗等级等，都将直接影响结构的强度、密实度、抗渗性和耐冻性，亦应作为质量控制点。

3) 采用新技术、新工艺、新材料的部位或环节。当施工操作人员缺乏施工经验时，必须对其工序操作作为重点控制对象。

4) 施工条件严格的或技术难度大的工序或环节，例如形式复杂的曲面模板的放样等。

(7) 常见的质量通病

1) 对于施工中常见的质量问题，如蜂窝、麻面、渗水、漏水、空鼓、起砂、裂缝等，都与工艺操作有关，均应事先研究对策，提出预防措施。

2）质量不稳定、质量问题易发生的工序：通过质量统计数据分析，表明质量波动、不合格率较高的工序，也应设置为质量控制点。

3）特殊土质地基和特种结构：对于湿陷性黄土、膨胀土、红黏土等特殊地基处理，以及大跨度结构、高空结构等技术难度较大的施工环节和重要部位，应特别控制。

（8）施工工法

对施工质量有重大影响的施工工法，如大模板施工中的模板组装固定、装配式结构的吊装等都是质量控制的重点。

市政工程主要质量控制点的确定有其规律可循，一般根据施工工序进行设置。表 4-1～表 4-3 分别是城镇道路工程、城市桥梁工程、城市管道工程控制点设置参考表。

城镇道路工程质量控制点设置参考表　　表 4-1

序　号	项　目	质量控制点	
一	工程测量	1	交接桩成果
		2	施工平面、高程控制测量
		3	重要点位、线路测设
		4	测量放线
二	土石方工程	1	填方土质检查
		2	填方标高、密实度、平整度检查
		3	挖方拉槽边坡、底边尺寸
		4	标高、平整度
三	石灰粉煤灰砂砾路基	1	材料配合比、强度试验
		2	拌合、运输质量检查
		3	试验段压实参数检查
		4	摊铺标高、平整度检查
		5	压实遍数、密实度、平整度检查
		6	养护
四	石灰土路基	1	灰土配合比、强度试验
		2	石灰质量及含灰量检查
		3	现场拌合质量检查
		4	摊铺标高、平整度检查
		5	压实遍数、密实度、平整度检查
		6	养护
五	级配砂石基层	1	砂石级配试验
		2	摊铺标高、平整度检查
		3	压实遍数、密实度、平整度检查
六	水泥稳定土基层	1	水泥稳定土配合比、强度试验
		2	水泥、土质量检查
		3	拌合、运输质量检查
		4	摊铺标高、平整度检查
		5	压实遍数、密实度、平整度检查
		6	接缝处理检查
		7	养护

续表

序号	项目	质量控制点	
七	沥青混凝土面层	1	沥青混凝土配合比及相关试验
		2	拌合、运输质量检查
		3	摊铺标高、平整度检查
		4	压实遍数、密实度、平整度检查
		5	接缝处理检查
		6	路边碾压、检查井标高控制检查
		7	交通放行
八	路缘石	1	基础地基、标高、尺寸检查
		2	路缘石强度、外观检查
		3	砌筑方法以及砂浆饱满度、配比、强度
		4	路缘石直顺度、高程、半径等尺寸检查
		5	路缘石后背处理检查
九	雨水口	1	基础处理
		2	墙体砌砖及周边回填处理
		3	砖石强度试验检（试）验
		4	砌筑方法、砂浆饱满度及砂浆配比、强度
		5	清水墙勾缝（砌体接槎方法）
		6	雨水支管接入处理
		7	雨水支管安装与包封混凝土浇筑
		8	雨水篦子安装
十	方砖步道	1	基层处理与找平检查
		2	方砖强度、透水性等检查
		3	方砖铺筑平整度检查

城市桥梁工程质量控制点设置参考表 **表 4-2**

序号	项目	质量控制点	
一	工程测量	1	交接桩成果
		2	施工平面、高程控制测量
		3	重要点位、线路测设
		4	测量放线
二	基础工程	1	轴线、尺寸、基础底标高、基础顶标高检查
		2	预埋件与预留孔洞的位置、标高、规格、数量检查
		3	沉降缝
三	桩基工程（沉入桩）	1	桩身材料、强度试验
		2	桩位、桩间距、桩身垂直度、接桩质量检查
		3	桩尖标高、桩尖最末贯入度检查
		4	桩身检测

续表

序 号	项 目	质量控制点	
四	桩基工程（灌注桩）	1	桩位、桩间距、桩长、桩顶标高、桩径、桩身垂直度、沉渣厚度检查
		2	钢筋笼沉放检查
		3	桩身混凝土浇筑、充盈系数质量检查，材料配合比、强度现场试验
		4	桩身检测
五	模板工程	1	轴线、标高、尺寸、线形、拼缝检查
		2	模板平整度、刚度、强度，支撑系统稳定性检查
		3	预埋件与预留孔洞的位置、标高、尺寸
六	钢筋工程	1	钢筋品种、规格、尺寸、数量、复试、弯配质量检查
		2	钢筋焊接、机械连接、搭接长度、焊缝长度、焊接检测
		3	钢筋绑扎、安装位置，保护层
		4	预埋件位置、标高检查
七	混凝土工程	1	混凝土配合比及相关试验
		2	水泥品种、强度、安定性
		3	砂细度模数、含泥量
		4	石料针片状含量、含泥量
		5	外加剂比例、外掺料检查
		6	拌合、运输质量检查
		7	混凝土工作度、混凝土浇筑、振捣
		8	混凝土养护、混凝土强度
八	预应力工程	1	张拉设备、预应力筋、锚夹具检（试）验试验
		2	预埋管道位置、尺寸、连接等检查
		3	预应力筋编束、穿束检查
		4	张拉程序、张拉控制应力、伸长率、持荷时间控制
		5	滑丝数量、孔道灌浆、封锚检查
九	钢结构安装	1	钢材、焊接材料、高强螺栓检（试）验试验
		2	焊接工艺评定
		3	钢材下料、加工，除锈、防腐检查
		4	钢材组装、焊接检查
		5	钢桥吊装、现场焊接、高强螺栓安装
		6	焊缝无损检测

城市管道工程质量控制点设置参考表　　表 4-3

序号	项目		质量控制点
一	混凝土管道安装	1	沟槽尺寸、标高、支护体系的强度与稳定性
		2	管材规格、尺寸，基础宽度、厚度、标高
		3	管底标高，管道安装稳定性、管道水流坡度、管道接口检查
		4	闭水、闭气试验
		5	沟槽回填
二	钢管管道安装	1	沟槽尺寸、标高、支护体系的强度与稳定性
		2	管材品种、规格、尺寸，焊接材料、钢材检测
		3	管底标高、坡度、直顺度
		4	焊接接缝、焊缝无损检测
		5	防腐处理
		6	沟槽回填强度
		7	水压试验和严密性试验，冲洗
三	化工建材管道安装	1	沟槽尺寸、标高、支护体系的强度与稳定性
		2	管材材质、品种、规格、尺寸、管材环刚度
		3	管底标高、坡度、管道接口、管身变形检查
		4	沟槽回填
		5	水（气）压严密性试验

4. 质量控制点的管理

质量控制点的设置使质量控制的目标及工作重点更加明晰。施工中必须做好施工质量控制点的质量预控工作，包括明确质量控制的目标与控制参数；编制作业指导书和质量控制措施；确定质量检查检（试）验方式及抽样的数量与方法；明确检查结果的判断标准及质量记录与信息反馈要求等。

技术质量负责人在施工前要向施工作业班组进行认真交底，使每一个控制点上的施工人员明白施工操作规程及质量检（试）验评定标准，掌握施工操作要领；在施工过程中，相关施工技术管理和质量管理人员要在现场进行重点指导和检查验收。

必须做好施工质量控制点的动态设置和动态跟踪管理。所谓动态设置，是指在工程开工前，经设计交底、图纸会审及编制施工组织设计后，可确定一批质量控制点。随着工程的展开，施工条件的变化，随时或定期进行控制点的调整和更新。动态跟踪是应用动态控制原理，落实专人负责跟踪和记录控制点质量控制的状态和效果，并及时向项目负责人反馈质量控制信息，保持施工质量控制点的受控状态。

对于危险性较大的分部分项工程或特殊施工过程，应由专业技术人员编制专项施工方案或作业指导书，经企业技术负责人审批及监理工程师签字后执行。超过一定规模的危险性较大的分部分项工程，还要组织专家对专项方案进行论证。施工前，施工员、安全员、质量员应做好交底和记录工作，使施工人员在明确工艺标准、质量要求的基础上进行作业。为保证质量控制点的目标实现，应严格按照三级检查制度（简称三检制）进行检查控制。在施工中发现质量控制点有异常时，应立即停止施工，召开分析会，查找原因，采取对策，予以解决。

（六）施工质量案例分析

1. 背景材料

工程设计起止桩号为K1＋872～K3＋060钢筋混凝土预应力连续梁和钢结构连续箱梁高架桥工程，上部结构为预应力混凝土连续梁，强度等级C50，纵向、横向设有预应力筋。设计采用预应力高强度低松弛钢绞线。钢箱梁采用单箱七室鱼腹式截面，顶、底板均采用8mm厚U形钢板；预应力筋孔道采用预埋塑料波纹管，真空压浆。下部结构分为直径1.2m、1.5m、1.8m的钻孔灌注桩，最大深度66m；最大承台尺寸为18.5m×5.4m×2m；C30墩身为矩形抹圆双立柱上加帽梁，立柱最高14.5m。

工程范围地下有地铁线和各类地下管线，地面上为城市交通主干道，施工场地狭窄。施工地段土层主要为灰质岩和粉砂质泥岩。

工程实施的基本情况：

（1）建立项目质量管理体系和质量保证体系，其施工组织体系结构为：项目负责人、项目副经理、总工程师、材料设备部、质检部、合同预算部、安全生产部、综合办公室、试验室、财务部、桥梁施工队、综合施工队；

（2）钻孔灌注桩施工工艺流程：场地平整→桩位测量放样→埋设护筒→钻机就位→钻进→成孔→清孔→吊装钢筋笼→设立导管→二次清孔→灌注水下混凝土→拔除钢护筒→桩检测；

（3）承台施工的工艺流程：挖掘机放坡开挖、不能放坡地段用钢板桩进行支护→人工挖孔30cm至设计标高→桩身检测→绑扎桩头与承台连接钢筋→绑扎承台钢筋→安装模板→商品混凝土运至现场→制作试件→浇筑混凝土；

（4）预应力筋张拉施工，采用M15-15、M15-12锚具和配套千斤顶进行张拉。

2. 问题

（1）本工程项目部施工组织管理体系是否全面？

（2）施工准备阶段的质量控制工作有哪些？

（3）简述高架桥工程在施工阶段的质量控制点的设置。

（4）简述钻孔灌注桩的质量控制点的设置。

（5）结合本工程的特点，简述施工过程中预应力施工关键工序的质量控制流程。

3. 参考答案

（1）不全面，还缺施工技术部、测量施工队、孔桩基施工队等。

(2) 编制实施性施工组织设计、专项方案、质量计划和质量保证措施等；建立项目质量管理体系和质量保证体系；制订施工现场各种质量管理制度，完善项目计量及质量检测技术；设计单位对工程进行设计交底、图纸审核，施工单位进行技术交底并做好相关记录；在公司合格供应商名册中对选用的材料供应商进行评估和审核；建立本工程现场控制测量的原始基准点、基准线、参考标高及施工控制网、确定检验与验收项目等工作。

(3) 对工程轴线、标高、配合比等施工技术进行复核控制；对计量人员资格、计量程序和计量器具的准确性进行控制；对工程使用的主要材料、半成品、构配件以及施工过程留置的试块、试件等实行现场见证取样送检；施工过程中的关键工序或环节以及隐蔽工程、薄弱环节或质量不稳定的工序、部位或对象进行控制；对工序衔接的技术间歇性很强、技术参数与质量密切相关的工序严格控制；采用新技术、新工艺、新材料的部位或环节；施工条件困难的或技术难度大的工序或环节；通过质量统计数据表明质量波动、不合格率较高的工序，都应作为质量控制点；模板支架施工、装配式结构的吊装预动张拉对已完施工的成品保护等都是质量控制的重点。

(4) 钻孔桩施工质量控制要点

1) 护筒埋设

根据测量确定的桩位，准确稳固埋设护筒。护筒采用钢护筒，用4mmA3钢板卷制焊接，内径大于桩径20～30cm，每节2m，顶部焊加强筋和吊耳，开泥浆口，高出地面20cm。

2) 钻孔

开始钻孔时，应稍提钻杆，在护筒内打浆，并开动泥浆泵进行循环，待泥浆均匀后开始钻进。钻孔过程中要保持孔内有1.5～2m的水头高度，桩孔钻至设计标高后，对成孔的孔径、孔深和倾斜度等进行检测，满足设计要求后报请监理工程师进行终孔检（试）验，并填写终孔检（试）验记录。

3) 泥浆护壁

为了确保泥浆护壁质量，钻孔时选用优质的膨润土作为制备泥浆的材料，泥浆性能指标：相对密度ρ=1.05～1.20；含砂率≤4%；失水率≤25mL/30min；黏度：16～22s；胶体率≥96%。

4) 清孔

钻到设计标高后即开始清孔作业，采用泥浆替换法清孔，分二次清孔。第一次在钻孔达到标高下放钢筋笼之前，第二次在下完导管之后，测孔内混渣回淤情况，进行二次清孔。清孔完毕时要达到如下标准：泥浆相对密度在1.10～1.15之间，含砂率在8%以内，黏度为18～20s，沉淀层厚度不大于15cm。清孔完毕后用检测笼测量孔径与垂直度，桩径误差应不小于30mm，不大于50mm，垂直度偏差不大于0.5%，如不合格，应会同监理工程师进行处理（洗孔或回填重钻）。

5) 钢筋笼加工、运输及吊放

依据现场条件钢筋笼分节吊装入孔，在孔口接长钢筋笼。

为防止钢筋笼在起吊、安装过程中变形，在钢筋笼上布置环形加强箍筋，直径为 ϕ12，间距 2m 左右。

钢筋笼起吊、运输及安装过程中应采取措施防止变形，吊点宜设在加强箍筋部位。钢筋笼安装入孔时，应保持垂直状态，对准孔位徐徐轻放，避免碰撞孔壁，下笼中若遇阻碍不得强行下放，应查明原因酌情处理后再继续下笼。钢筋笼全部入孔后检查安装位置，确认符合要求后，将钢筋笼用吊筋进行固定，以使钢筋笼定位，避免灌注混凝土时钢筋笼上浮。

6）灌注水下混凝土

① 灌注混凝土之前，对孔内进行二次清孔，使孔底沉淀层厚度符合规范规定，认真做好浇灌前的各项检查记录并经监理工程师确认后方可进行灌注。

② 水下混凝土采用导管法灌注。导管直径 300mm，壁厚 10mm，分节长度 1～2m，用装有橡胶垫圈的法兰接长，管接长 5m，底端不设法兰。导管在使用前应试拼接，并进行水密、承压和接头抗拉试验。导管顶部连接漏斗，架于设在孔口上方的角钢支架上。漏斗底口设置隔离球，拴牢在漏斗支架上。

③ 导管在吊入孔内时，其位置应居中、轴线顺直，稳步沉放，防止卡挂钢筋骨架和碰撞孔壁。灌注首批混凝土时，导管下口至孔底的距离控制在 25～40cm，且使导管埋入混凝土的深度不小于 1m。

④ 水下混凝土的水胶比，坍落度必须满足规范规定。灌注过程中应经常用测深锤探测孔内混凝土面位置，及时调整导管埋深，导管的埋深控制在 2～6m 为宜。当混凝土面接近钢筋骨架底部时，为防止钢筋骨架上浮，同时放慢灌注速度，以减少混凝土的冲击力；当孔内混凝土面进入钢筋骨架 1～2m 后，适当减小导管埋置深度，增大钢筋骨架下部的埋置深度。

⑤ 为确保桩头施工质量，在灌注将近结束时，导管内混凝土柱高度相对减少，导管内混凝土压力降低，而导管外井孔的泥浆稠度增加、相对密度增大。若出现混凝土顶升困难，可在孔内加水稀释泥浆，并掏出部分沉淀黏土，使灌注作业顺利进行。新拌混凝土的坍落度应在 18～20cm 之间，不离析，保水性好。做好混凝土运输车的调度工作，保持灌注连续性，不因运输车的问题出现停歇。全部混凝土灌注完成后，拔出钢护筒，清理场地。混凝土灌注过程中指定专人填写水下混凝土灌注记录。

7）桩头处理及桩身质量检查

灌注孔桩时，混凝土面的高程应比设计高程高出 80～100cm 左右，灌注完毕后即可抽掉泥浆，挖除桩顶浮浆，但必须留下 20cm 左右等混凝土完全凝固后再进行凿除，以保证不扰动桩顶混凝土。凿除桩头过程中，必须凿到合格混凝土。

承台施工前对孔桩进行一次无损检测，以便对孔桩的成桩质量做到心中有数，对有质量疑问的孔桩进行处理。

（5）连续箱梁预应力施工质量控制流程为：

准备工作→张拉设备安装→张拉 $0.1\sigma_{con}$ 计算伸长量→张拉到预定应力值→核对伸长量→持荷 2min→锚固→孔道压浆→封锚，如图 4-1 所示。

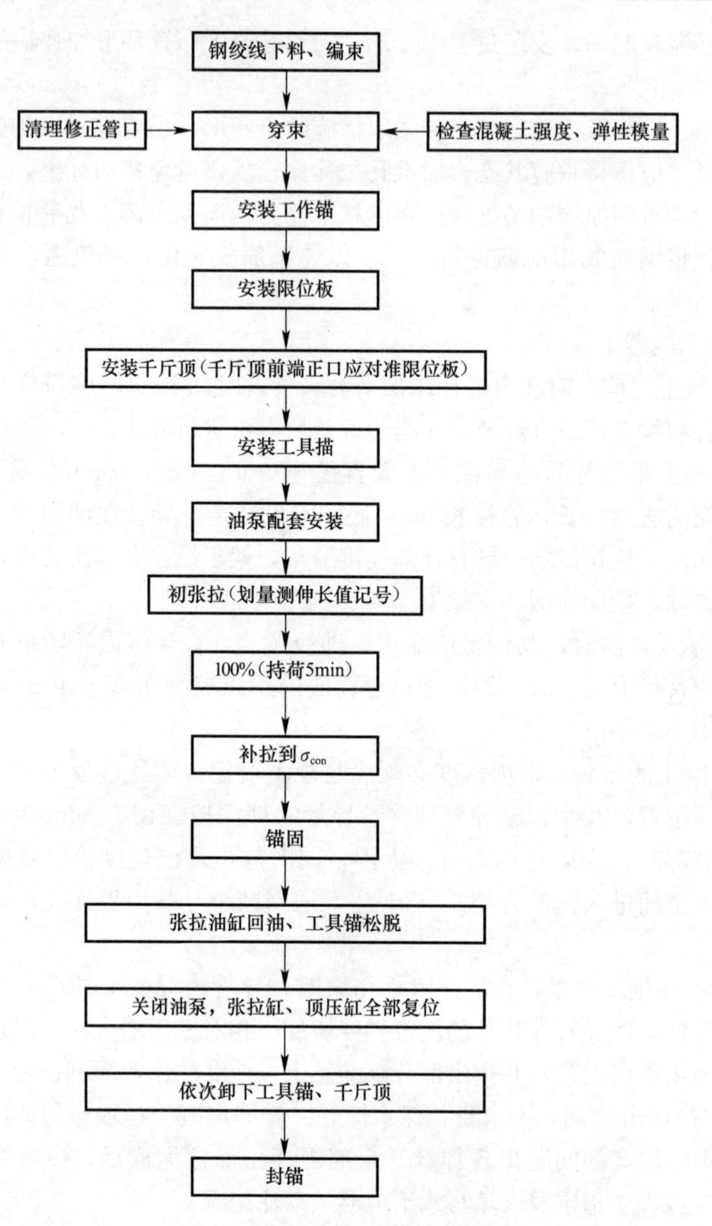

图 4-1 连续箱梁预应力施工流程

五、施工质量控制要点

（一）模板支架施工质量的控制要点

模板支架的制作与安装，对混凝土、钢筋混凝土结构与构件的外观质量、几何尺寸的准确以及结构的强度和刚度等将起到重要的作用。模板、支架的施工质量是工程质量控制的重要环节，必须引起高度重视。

模板可分类为木模板、钢模板、定型组合模板、钢框竹（木）胶合板等。支架系统目前常用的有钢质门式脚手架、钢管矩阵、组合杆件构架、贝雷架系统等多种形式。

模板制作质量应符合现行国家标准。支架、拱架安装完毕，经检（试）验合格后方可安装模板，浇筑混凝土和砌筑前，应对模板、支架和拱架进行检查和验收，合格后方可施工。

模板上预埋件和预留孔洞的位置、预埋螺栓应符合设计要求和施工方案要求。

模板、支架核拱架拆除应按设计要求的程序和措施进行，遵循“先支后拆、后支先拆”的原则。支架和拱架，应按施工方案循环卸落，卸落量宜由小渐大。每一循环中，在横向应同时卸落，在纵向应对称均衡卸落。

（二）钢筋与预应力筋施工质量控制要点

1. 钢筋加工的质量控制

（1）钢筋下料

钢筋下料是结构施工的主要隐蔽项目，钢筋使用前除应检查其外观质量外，还必须按材料质量的控制要求进行检（试）验及试验。

1）钢筋加工制作时，要将钢筋加工表与设计图复核，检查下料表是否有错误和遗漏，对每种钢筋要按下料表检查是否达到要求，经过这两道检查后，再按下料表放出实样，试制合格后方可成批制作，加工好的钢筋要挂牌堆放整齐有序。

2）钢筋表面应洁净、无损伤，使用前应将表面粘着的油污、泥土、漆皮、浮锈等清除干净，带有颗粒状或片状老锈的钢筋不得使用；当除锈后钢筋表面有严重的麻坑、斑点，已伤蚀截面时，应降级使用或剔除不用。

3）钢筋筋调直，可用机械或人工调直。经调直后的钢筋不得有局部弯曲、死弯、小波浪形，其表面伤痕不应使钢筋截面减小5%。采用冷拉方法调直钢筋时，HPB300级钢筋的冷拉率不宜大于2%；HRB335级、HRB400级钢筋的冷拉率不宜大于1%。

4）钢筋切断应根据钢筋号、直径、长度和数量，长短搭配，先断长料后断短料，尽量减少和缩短钢筋短头，以节约钢材。

（2）钢筋加工

1）钢筋的形状、尺寸应按照设计要求进行加工。加工后的钢筋，其表面不应有削弱钢筋截面的伤痕。

2）钢筋弯钩或弯曲

钢筋的弯制和端部弯钩均应符合设计要求和规范规定。箍筋的末端应作弯钩，弯钩形式（图5-1）应符合设计要求。箍筋弯钩的弯曲直径应大于被箍主钢筋的直径，且HPB300钢筋不得小于钢筋直径的2.5倍，HRB335不得小于箍筋直径的4倍；弯钩平直部分的长度，一般结构不宜小于箍筋直径的5倍，有抗震要求的结构不得小于箍筋直径的10倍。

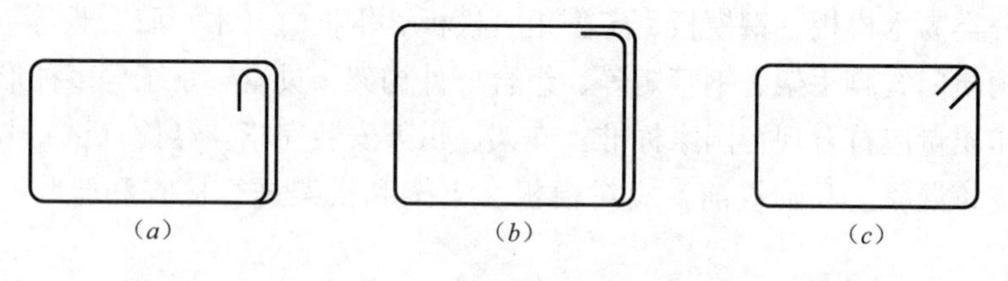

图5-1　箍筋弯钩形式图

(a) 90°/180°；(b) 90°/90°；(c) 135°/135°

（3）钢筋连接、安装的质量控制要点

1）钢筋接头应按设计要求或规范规定选用焊接接头或机械连接接头。焊接接头应优先选择闪光对焊；机械连接接头适用于HRB335和HRB400带肋钢筋的连接。

2）钢筋骨架和钢筋网片的交叉点焊接宜采用电阻点焊；当网片受力钢筋为HPB300钢筋时，如焊接网片只有一个受力方向，受力主筋与两端的两根横向钢筋的全部交叉点必须焊接；如焊接网片为两个方向受力，则四周边缘的两根钢筋的全部交叉点必须焊接，其余的交叉点可间隔焊接或绑、焊相间；当焊接网片的受力钢筋为冷拔低碳钢丝，受力主筋与两端的两根横向钢筋的全部交叉点必须焊接。

3）钢筋与钢板的T形连接，宜采用埋弧压力焊或电弧焊；钢筋与钢板进行搭接焊时应采用双面焊接，搭接长度应大于钢筋直径的4倍（HPB钢筋）或5倍（HRB钢筋）。

4）热轧光圆钢和热轧带肋钢的接头宜采用搭接或帮条电弧焊接头；搭接焊时，两连接钢筋轴线应一致。双面焊缝的长度不得小于$5d$，单面焊缝长度不得小于$10d$；帮条焊时，帮条长度：双面焊缝不得小于$5d$，单面焊缝不得小于$10d$。帮条与被焊钢筋的轴线应在同一平面上。焊缝表面平顺、无裂纹、夹渣和焊瘤等缺陷。

5）钢筋采用绑扎接头时，受拉区域内，HPB300钢筋绑扎接头的末端应做成弯钩，HRB335、HRB400钢筋不可做弯钩；钢筋搭接处，应在中心和两端至少3处用绑丝绑牢，钢筋不得滑移；受拉钢筋绑扎接头的搭接长度应符合设计要求，见表5-1。

受拉钢筋绑扎接头的搭接长度 表 5-1

钢筋牌号	混凝土强度		
	C20	C25	$>$C25
HPB300	35d	30d	25d
HRB335	45d	40d	35d
HRB400	—	50d	45d

注：1. 肋钢筋直径 $d>25$mm，其受拉钢筋的搭接长度应按表中数值增加 5d 采用；
2. 当带肋钢筋直径 $d<25$mm 时，其受拉钢筋的搭接长度应按表中值减少 5d 采用；
3. 当混凝土在凝固过程中受力钢筋易扰动时，其搭接长度应适当增加；
4. 在任何情况下，纵向受力钢筋的搭接长度不得小于 300mm；受压钢筋的搭接长度不得小于 200mm；
5. 轻骨料混凝土的钢筋绑扎接头搭接长度应按普通混凝土搭接长度增加 5d；
6. 当混凝土强度等级低于 C20 时，HPB300、HRB335 的钢筋搭接长度应按表中 C20 的数值相应增加 10d；
7. 对有抗震要求的受力钢筋的搭接长度，当抗震裂度为 7 度（及以上）时增加 5d；
8. 两根直径不同的钢筋的搭接长度，以较细钢筋的直径计算。

6）钢筋采用机械连接时，套筒在运输和储存中不得腐蚀和沾污，同一结构内机械连接接头不得使用两个生产厂家提供的产品。

7）钢筋的接头应设置在受力较小处，同一纵向受力钢筋不宜设置两个或两个以上接头。接头长度区段内受力钢筋接头面积的最大百分率见表 5-2。

8）受力钢筋采用机械连接或焊接接头时，设置在同一构件内的接头宜相互错开；纵向受力钢筋机械连接或焊接接头区段的长度为 35 倍 d（d 为纵向受力钢筋的较大直径）且不小于 500mm，凡接头中点位于该连接区段长度内的接头均属于同一连接区段；对绑扎接头，两接头件的距离不应小于 1.3 倍搭接长度；接头末端至钢筋弯起点的距离不应小于钢筋直径的 10 倍。

接头长度区段内受力钢筋接头面积的最大百分率 表 5-2

接头形式	接头面积最大百分率（%）	
	受拉区	受压区
主钢筋绑扎接头	25	50
主钢筋焊接接头	50	不限制

注：焊接接头长度区段内是指 35d（d 为钢筋直径）长度范围内，但不得小于 500mm，绑扎接头长度区段是指 1.3 倍搭接长度。

9）当受拉区主筋的混凝土保护层厚度大于 50mm 时，应在保护层内设置直径不小于 6mm、间距不大于 100mm 的钢筋网；钢筋机械连接件的最小保护层厚度不得小于 20mm；普通钢筋和预应力直线形钢筋的最小混凝土保护层厚度不得小于钢筋公称直径，后张拉构件预应力直线形钢筋不得小于其管道直径的 1/2，且必须符合表 5-3 规定。

普通钢筋和预应力直线形钢筋最小混凝土保护层厚度（mm） 表 5-3

构件类别		环境条件		
		Ⅰ	Ⅱ	Ⅲ
基础、桩基承台	基坑底面有垫层或侧面有模板（受力主筋）	40	50	60
	基坑底面无垫层或侧面无模板（受力主筋）	60	75	85
墩台身、挡土结构、涵洞、梁、板、拱圈、拱上建筑（受力主筋）		30	40	45
缘石、中央分隔带、护栏等行车道构件（受力主筋）		30	40	45

续表

构件类别	环境条件		
	Ⅰ	Ⅱ	Ⅲ
人行道构件、栏杆（受力主筋）	20	25	30
箍筋	20	25	30
收缩、温度、分布、防裂等表层钢筋	15	20	25

注：环境条件Ⅰ——温暖或寒冷地区的大气环境，与无腐蚀性的水或土接触的环境；Ⅱ—严寒地区的环境、使用除冰盐环境、滨海环境；Ⅲ——海水环境。

2. 预应力筋

（1）下料

1）预应力筋在存放、搬运、施工操作过程中应避免机械损伤和有害的锈蚀。如长时间存放，必须安排定期的外观检查。

2）存放的仓库应干燥、防潮、通风良好、无腐蚀气体和介质。存放在室外时不得直接堆放在地面上，必须垫高、覆盖、防腐蚀、防雨露，时间不宜超过6个月。

3）预应力筋下料长度应通过计算确定，计算时应考虑结构的孔道长度或台座长度、锚夹具长度、千斤顶长度、焊接接头或镦头预留量、冷拉伸长值、弹性回缩值、张拉伸长值和外露长度等因素。

钢丝束的两端均采用墩头锚具时，同一束中各根钢丝下料长度的相对差值，当钢丝束长度小于或等于20m时，不宜大于1/3000；当钢丝束长度大于20m时，不宜大于1/5000，且不大于5mm。

（2）加工

1）预应力筋宜使用砂轮锯或切断机切断，不得采用电弧切割。

2）预应力筋采用镦头锚固时，高强钢丝宜采用液压冷镦；冷拔低碳钢丝可采用冷冲镦粗；钢筋宜采用电热镦粗，但Ⅳ级钢筋镦粗后应进行电热处理。冷拉钢筋端头的镦粗及热处理工作，应在钢筋冷拉之前进行，否则应对镦头逐个进行张拉检查，检查时的控制应力应不小于钢筋冷拉时的控制应力。

3）预应力筋由多根钢丝或钢绞线组成时，在同束预应力钢筋内，应采用强度相等的预应力钢材。编束时，应逐根梳理直顺不扭转，绑扎牢固（用火烧丝绑扎，每隔1m一道），不得互相缠绕。编束后的钢丝和钢绞线应按编号分类存放。钢丝和钢绞线束移运时支点距离不得大于3m，端部悬出长度不得大于1.5m。

（三）钢筋（预应力）混凝土施工质量控制要点

1. 混凝土质量控制要点

（1）水泥进场时，应附有出厂检（试）验报告和产品合格证明文件。进场水泥，应按现行国家标准《混凝土结构工程施工质量验收规范》GB 50204—2002（2011年版）的规定进行强度、细度、安定性和凝结时间的试验。当在使用中对水泥质量有怀疑或出厂日期逾 3 个月（快硬硅酸盐水泥逾 1 个月）时，应进行复验，并按复验结果使用。

（2）粗骨料最大粒径应按混凝土结构情况及施工方法选取，最大粒径不得超过结构最小边尺寸的 1/4 和钢筋最小净距的 3/4；在两层或多层密布钢筋结构中，不得超过钢筋最小净距的 1/2，同时最大粒径不得超过 100mm。砂的分类、级配及各项技术指标应符合国家现行标准《普通混凝土用砂、石质量及检验方法标准》JGJ 52—2006 的有关规定。

（3）矿物掺合料的技术条件应符合现行国家标准《用于水泥和混凝土中的粉煤灰》GB/T 1596—2005、《用于水泥中的火山灰质混合材料》GB/T 2847—2005 等的规定，并应有出厂检（试）验报告和产品合格证。对矿物掺合料的质量有怀疑时，应对其质量进行复验。

（4）除对由各种组成材料带入混凝土中的碱含量进行控制外，尚应控制混凝土的总碱含量。每立方米混凝土的总碱含量，对一般桥涵不宜大于 3.0kg/m^3，对特大桥、大桥和重要桥梁不宜大于 1.8kg/m^3；当混凝土结构处于严重侵蚀的环境时，不得使用有碱活性反应的骨料。

（5）混凝土配合比设计应符合国家现行标准《普通混凝土配合比设计规程》JGJ/T 55—2011 的规定。

（6）混凝土从加水搅拌至入模的延续时间见表 5-4。

混凝土从加水搅拌至入模的延续时间　　**表 5-4**

搅拌机出料时的混凝土温度（℃）	无搅拌设施运输（min）	有搅拌设施运输（min）
20～30	30	60
10～19	45	75
5～9	60	90

注：掺用外加剂或采用快硬水泥时，运输允许持续时间应根据试验确定。

（7）凝土拌合物应均匀、颜色一致，不得有离析和泌水现象。混凝土拌合物均匀性的检测方法应符合现行国家标准《混凝土搅拌机》GB/T 9142—2000 的规定。

（8）泵送混凝土的配合比最小水泥用量宜为 280～300kg/m^3（输送管径 100～150mm），通过 0.3mm 筛孔的砂不宜少于 15%，砂率宜控制在 35%～45%范围内；混凝土拌合物的出机坍落度宜为 100～200mm，泵送时坍落度宜控制在 80～180mm 之间。

（9）混凝土在运输过程中应采取防止发生离析、漏浆、严重泌水及坍落度损失等现象的措施。用混凝土搅拌运输车运输混凝土时，途中应以每分钟 2～4 转的慢速进行搅动。当运至现场的混凝土出现离析、严重泌水等现象，应进行第二次搅拌。经二次搅拌仍不符合要求，则不得使用。

（10）混凝土运输能力应与混凝土的凝结速度相适应，应试浇筑工作不间断且混凝土运到浇筑现场时仍能保持其均匀性和规定坍落度。并对混凝土的均匀性和坍落度等性能进行检测。

（11）混凝土强度等级应接现行国家标准《混凝土强度检验评定标准》GB/T 50107—2010 的规定检（试）验评定，其结果必须符合设计要求。

2. 预应力混凝土质量控制要点

（1）预应力筋和锚具的质量必须符合设计要求，必须进行进场检（试）验。

（2）预应力筋张拉时千斤顶、油表和油泵配套的校验应在有效期（千斤顶使用 6 个月或张拉 200 次）范围内。

（3）预应力筋的张拉控制应力必须符合设计要求。预应力筋采用应力控制方法张拉时应以伸长值进行校核。实际伸长值与理论伸长值的差值应符合设计要求；设计无要求时，实际伸长值与理论伸长值之差应控制在 6%以内。

（4）梁在架设前起拱度过大至少说明预应力筋中的预应力有较大损失。不论是先张或后张预制梁，都应控制梁的起拱度，应采取措施预先控制。预制梁混凝土浇筑时应防止梁高严重超标，将使桥面铺装结构的厚度减小，影响桥面质量。起拱度过大也会影响桥面铺装的质量。发现有裂纹、裂缝、起拱度过大的预制梁不允许架设。

（5）先张法施工质量控制要点

1）张拉施工前，应对台座、横梁及各项张拉设备进行详细的检（试）验、同时进行试张拉，以检（试）验张拉设备及张拉台座的各项性能是否符合施工和设计规范规定。

2）首次张拉前应做试张拉，张拉至 100%σ_{con}的检查各部情况，出现问题及时纠正，若伸长的实测值和理论值相差－5%～＋10%范围时，应对其检查原因，纠正后重新张拉，直至符合要求后为止。

3）预应力筋的锚固，应在达到张拉控制值且处于稳定状态下进行。

4）先张法预应力为超张拉时，其张拉程序按表 5-5 进行。

先张法预应力张拉程序　**表 5-5**

预应力筋种类	张拉程序
预应力钢筋	0→初应力→105%σ_{con}（持荷 2min）→90%σ_{con}→σ_{con}
钢丝、钢绞线	（1）0→初应力→105%σ_{con}（持荷 2min）→90%σ_{con}→σ_{con} （2）0→103%σ_{con}

注：表中 σ_{con} 为张拉时控制应力值，包括预应力损失值。

5）预应力筋拉完毕，实际位置与设计位置的偏差不得大于 5mm，且不得大于构件截面最短边长的 4%。张拉后应设足够的定位板，以保证在浇筑混凝土时预应力筋的正确位置。

6）张拉时预应力筋的断丝数量不得超过表 5-6 中的规定。

先张法预应力筋断丝限制　**表 5-6**

类　别	检查项目	控制数
钢丝、钢绞线	同一构件内断丝数不得超过钢丝总数的百分率	1%
钢筋	断筋	不允许

7）放张后的预应力钢材应清洗干净，不可沾上油污，以免造成预应力失效。

8）放张后的预应力筋，应用无齿锯切割，并将外露部分涂上防锈漆，以防生锈。

（6）后张法施工质量控制要点

1）后张法施工的混凝土梁、板，在施加预应力前，应对混凝土构件进行检（试）验，外观和尺寸应符合质量标准和设计要求，张拉时的混凝土强度不应低于设计要求。设计未要求时，不应低于设计强度等级的 70%。

2）施加预应力所用的机具、设备及仪表，应定期维护和校验。对于锥形锚具，其值不得大于6mm；对于夹片式锚具，其值不得大于5mm。张拉设备应配套校验，以确定张拉力和油泵仪表读数的张拉曲线，以指导预应力的张拉施工。

3）后张法施工的梁板，在预留孔道时尺寸和位置应准确，孔道应平顺，端部的预埋钢板应符合设计要求。

4）除设计图纸有规定外，后张法预应力张拉程序应按表5-7进行。

后张法预应力钢筋张拉程序 **表5-7**

预应力钢筋种类		张拉程序
钢筋束、钢绞线束		0→初应力→1.05σ_{con}（持荷5min）→σ_{con}
钢丝束	夹片式锚具、锥销式锚具	0→初应力→1.03σ_{con}→锚固
	其他锚具	0→初应力→1.05σ_{con}→0→σ_{con}

注：1 σ_{con}为张拉力，超张拉（1.05σ_{con}）的应力，对于钢绞线、钢丝不得超过80%标准强度，对于工地冷拉钢筋不得超过95%屈服强度。

2 当采用低松弛钢丝或钢绞线时，可不必超张拉到1.05σ_{con}及持荷5min。

5）预应力钢筋的断丝、滑丝不得超过表5-8中规定，如超过限制，应进行更换，如不能更换时可提高其他束的控制张拉力，作为补偿，但最大张拉力不得超过千斤顶额定能力，也不得超过钢绞线或钢丝的标准强度的80%，对于工地冷拉钢筋，不超过其屈服强度的95%。

6）当预应力加至设计要求值时，张拉控制应力达到稳定后才能锚固。预应力筋锚固后的外露长度不宜小于30mm，锚具应用封端混凝土保护，长期外露应采取措施防锈，多余的端头预应力筋严禁用电弧焊切割，应用砂轮切割。

预应力钢筋断丝、滑丝限制数 **表5-8**

预应力钢筋	控制数	
钢丝束	每束钢丝或每根钢绞线的断、滑丝（根）	1
钢绞线	每个截面断丝、滑丝（根）	1%
单根钢筋	断筋或滑移	不允许

（7）后张孔道压浆。预应力筋张拉后，孔道应尽早压浆。压浆应使用活塞式压浆泵，不得使用压缩空气。为保证管道中充满灰浆，关闭出浆口后，应保持不小于0.5MPa的稳压期，稳压期不宜少于2min。孔道压浆应认真填写施工记录。应记录每个孔道压浆的时间，防止有的孔道被遗漏而没有压浆。

（8）封锚。用于封锚的钢筋严禁焊在锚具上，锚具不得被电弧损伤。封锚混凝土端面应按设计倾角立模，防止架梁时梁端之间被顶死。

（四）道路与附属构筑物工程施工质量控制要点

1. 路基施工质量控制要点

（1）道路路基是路面结构的基础，路基工程的质量是道路基层、面层平整稳定的关键，坚固稳定的路基是路面荷载承受和安全行车的保障。在路基施工中，只有加强施工质量控制，严格执行技术标准，才能提高路基的稳定性，保证道路的耐久性。

（2）路基挖方的质量控制

1）挖方路基应按设计的横断面及边坡坡度要求，自上而下逐层开挖，不得乱挖、超挖和欠挖。严禁掏洞取土，更不得因开挖方式不当而引起边坡失稳或坍塌。

2）挖方路基施工，边坡修整与边坡的稳定是影响施工质量的主要工序之一。当遇过高的边坡或挖方路段水文地质情况不良时，应即时采取必要的应急措施或设置必要的防护工程。

3）当路堑路床的表层下是有机土、难以晾晒压实的土或CBR值较低的土壤，作路床用土时，均应清除后用质量符合规定的土换填。路堑路床深度范围内的压实度应达到规定的压实标准。施工时宜全部翻松，分层回填，分层压实。若含水量过大还应晾晒。

4）开挖石方，应根据岩石类别、风化程度和节理发育程序来确定开挖方式，分别采用人工开挖、机械开挖或爆破法开挖。

（3）路基填筑的质量控制要点

1）路基压实度的控制

① 压实应先轻后重、先慢后快、均匀一致。压路机最快速度不宜超过4km/h。

② 填土的压实遍数，应按压实度要求，经现场试验确定。

③ 压实过程中应采取措施保护地下管线、构筑物安全。

④ 碾压应自路基边缘向中央进行，压路机轮外缘距路基边应保持安全距离，压实度应达到要求，且表面应无明显轮迹、翻浆、起皮、波浪等现象。

⑤ 压实应在土壤含水量接近最佳含水量值时进行。其含水量偏差幅度经试验确定。

2）路基压实度标准（表5-9）

路基压实度标准　　**表5-9**

填挖类型	路床顶面以下深度（cm）	道路类别	压实度（%）（重型击实）	检（试）验频率		检（试）验方法
				范围	点数	
挖方	0～30	城市快速路、主干路	≥95	1000m²	每层3点	环刀法、灌砂法或灌水法
		次干路	≥93			
		支路及其他小路	≥90			
填方	0～80	城市快速路、主干路	≥95			
		次干路	≥93			
		支路及其他小路	≥90			
	80～150	城市快速路、主干路	≥93			
		次干路	≥90			
		支路及其他小路	≥90			
	＞150	城市快速路、主干路	≥90			
		次干路	≥93			
		支路及其他小路	≥87			

（4）特殊土路基施工质量控制

1）软土地基施工前应探明软土的分布范围并对土样进行必要的土工试验以确定处治方案。软土地基路堤施工应尽早安排使地基固结稳定，在施工过程中还要加强观测，尤其是稳定性及沉降的观测。根据软土地基加固的深度可为浅层处治和深层处治两种。其分类、适用范围、原理及作用和质量控制要点见表 5-10。

路基施工质量控制要点　　**表 5-10**

分类	处理方法		适用范围	原理及作用	质量控制要点
浅层处治	换填		软土厚度小于 2.0m	以碎石、素土等强度高的材料置换地基表层软弱土来提高持力层承载力	1. 软土必须清除干净彻底。 2. 换填材料的质量必须合格
	抛石挤淤		常年积水，排水困难，极软塑流塑状态下厚度小于 3.0m 的软土层	在软土的液性指数大于 1，土壤处于流塑的流体状态时通过片石挤淤的方法使所填片石能迅速沉到软土底的硬层上形成持力层	1. 确定软土的物理性能，当淤泥较厚较稠时慎用此法。 2. 片石质量是关键，通常大于 400mm 且不易风化的片石为宜。 3. 挤淤时从高往低或中间往两边挤以确保所有淤泥挤出路基外。 4. 露出水面后用压路机等压实设备振实使片石稳定。 5. 在已稳定的片石层上铺填一层碎石使其嵌入片石缝中，反复进行使填石密实，其标准参照石方填筑
	砂（砾）垫层		软土层小于 3.0m，力学性能好，路基稳定性及施工后沉降满足要求	利用软弱地基的硬壳层，通过采用砂（砾）垫层与排水固结法综合处治路基	1. 垫层为中粗砂，含泥量不大于 3%。 2. 摊铺厚度在 250～350mm 之间。 3. 压实机具自重 60～100kN
深层处治	排水固结	袋装砂井	软土层较厚，挖除或其他处治法不经济合理的黏质土层	在软弱的地基中设置砂井作为竖向排水体，在堆土加载的情况下使土体中的水沿竖向排出土体，从而达到加速土体固结和地基的沉降并因而使地基强度增加	1. 砂井的径、深度和井距是保证质量的关键。 2. 砂的质量应保持干净干燥，确保良好的透水性
		塑料排水板	软土层较厚的黏质土层，尤其是缺砂及超软地基中	以排水板代替砂井起到排水作用	1. 板距和板长是控制的重点。 2. 对塑料板要有良好的抗折、抗拉和抗老化能力，并对环境不造成污染。排水板的滤膜是排水效果好坏的关键，其物理力学必须满足要求。重点控制其渗透系数、抗拉及撕裂强度、延伸率、有效孔径
		真空预压	通常与砂井或塑料排水板共同使用	利用薄膜密封技术，在膜下形成真空使薄膜内外形成气压差，地基在此压差下进行排水固结	1. 密封沟的施工是关键，通过密封沟来截断透水层的来水达到排出密封土体内水的作用。 2. 密封薄膜的厚度为 0.12～0.17mm，抽真空时膜下压力控制在 80kPa 以上。 3. 加压中加强观测，尤其是孔隙水压力、真空压力、深层沉降及水平位移

续表

分类	处理方法		适用范围	原理及作用	质量控制要点
深层处治	挤密加固	砂（碎石）桩	在软弱黏土地基中	通过砂（碎石）桩与原地基构成复合地基，砂（碎石）桩在其中起排水和置换作用	1. 重点控制桩的直径和成桩质量（砂桩的密实性和碎石桩的贯入深度）。 2. 原材料质量必须符合规范要求
		加固土桩	在较厚的软弱黏土地基中	以水泥、石灰、粉煤灰等材料作为固化剂的主剂，利用深层搅拌机械和原位软土进行强制搅拌，经过物理化学作用生成一种特殊的具有较高强度、较好变形特性和水稳性的混合柱状体	1. 加固前必须经过成桩试验确定各种试验参数。各种原材料必须符合规范要求。 2. 重点控制桩距、桩径、桩长及桩的强度
		强夯	在已填筑的路基上	将很重的夯锤从高处自由落下给土体以冲击和振动，从而提高地基的强度，降低土体的压缩性	1. 施夯前必须进行试夯以确定各试验参数。 2. 重点控制落锤高度、锤重和落距

2）湿陷性黄土路基可采用换填法或强夯法处理路基。采用换填法处理路基的，应重点控制换填材料的质量，换填宽度应宽出路基坡脚0.5～1.0m。采用强夯法处理路基的，施工前应在现场选点试夯，确定施工参数，重点控制落锤高度、锤重和落距，处理后的路基土压实度符合设计要求和规范规定，地基处理范围不宜小于路基坡脚外3m。

3）盐渍土路基施工中应重点对填料的含盐量及其均匀性加强监控。过盐渍土、强盐渍土不得作路基填料，路基填筑前应按设计要求将其挖除；土层过厚时，应设隔离层，并宜设在距路床下0.8m处。用石膏土作填料时，应先破坏其蜂窝状结构，石膏含量可不限制，但应控制压实度。

4）膨胀土路基施工应施工应避开雨期，且保持良好的路基排水条件。路床顶面30cm范围内应换填非膨胀土或经改性处理的膨胀土。当填方路基填土高度小于1m时，应对原地表30cm内的膨胀土挖除，进行换填。强膨胀土不得做路基填料。中等膨胀土应经改性处理方可使用，但膨胀总率不得超过0.7%。施工中应根据膨胀土自由膨胀率，选用适宜的碾压机具。

5）冻土路基填方路堤应预留沉降量，在修筑路面结构之前，路基沉降应基本趋于稳定。路基受冰冻影响部位，应选用水稳定性和抗冻稳定性均较好的粗粒土，碾压时重点控制好含水量偏差在最佳含水量±2%范围内；当路基位于永久冻土的富冰冻土、饱冰冻土或含冰层地段时，必须保持路基及周围的冻土处于冻结状态，排水沟与路基坡脚距离不得小于2m；冻土区土层为冻融活动层，设计无明确处理要求时，应报请设计部门进行补充设计。

（5）小桥涵洞及其他构筑物施工质量控制

桥台台背、涵洞两侧及涵顶、挡土墙墙背的填筑在这些构造物基本完成后进行，由于场地狭窄，又要保证不损坏构造物。因此，填筑压实比较困难，而且容易积水。如果填筑不良，完工后填土与构造物连接部分出现沉降差，影响行车的速度、舒适与安全，甚至影响构筑物的稳定。

1）填料

在施工范围内一般应选用渗水性土或砂砾填筑：台背顺路线方向，上部距翼墙尾端不少于台高加 2m，下部距基础内缘不少于 2m；拱桥台背不少于台高的 3～4 倍；涵洞两侧不少于孔径的 2 倍；挡土墙墙背回填部分特别注意，不要将构造物基础挖出来的劣质土混入填料中。

2）填筑

桥台背后填土应与锥坡填土同时进行，涵洞、管道缺口填土，应在两侧对称均匀回填；涵顶填土的松铺厚度小于 50～100cm 时，不得通过重型车辆或施工机械；靠近构筑物 100cm 范围内不得有大型机械行驶或作业。

3）排水

桥涵等结构部位填土，在施工中要防止雨水流入；对已有积水应挖沟或用水泵将其排除。对于地下渗水，可设盲沟引出。当采用非渗水土填筑时，应设置横向盲沟或用黏土等不透水材料封顶。挡土墙墙背也要做好反滤层，使水能顺利地从泄水孔流出去。

4）压实

应在接近最佳含水量状态下分层填筑，分层压实。每层松铺厚度不宜超过 20cm。密实度应达到设计要求。如设计无专门规定，则按路基压实标准执行。用非渗水土填筑时，必须加强压实措施，或对填土性能进行改善处理（如掺生石灰），以提高强度和减少雨水的渗入。

2. 基层施工质量控制要点

（1）基层是路面结构中的主要承重层，主要承受由面层传来的车辆荷载垂直力，应具有足够的强度、刚度、水稳定性和平整度。

（2）石灰稳定土类质量控制要点

1）压实度

压实度采用环刀法、灌砂法或灌水法每层抽检，城市快速路、主干路底基层大于或等于 95%；其他等级道路基层大于或等于 95%，底基层大于或等于 93%。

2）表面应平整、坚实、无粗细骨料集中现象，无明显轮迹、推移、裂缝，接槎平顺，无贴皮、散料。

（3）水泥稳定土类质量控制要点

1）原材料

水泥应选用普通硅酸盐水泥及矿渣水泥和火山灰水泥。

2）压实度

城市快速路、主干路底基层大于等于 95%。其他等级道路基层大于等于 95%；底基层大于等于 93%。检查方法：灌砂法或灌水法每层抽查检（试）验。

3）无侧限抗压强度

水泥稳定土料材料 7d 抗压强度：对城市快速路、主干路基层为 3～4MPa，对底基层为 1.5～2.5MPa；对其他等级道路基层为 2.5～3MPa，底基层为 1.5～2.0MPa。

4）表面应平整、坚实、接缝平顺，无明显粗、细骨料集中现象，无推移、裂缝、贴皮、松散、浮料。

（4）级配碎石（砾石）类质量控制要点

1）原材料

砂石材料级配、质地、含泥量以及粒径等应符合要求。

2）压实度

基层大于等于97%、底基层压实度大于等于95%。

3）弯沉值

弯沉值不得大于设计要求。

4）级配砂砾及级配砾石基层表面应平整、坚实，无松散和粗、细集料集中现象。

3. 面层施工质量控制要点

（1）沥青面层施工质量控制要点

1）沥青混合料面层不得在雨、雪天气及环境最高温度低于5℃时施工。

2）各种沥青质量均应符合设计及规范要求。粗集料应控制好级配范围。细集料应洁净、干燥、无风化、无杂质。沥青混合料品质应符合马歇尔试验配合比技术要求。

3）热拌沥青混合料面层压实度，对城市快速路、主干路不得小于96%；对次干路及以下道路不得小于95%。冷拌沥青混合料的压实度不得小于95%。

4）弯沉值不得大于设计规定。

（2）水泥混凝土面层施工质量控制要点

1）原材料按同一生产厂家、同一等级、同一品种、同一规格进场复检，同时符合设计和规范要求。

2）弯拉强度、厚度、抗滑构造深度符合设计和规范要求。

（3）铺砌式面层施工质量控制要点

1）石材强度、外形尺寸应符合设计要求及《城镇道路工程施工与验收规范》CJJ 1—2008规定。

2）砌筑的强度应符合设计要求。

3）砂浆平均抗压强度等级应符合设计要求，任一组试件抗压强度最低值不得低于设计强度的85%。料石面层允许偏差应符合规范要求。

（4）沥青贯入式与沥青表面处治面层施工质量控制要点

1）沥青、乳化沥青、集料、嵌缝料的质量均应符合设计及规范要求。

2）压实度不应小于95%，每1000m^{2}抽检1点，灌砂法、灌水法、蜡封法检测。

3）面层的弯沉值和面层厚度均应符合设计要求，其允许偏差符合规范规定。

4. 附属结构工程施工质量控制要点

（1）挡土墙的施工质量控制要点

1）地基承载力

地基承载力应符合设计要求，每道挡土墙基槽抽检3点，查触（钎）探检测报告、隐蔽验收记录。

2）原材料

钢筋、砂浆、拉环、筋带的质量均应按设计要求控制。砌体挡土墙采用的砌筑和石料，强度应符合设计要求，按每品种、每检验（收）批1组查试验报告。

3）强度、压实度

水泥混凝土强度、砂浆强度及回填压实度应符合设计和规范要求，按检验（收）批检查出厂合格证或检（试）验报告。

4）施工中使用钢筋、模板、混凝土应符合设计及规范要求。

（2）路缘石施工质量控制要点

1）混凝土路缘石强度应符合设计要求，每种、每检验（收）批1组（3块）。

2）路缘石应砌筑稳固、砂浆饱满、勾缝密实，外露面清洁、线条顺畅。

（3）雨水支管与雨水口质量控制要点

1）管材应符合现行国家标准《混凝土和钢筋混凝土排水管》GB 11836—2009或化工建材管产品标准有关规定；基础混凝土强度应符合设计要求；砌筑砂浆强度应符合设计及规范要求；回填土应符合规范中压实度的有关规定。

2）雨水口内壁勾缝应直顺、坚实，无漏勾、脱落。井框、井箅应完整、配套，安装平稳、牢固；雨水支管安装应直顺，无错口、反坡、存水，管内清洁，接口处内壁无砂浆外露及破损现象，管端面应完整。

（4）排水沟或截水沟质量控制要点

1）预制砌筑强度应符合设计要求；预制盖板的钢筋品种、规格、数量，混凝土的强度应符合设计要求；砂浆强度应符合设计及规范要求。

2）砌筑砂浆饱满度不得小于80%；砌筑水沟沟底应平整、无反坡、凹兜，边墙应平整、直顺、勾缝密实。与排水构筑物衔接畅顺；土沟断面应符合设计要求，沟底、边坡应坚实，无贴皮、反坡和积水现象。

（5）护坡质量控制要点

1）预制砌筑强度应符合设计要求；砂浆强度抗压强度等级应符合设计规定，任一组试件抗压强度最低值不应低于设计强度的85%；基础混凝土强度应符合设计要求。

2）砌筑线形顺畅、表面平整、咬砌有序、无翘动。砌缝均匀、勾缝密实。护坡顶与坡面之间隙封堵密实。

（6）人行地下通道结构质量控制要点

1）地基承载力应符合设计要求，地基承载力应符合设计要求。填方地基压实度不得小于95%，挖方地段钎探合格。

2）防水层应粘贴密实、牢固，无破损；搭接长度大于或等于10cm。

3）防水层材料应符合设计要求。

4）钢筋品种、规格和加工、成型与安装应符合设计规定。

5）混凝土强度应符合设计要求。

（7）预制安装混凝土人行地道

1）制钢筋混凝土墙板、顶板强度应符合设计要求。

2）杯口、板缝混凝土强度应符合设计要求。

3）地基承载力、防水层、钢筋、混凝土基础质量控制要求同现浇混凝土人行地道。

（8）砌筑墙体、钢筋混凝土顶板人行地道

1）结构厚度不应小于设计值。

2）砂浆平均抗压强度等级应符合设计要求，任一组试件抗压强度最低值不得低于设计强度的85%。

3）地基承载力、防水层、钢筋、混凝土基础质量控制要求同现浇混凝土人行地下通道。

（五）桥梁与附属结构工程施工质量控制要点

桥梁主要由上部结构（桥跨结构）、下部结构（基础、桥墩和桥台）、桥面系、支座、附属结构等组成。

1. 下部结构的质量控制要点

下部结构是桥梁位于支座以下的部分，由桥墩、桥台以及它们的基础组成。下部结构作用是支承上部结构，并将结构重力传递给地基。

（1）天然基础的质量控制要点

1）基底地基承载力的确认，满足设计要求。

2）基底表面松散层的清理。

3）及时浇筑垫层混凝土，减少基底暴露时间。

（2）桩基的质量控制要点

1）沉入桩的质量控制要点

① 沉入桩的入土深度、最终贯入度或停打标准应符合设计要求。

② 预制桩混凝土强度达到设计强度的100%方可运打，钢桩、钢材品种、规格及其技术性能应符合设计要求和相关标准规定。

2）灌注桩的质量控制要点

① 成孔达到设计深度后，必须核实地质情况，确认符合设计要求；孔径、孔深应符合设计要求；混凝土抗压强度应符合设计要求，桩身不得出现断桩、缩径。

② 钢筋笼制作和安装质量符合设计和规范要求。

3）沉井的质量控制要点

① 钢壳沉井制作时，应检查钢材及其焊接是否符合设计和相关标准规定的要求。检查应全数检查，检查钢材出厂合格证、检（试）验报告、复验报告和焊接检（试）验报告。

② 钢壳沉井制作完成后，应做水压试验（不得低于工作压力的1.5倍），合格后方可投入使用。检查应全数检查，检查制作记录，检查试验报告。

③ 混凝土沉井制作完成后，其表面应无孔洞、露筋、蜂窝、麻面和宽度超过0.15mm的收缩裂缝。检查应全数检查，采用观察的方法。

④ 预制沉井浮运前，应进行水密试验，合格后方可下水。

钢壳沉井浮运前，应对底节进行水压试验，其余各节应进行水密检查，合格后方可下水。

就地浇筑沉井下沉前，沉井首节井壁混凝土应达到设计强度，其上各节应达到设计强度的75%。

⑤ 沉井下沉后，沉井后内壁不得渗漏。沉井在软土中沉至设计高程并清基后，封底时8h内累计下沉量应小于10mm。

4）墩台质量控制要点

① 墩台施工涉及的模板与支架、钢筋、混凝土、预应力混凝土、砌体质量应符合规范要求。

② 混凝土墩台

承台混凝土浇筑后，应检查承台表面无孔洞、露筋、缺棱掉角、蜂窝、麻面和宽度超过0.15mm的收缩裂缝。

现浇混凝土盖梁拆除模板后检查盖梁表面无孔洞、露筋、蜂窝、麻面；检查盖梁的裂缝，不得超过设计规定的受力裂缝，检查应全数检查。

2. 上部结构的质量控制要点

桥梁上部结构是位于支座以上的部分，它包括承重结构和桥面系，桥梁按结构形式分为梁式桥、拱桥、钢桥、斜拉桥、悬索桥等。

（1）梁式桥

1）支架上浇筑梁（板）质量控制要点

支架上浇筑混凝土要选用等载预压方法消除弹性、非弹性变形，设置预拱度，合理地顺序浇筑和分段浇筑。

2）装配式梁（板）质量控制

① 预制台座应坚固、无沉陷，台座表面应光滑平整，在2m长度上平整度的允许偏差为2mm。气温变化大时应设伸缩缝。

② 构件吊点的位置应符合设计要求，设计无要求时，应经计算确定。构件的吊环应竖直。吊绳与起吊构件的交角小于60°时应设置吊梁。

③ 构件吊运时混凝土的强度不得低于设计强度的75%，后张预应力构件孔道压浆强度应符合设计要求或不低于设计强度的75%。

3）悬臂法浇筑质量控制要点

① 桥墩两侧梁段对称平衡，平衡偏差不得大于设计要求，轴线挠度必须在设计规定范围内。

② 梁体表面不得出现超过设计规定的受力裂缝。

③ 悬臂合龙时，两侧梁体的高差必须在设计允许范围内。梁体线形平顺，相邻梁段接缝处无明显折弯和错台。

④ 梁体表面无孔洞、露筋、蜂窝、麻面和宽度超过0.15m的收缩裂缝。

4）悬臂拼装质量控制要点

① 预制台座使用前应采用1.5倍梁段质量预压。

② 桥墩两侧应对称拼装，保持平衡。平衡偏差应满足设计要求。

③ 悬臂拼装必须对称进行，桥墩两侧平衡偏差不得大于设计要求，轴线挠度必须在设计规定范围内。

④ 悬臂合龙时，两侧梁体高差必须在设计要求允许范围内。

5）顶推施工质量控制要点

① 临时墩应有足够的强度，刚度及稳定性。临时墩应按顶推过程可能出现的最不利工况设计。设计时应同时计入土压力、水压力、风荷载及施工荷载，并应考虑施工阶段水流冲刷影响。

② 主梁前端应设置导梁。导梁宜采用钢结构，其长度宜为 0.6～0.8 倍顶推跨径，其刚度（根部）宜取主梁刚度的 1/9～1/15。导梁与主梁连接可采用埋入法固结或铰接，连接必须牢固。导梁前端应设牛腿梁。

③ 检查顶推千斤顶的安装位置，校核梁段的轴线及高程，检测桥墩（包括临时墩）、临时支墩上的滑座轴线及高程，确认符合要求，方可顶推。

④ 顶推前进时，应及时由后面插入补充滑块，插入滑块应排列紧凑，滑块间最大间隙不得超过 10～20cm。滑块的滑面上应涂硅酮脂。

⑤ 顶推过程中应随时检测桥梁轴线和高程，做好导向、纠偏等工作。梁段中线偏移大于 20mm 时应采用千斤顶纠偏复位。滑块受力不均匀、变形过大或滑块插入困难时，应停止顶推，用竖向千斤顶将梁托起校正。竖向千斤顶顶升高度不得大于 10mm。

（2）拱桥

1）石料及混凝土预制块砌筑拱圈质量控制要点

① 拱石和混凝土预制块强度等级以及砌体所用水泥砂浆的强度等级，应符合设计要求，当设计对砌筑砂浆强度无规定时，拱圈跨度小于或等于 30m，砌筑砂浆强度不得低于 M10；拱圈跨度大于 30m，砌筑砂浆强度不得低于 M15。

② 拱石加工应按砌缝和预留空缝的位置和宽度，统一规划。

③ 宽度（拱轴方向），内弧边不得小于 20cm；高度（拱圈厚度方向）应为内弧宽度的 1.5 倍以上；长度（拱圈宽度方向）应为内弧宽度的 1.5 倍以上。

④ 分段浇筑程序应对称于拱顶进行，且应符合设计要求。

⑤ 分段浇筑钢筋混凝土拱圈（拱肋）时，纵向不得采用通长钢筋，钢筋接头应安设在后浇的几个间隔槽内，并应在浇筑间隔槽混凝土时焊接。

2）劲性骨架浇筑混凝土拱圈质量控制要点

① 劲性骨架混凝土拱圈（拱肋）浇筑前应进行加载程序设计，计算出各施工阶段钢骨架以及钢骨架与混凝土组合结构的变形、应力，并在施工过程中进行监控。

② 分环浇筑劲性骨架混凝土拱圈（拱肋）时，两个对称的工作段必须同步浇筑，且两段浇筑顺序应对称。

③ 劲性骨架混凝土拱圈检查拱圈是否外形圆顺，表面平整，无孔洞、露筋、蜂窝、麻面和宽度大于 0.15mm 的收缩裂缝。

3）装配式混凝土拱质量控制要点

① 大、中跨装配式箱形拱施工前，必须核对验算各构件吊运、堆放、安装、拱肋合

龙和施工加载等各阶段强度和稳定性。

② 现浇拱肋接头和合龙缝宜采用补偿收缩混凝土。横系梁混凝土宜与接头混凝土一并浇筑。

③ 装配式混凝土拱段接头现浇混凝土强度应达到设计要求或达到设计强度的75%后，方可进行拱上结构施工。

④ 装配式混凝土预制拱圈质量应符合设计要求。

⑤ 装配式混凝土拱固应检查外形圆顺，表面平整，无孔洞、露筋、蜂窝、麻面和宽度大于0.15mm的收缩裂缝。

4）钢管混凝土拱质量控制要点

① 钢管混凝土拱施工应检查钢管内混凝土是否饱满，管壁与混凝土是否紧密结合。

② 钢管混凝土拱应检查防护涂料规格和层数应符合设计要求。

③ 钢管混凝土拱肋应线形圆顺、无折弯。

（3）钢梁、斜拉桥、悬索桥

1）钢梁质量控制要点

① 钢梁应由具有相应资质的企业制造，钢梁出厂前必须进行试装，并应按设计和有关规范的要求验收。钢梁制造企业应向安装企业提供产品合格证、钢材和其他材料质量证明书和检（试）验报告、施工图，拼装简图、工厂高强度螺栓摩擦面抗滑移系数试验报告、焊缝无损检（试）验报告和焊缝重大修补记录、产品试板的试验报告、工厂试拼装记录和杆件发运和包装清单。

② 钢材、焊接材料、涂装材料应符合国家现行标准规定和设计要求。全数检查出厂合格证和厂方提供的材料性能试验报告，并按国家现行标准规定抽样复验。

③ 钢梁现场安装前应对临时支架、支承、吊车等临时结构和钢梁结构本身在不同受力状态下的强度、刚度和稳定性进行验算。

④ 现场涂装检（试）验应符合下列要求：

A. 涂装前钢材表面不得有焊渣、灰尘、油污、水和毛刺等。钢材表面除锈等级和粗糙度应符合设计要求。

B. 涂装遍数应符合设计要求，每一涂层的最小厚度不应小于设计要求厚度的90%，涂装干膜总厚度不得小于设计要求厚度。

2）斜拉桥质量控制要点

① 施工过程中，必须对主梁各个施工阶段的拉索索力、主梁标高、塔梁内力以及索塔位移量等进行监测，并应及时将有关数据反馈给设计单位，分析确定下一施工阶段的拉索张量值和主梁线形、高程及索塔位移控制量值等，直至合龙。

② 设计要求安装避雷设施时，电缆线宜敷设于预留孔道中，地下设施部分宜在基础等施工时配合完成。

③ 索塔及横梁表面不得出现孔洞、露筋和超过设计规定的受力裂缝。其拉索索力、支座反力以及梁、塔应力符合设计及规范要求。

3）悬索桥质量控制要点

① 施工过程中，应及时对成桥结构线形及内力进行监控，确保符合设计要求。

② 主索鞍安装符合设计要求。

③ 主缆架设前，索股和锚头性能质量应符合设计要求和国家现行标准规定。

④ 主缆索股应直顺、无扭转；索股钢丝应直顺、无重叠和鼓丝、镀锌层完好。

⑤ 主缆的防护缠丝和防护涂料的材质应符合设计要求。

⑥ 钢加劲梁段拼装中，悬索钢箱梁段制作符合设计要求，钢加劲梁段安装线形平顺、无明显弯折，焊缝平整、顺齐、光滑，防护涂层完好。

3. 桥面系和附属结构控制要点

（1）支座

1）支座进场应进行检（试）验，有合格证、出厂性能试验报告。

2）支座安装前，支座栓孔位置和制作垫石顶面高程、平整度、坡度和坡向应符合设计要求。

3）支座的粘结灌浆和润滑材料应符合设计要求。

（2）桥面防水层

1）桥面层防水材料的品种、规格、性能、质量应符合设计要求和相关标准规定。

2）桥面防水层、粘结层与基层之间是否结合牢固，密贴。

3）桥面泄水口应低于桥面铺装层 10～15mm，泄水管安装应牢固可靠，与铺装层及防水层之间应结合密实，无渗漏现象；金属泄水管应进行防腐处理。

4）卷材防水层表面应平整，不得有空鼓、脱层、裂缝、翘边、油包、气泡和皱褶等现象，涂料防水层的厚度应均匀一致，不得有漏涂处，防水层与泄水口、汇水槽接合部位应密封，不得有漏封处。

（3）桥面铺装

1）桥面铺装层材料的品种、规格、性能、质量应符合设计要求和相关标准规定。

2）水泥混凝土桥面铺装层的强度和沥青混凝土桥面铺装层的弯沉值、压实度应符合设计要求。

3）水泥混凝土桥面铺装完后，面层表面应坚实、平整，无裂缝，并应有足够的粗糙度；面层伸缩缝应直顺，灌缝应密实。

4）沥青混凝土桥面铺装完成后，表面应坚实、平整，无裂纹、松散、油包、麻面。桥面铺装层与桥头路接槎应紧密、平顺。检查应全数检查，采用观察的方法。

（4）伸缩装置

1）伸缩装置的形式和规格应符合设计要求，缝宽应根据设计规定和安装时气温进行调整。

2）伸缩装置安装时，焊接质量和焊缝长度应符合设计要求和规范规定，焊缝必须牢固，严禁用点焊连接。大型伸缩装置与钢梁连接处的焊缝应做超声波检测。

3）伸缩装置锚固部位的混凝土强度应符合设计要求，表面应平整，与路面衔接应平顺。

4）检查伸缩装置应无渗漏、无变形，伸缩缝应无阻塞。检查应全数检查，采用观察的方法。

（5）桥头搭板

1）桥头搭板枕梁混凝土表面不得有蜂窝、露筋，板的表面应平整，板边缘应直顺。

2）搭板、枕梁支承处要接触严密、稳固，相邻板之间的缝隙嵌填密实。

（6）隔声和防眩装置

1）声屏障的降噪效果应符合设计要求。检查数量和检查方法按环保或设计要求方法检测。

2）隔声与防眩装置安装牢固、可靠。

3）隔声与防眩装置防护涂层厚度应符合设计要求，不得漏涂、剥落，表面不得有气泡、起皱、裂纹、毛刺和翘曲等缺陷。

4）防眩板安装应与桥梁线形一致，间距、遮光角应符合设计要求。

（7）防护设施

1）栏杆和防撞、隔离设施应在桥梁上部结构混凝土的浇筑支架卸落后施工，其线形应流畅、平顺，伸缩缝必须全部贯通，并与主梁伸缩缝相对应。

2）金属栏杆、防护网的品种、规格应符合设计要求，安装必须牢固。

（8）防冲刷结构

1）防冲刷结构的基础埋置深度及地基承载力应符合设计要求，锥形护坡、护岸、海墁结构厚度应满足设计要求。

2）干砌护坡时，护坡土基应夯实达到设计要求的压实度。砌筑时应纵横挂线，按线砌筑。需铺设砂砾垫层时，砂粒料的粒径不宜大于5cm，含砂量不宜超过40%。施工中应随填随砌，边口处应用较大石块，砌成整齐坚固的封边。

4. 案例分析

背景材料：本工程上部结构为三跨80m+112m+80m，单箱单室变截面三向预应力混凝土连续刚构桥梁；梁底宽5.2m，顶宽8.8m，梁高由墩顶处的5.6m逐渐减少到合龙段的2.3m。采用悬浇施工工艺分为分成0～14号段、边跨不平衡段和合龙段施工。顶板厚度由0号块的50cm逐渐减少到14号块的25cm，底板厚度由100cm逐渐减少到25cm，箱梁位于直线及缓和曲线上，3、4号桥墩为两个主墩（各有17根桩），墩高15.5m，为薄臂双柱结构形式，承台断面13.0m×10.1m，厚3.0m。连续刚构桥采用挂篮悬臂浇筑法施工，0、1号块（长12.0m，高5.6m）在墩顶塔现浇，2～14号块采用挂篮悬臂浇筑法施工，节段长度3～4m，最大块重（5号块）88t，合龙段长2.0m。

工程地段地质条件为：第1层：近代人工填土，土层不均，层厚1.4～3.4m；第2层：Q4沉积层，粉质黏土，层厚47.2～58.4m；第3层：灰色粉细砂层，饱和、密实、层厚10.7～22.2m，可作持力层；第4层：Q3沉积层，灰色粉细砂层，饱和、密实、层厚很大，可作主要持力层。

工程地段地面高程4.2～5.5m（本地高程系），地势平坦，两侧为居民区和工厂，桥下有铁路和城市街道等交通干线，地下管线密布，施工场地狭窄。

（1）因施工场地狭窄，项目部负责人对施工平面布置精心设计，绘制了施工现场平面布置图。

(2) 由于本桥预应力筋张拉技术要求高，项目部将张拉施工分包给专业施工队完成。该施工队在本年 4 月 10 日刚完成类似工程，反映良好。项目部负责人决定在本年 11 月 15 日进行主梁预应力筋张拉。

(3) 为了节省原材料，降低成本，项目部将工程遗留的各种强度等级的上千块试件、混凝土盖板等混凝土构件，填充在墩台基础混凝土中。

问题：

(1) 简述施工现场平面图的设计要点。

(2) 列述工程主要施工段。

(3) 简述 0、1 号块的施工要点。

(4) 简述 2～14 号块的施工要点。

(5) 分析不平衡段和合龙段的施工要点。

(6) 分析各施工段的质量保证重点。

(7) 张拉专业施工队在张拉施工前，应进行哪些准备工作？

参考答案：

(1) 设计要点为：收集、分析和研究工程资料；确定搅拌站、仓库和材料、构件堆放位置及尺寸；合理布置现场运输通道；布置生产、生活临时设施；布置水、电、气用电管线；布置安全、消防设施等。

(2) 主要施工段有：

1) 钻孔桩施工，主要有 3、4 号主塔的 17×2 根钻孔桩；

2) 承台施工，3、4 号主塔的承台，平面尺寸 13.0m×10.1m，厚 3.0m；

3) 墩身施工，墩高 15.5m，为薄臂双柱结构形式，需采用无拉杆整体模板；

4) 0、1 号块利用支架在塔顶现浇；

5) 2～14 号块节段长 3～4m，利用挂篮进行悬浇；

6) 合龙段施工，本工程合龙段有 3 个（2 个边合龙段和 1 个中合龙段），本段预应力筋张拉工作量较大。

(3) 0、1 号块采用一次性整体浇筑完成，施工要点：

1) 搭设支架，由钢管立柱、垫梁与分配梁组成，支架支撑于承台上，无沉陷，但有弹性压缩，需预留 0.5m 高度；

2) 支撑模板，外模采用整体钢模，内模采用木模，方便装拆；

3) 混凝土浇筑，可用混凝土泵对称压送，浇筑时可采用高度分层、桥向分块的方法推进，便于振捣密实；

4) 预应力施工。安装锚具、波纹管、穿预应力束采用液压千斤顶张拉。

(4) 2～14 号块采用挂篮悬臂浇筑法施工，施工要点：

1) 挂篮设计、制作。可采用三角斜拉式，特点是装配、操作方便，缺点是行走时重心靠前，后面需压重才能平衡；

2) 挂篮拼装。由于施工场地狭窄，先拼装成稳定的小单元构件，再起吊，最后拼装完成；

3) 挂篮锚固。用预应力粗钢筋将挂篮锚固在梁上，以形成一个强大的平衡力矩，以确保节段浇筑时挂篮的安全稳定；

4）块段悬浇，调整挂篮底模的标高和中线，检查模板尺寸，进行钢筋、混凝土和预应力的张拉及孔道压浆工作；

5）挂篮前移。当前一块段预应力的张拉及孔道压浆工作完成后，即可进行检查前移工作；

6）挂篮拆除。原则是先装部件先拆，未拆除部分必须继续与梁锚固。

（5）不平衡段和合龙段的施工要点：

1）不平衡段：在支架上分两次现浇，第一次浇筑底板及腹板部分，第二次浇筑顶板部分。边跨两段的支架可根据情况采取相同或不同的形式。

2）合龙段：分为边跨合龙段和中跨合龙段，合龙顺序为：先边合龙，后中合龙。混凝土可采用C60微膨胀混凝土。

① 边跨合龙段施工。当不平衡段现浇和14号块张拉压浆完成后，将挂篮前移，用做合龙段的平台和2外侧模，悬浇技术不变。但混凝土浇筑前应安装内钢撑并按设计制订的预应力钢筋临时张拉至设计要求的吨位，之后方能浇筑合龙段混凝土，合龙段混凝土浇筑时间一般应为当天的最低气温时。浇筑完成后用麻袋覆盖，浇水养护。

② 中跨合龙段施工。施工平台及外侧模仍用挂篮施工系统，当其施工平台及外侧模安装完成后，调整其中心线，将合龙段内钢撑置于设计位置，同时将千斤顶置于施顶位置并用一台油泵将其串联起来实施顶开作业。

③ 合龙段张拉。合龙段纵向预应力钢筋张拉数量较多，纵向张拉作业除按一般的张拉程序之外，要注意：

A. 张拉顺序是先长束后短对称张拉，底板束张拉完成一半后再进行顶板束张拉；

B. 临时张拉束先释放临时张拉力，然后再从0张拉至设计吨位。

（6）各施工段的质量保证重点：

1）钻孔桩施工，重点是泥浆指标和沉渣厚度的控制，泥浆指标合适，护臂泥皮的厚度要小，这对增加桩的摩擦力有力；

2）承台施工。由于承台埋置深度较深，而且离居民区近，施工重点是基坑围护，可采用钢板桩围护；

3）墩身施工，重点是混凝土振捣，混凝土振捣厚度宜控制在20cm左右，要采取内模振捣、外模敲击的方法；

4）0、1号块施工。重点是混凝土浇筑，应按平面分层、纵向分块，由外而内、由下而上地进行，并用插入式振捣，同时敲击模板；

5）2～14号块悬浇。重点是混凝土悬浇线形控制，施工中要对悬浇过程中混凝土浇筑后，预应力张拉后梁底标高进行连测，根据测得结果对梁体立模高程进行修正，使梁体线形流畅；

6）合龙段施工。浇筑前实行顶开作业，可减少混凝土徐变对双壁墩受力产生的不利影响，顶开时施顶位置的中心应与梁体中心基本一致，用一台油泵将千斤顶串联起来，确保顶力合力中心与施顶位置中心一致。

（7）4月10日到11月15日已超过6个月时间，千斤顶张拉设备应重新进行校验才能使用。

（六）城市（市政）管道施工质量控制要点

1. 开挖及回填质量控制要点

（1）沟槽开挖

1）沟槽底部开挖宽度，应符合设计要求；设计无要求时，应符合规范要求见表5-11。

管道工作面宽度（mm）　　**表5-11**

管道的外径 D_0	管道一侧的工作面宽度（mm）		
	混凝土类管道		金属类管道、化学建材管道
$D_0 \leqslant 500$	刚性接口	400	300
	柔性接口	300	
$500 < D_0 \leqslant 1000$	刚性接口	500	400
	柔性接口	400	
$1000 < D_0 \leqslant 1500$	刚性接口	600	500
	柔性接口	500	
$1500 < D_0 \leqslant 2000$	刚性接口	800～1000	700
	柔性接口	600	

2）堆土距沟槽边缘应不小于0.8m，且高度不应超过1.5m；沟槽边堆置土方不得超过施工设计堆置高度。

3）沟槽挖深较大时，应确定分层开挖的深度，并符合下列规定：人工开挖沟槽的槽深超过3m时应分层开挖，每层的深度不超过2m；人工开挖多层沟槽的层间留台宽度：放坡开槽时不应小于0.8m，直槽时不应小于0.5m，安装井点设备时不应小于1.5m；采用机械挖槽时，沟槽分层的深度按机械性能确定。

4）对于平面上呈直线的管道，坡度板设置的间距不宜大于15m；对于曲线管道，坡度板间距应加密；井室位置、折点和变坡点处，应增设坡度板。

5）沟槽的开挖断面应符合施工组织设计（方案）的要求。槽底原状地基土不得扰动，机械开挖时槽底预留200～300mm土层由人工开挖至设计高程，整平。

6）沟槽开挖地基承载力应满足设计要求，其沟槽开挖满足设计要求。

（2）沟槽支撑

1）采用撑板支撑应经计算确定撑板构件的规格尺寸，木撑板构件规格应符合下列规定：撑板厚度不宜小于50mm，长度不宜小于4m；横梁或纵梁宜为方木，其断面不宜小于150mm×150mm；横撑宜为圆木，其梢径不宜小于100mm；

2）撑板支撑的横梁、纵梁和横撑布置应符合下列规定：每根横梁或纵梁不得少于2根横撑；横撑的水平间距宜为1.5～2.0m；横撑的垂直间距不宜大于1.5m；横撑影响下管时，应有相应的替撑措施或采用其他有效的支撑结构。

3）在软土或其他不稳定土层中采用横排撑板支撑时，开始支撑的沟槽开挖深度不得超过 1.0m。开挖与支撑交替进行，每次交替的深度宜为 0.4～0.8m。

4）采用钢板桩支撑，应符合下列规定：构件的规格尺寸经计算确定；通过计算确定钢板桩的入土深度和横撑的位置与断面；采用型钢作横梁时，横梁与钢板桩之间的缝应采用木板垫实，横梁、横撑与钢板桩连接牢固。

5）沟槽支撑应经常检查，发现支撑构件有弯曲、松动、移位或劈裂等迹象时，应及时处理；雨期及春季解冻时期应加强检查；拆除支撑前，应对沟槽两侧的建筑物、构筑物和槽壁进行安全检查，并应制订拆除支撑的作业要求和安全措施；施工人员应由安全梯上下沟槽，不得攀登支撑。

6）支撑形式有横撑、竖撑和板桩撑，横撑和竖撑由撑板、立柱和撑扛组成。

① 横撑用于土质较好、地下水量较小的沟槽，随着沟槽逐渐挖深而设，因此，施工不安全。

② 竖撑用于土质较差、地下水量较大或有流砂的情况。竖撑的特点是撑板可在开槽过程中先有挖土插入土中，在回填以后再拔出，因此，支撑和拆撑都较安全。

③ 板桩撑是将桩垂直打入槽底下一定深度，如图 5-2 所示。目前常用的钢板为槽钢或工字钢或特制的钢板，桩板与桩板之间一般采用齿口连接，以提高板桩撑的整体性和水密性。

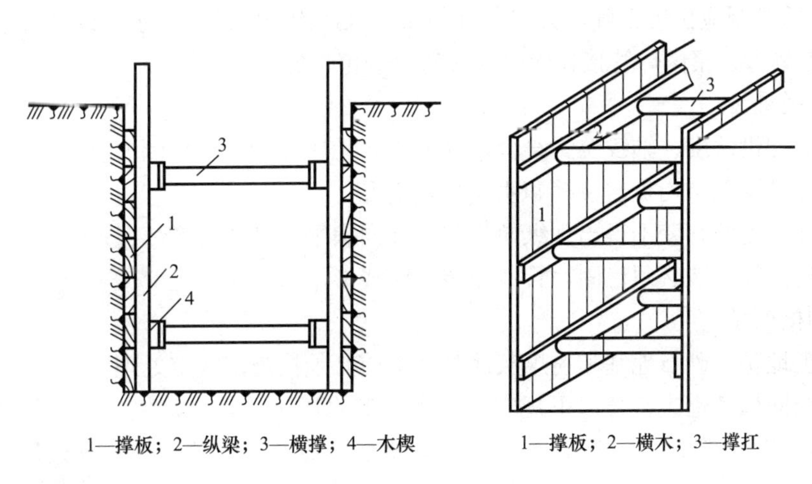

图 5-2 工具式撑杠

2. 开槽施工管道主体结构质量控制要点

（1）管基础

验槽后原状土地基局部超挖或扰动时应按规范的有关规定进行处理；岩石地基局部超挖时，应将基底碎渣全部清理，回填低强度等级混凝土或粒径 10～15mm 的砂石回填夯实；管道不得铺设在冻结的地基上；管道安装过程中，应防止地基冻胀。

（2）管道质量控制要点

1）钢管

① 管节及管件、焊接材料的质量符合规范规定；

② 接口焊缝坡口、焊口错边、焊口焊接质量符合规范规定；

③法兰接口的法兰应与管道同心，螺栓自由穿入，高强螺栓扭矩应符合规范规定。

2）球墨铸铁管

① 管节及管件的产品质量符合规范规定；

② 承插接口连接时，两管节轴线应保持同心，承口、插口无破损、变形、开裂；

③ 插口推入深度符合规范规定；

④ 法兰接口连接时，插口与承口法兰压盖的纵向轴线一致，连接螺栓终拧扭矩应符合设计或产品使用说明要求，接口连接后，连接部位及连接件应无变形、破损。

3）钢筋混凝土管

① 管节管件、橡胶圈的产品质量符合规范规定；

② 柔性接口的橡胶圈位置正确，无扭曲、外露现象；承口、插口无破损、开裂；双道橡胶圈的单口水压试验合格；

③ 刚性接口的强度符合设计要求，不得有开裂、空鼓、脱落现象。

4）塑料管

① 管节管件、橡胶圈等产品质量符合规范规定；

② 承插、套筒式连接时，承口、插口部位及套筒连接紧密，无破损、变形、开裂等现象；插入后胶圈应位置正确，无扭曲等现象，双道橡胶圈的单口水压试验合格；

③ 聚乙烯管、聚丙烯管接口熔焊连接符合规范规定。

（3）管道铺设

1）管道埋设深度、轴线位置符合设计要求，无压力管道严禁倒坡设敷；

2）刚性管道无结构贯通裂缝和明显缺损情况；

3）柔性管道的管壁不得出现纵向隆起、环向扁平和其他变形情况；

4）管道铺设安装必须稳固，管道安装后应线形平直。

（4）沟槽回填

1）灰土地基、砂石地基和粉煤灰地基施工前必须按规范规定处理。

2）沟槽回填管道应符合以下规定：压力管道水压试验前，除接口外，管道两侧及管顶以上回填高度不应小于 0.5m；水压试验合格后，应及时回填沟槽的其余部分；无压管道在闭水或闭气试验合格后应及时回填。

3）每层回填土的虚铺厚度，应根据所采用的压实机具按表 5-12 的规定选取。

每层回填土的虚铺厚度 **表 5-12**

压实机具	虚铺厚度（mm）
木夯、铁夯	≤200
轻型压实设备	200～250
压路机	200～300
振动压路机	≤400

4）管道两侧和管顶以上 500mm 范围内的回填材料，应由沟槽两侧对称运入槽内，不得直接回填在管道上；回填其他部位时，应均匀运入槽内，不得集中推入。

5）刚性管道沟槽回填的压实作业应符合下列规定：回填压实应逐层进行，且不得损伤管道；管道两侧和管顶以上 500mm 范围内胸腔夯实，应采用轻型压实机具，管道两侧压实面的高差不应超过 300mm。

6）柔性管道的沟槽回填作业应符合下列规定：管内径大于 800mm 的柔性管道，回填施工时应在管内设有竖向支撑；管基有效支承角范围应采用中粗砂填充密实，与管壁紧密接触，不得用土或其他材料填充；管道半径以下回填时应采取防止管道上浮、位移的措施；管道回填时间宜在一昼夜中气温最低时段，从管道两侧同时回填，同时夯实。柔性管道沟槽回填部位与压实度如图 5-3 所示。

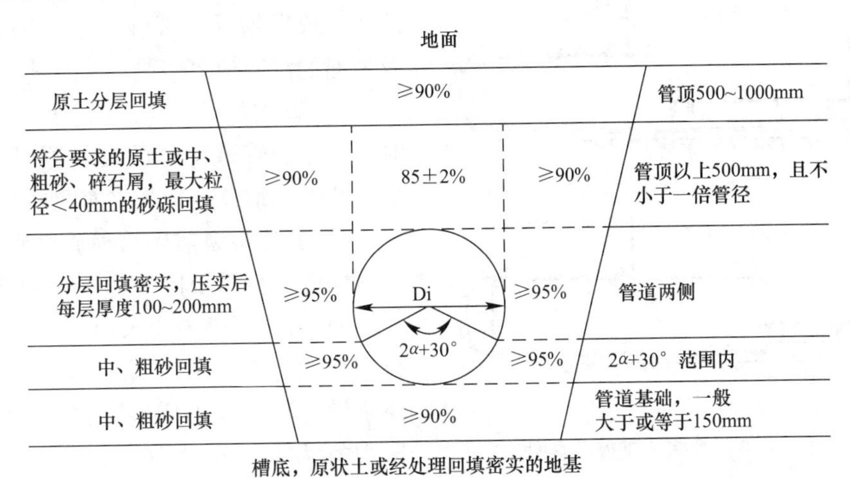

图 5-3 柔性管道沟槽回填部位与压实度示意图

7）当钢管或球墨铸铁管道变形率超过 2%，但不超过 3%时；化学建材管道变形率超过 3%，但不超过 5%时；应采取选用适合回填材料按规定重新回填施工，直至设计高程。

3. 不开槽管道主体结构质量控制

（1）顶管施工质量控制要点

顶管顶进方法及设备的选择，应根据工程设计要求、工程水文地质条件、周围环境和现场条件，经技术经济比较后确定，并应符合下列规定：采用敞口式（手掘式）顶管机时，应将地下水位降至管底以下不小于 0.5m 处，并应采取措施，防止其他水源进入顶管的管道；周围环境要求控制地层变形或无降水条件时，宜采用封闭式的土压平衡或泥水平衡顶管机施工；穿越建（构）筑物、铁路、公路、重要管线和防汛墙等时，应制订相应的保护措施；小口径的金属管道，无地层变形控制要求且顶力满足施工要求时，可采用一次顶进的挤密土层顶管法。

敞口式人工顶管施工流程如图 5-4 所示。

1）管节及附件等工程材料的产品质量应符合国家有关标准的规定和设计要求；

2）接口橡胶圈安装位置正确，无位移、脱落现象；钢管的接口焊接质量应符合 GB 50268—2008 第5 章的相关规定，焊缝无损探伤检（试）验符合设计要求；

3）无压管道的管底坡度无明显反坡现象；曲线顶管的实际曲率半径符合设计要求；

4）管道接口端部应无破损、顶裂现象，接口处无滴漏。

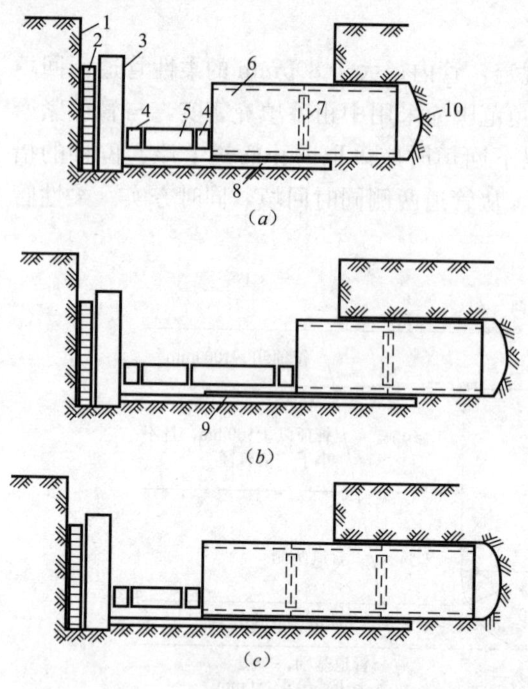

图 5-4　人工顶管施工流程示意图

(a) 初顶入土；(b) 顶入第二节管；(c) 顶入第三节管
1—后背墙；2—后背；3—立铁；4—横铁；
5—千斤顶；6—管节；7—接口内胀圈；8—基础；
9—导轨；10—掘进工作面

（2）盾构施工质量控制要点

1）盾构应依据工程条件和设计要求选择。掘进时应确保前方土体稳定。

2）轴线按设计要求进行控制，每掘进一环应对盾构姿态、衬砌位置进行测量。

3）对盾构的施工参数和掘进速度实时监控，根据地质、埋深、地面的建筑设施及地面的沉降值等情况，及时进行调整。

4）盾构掘进每次达到 1/3 管道长度时，对已建管道部分的贯通测量不少于一次；曲线管道还应增加贯通测量次数。

5）管片拼装前应清理盾尾底部，拼装成环后应进行质量检测，并记录填写报表。

6）盾构掘进中应采用注浆以利于管片衬砌结构稳定，其注浆应符合下列规定：注浆量控制宜大于环形空隙体积的 150%，压力宜为 0.2～0.5MPa；并宜多孔注浆；注浆后应及时将注浆孔封闭；注浆前应对注浆孔、注浆管路和设备进行检查。

盾构施工的给水排水管道设有现浇钢筋混凝土二次衬砌的，衬砌的断面形式、结构形式和厚度，以及衬砌的变形缝位置和构造符合设计要求；全断面钢筋混凝土二次衬砌的，衬砌应一次浇筑成型，浇筑时应左右对称、高度基本一致，混凝土达到规定强度方可拆模。

（3）浅埋暗挖施工质量控制要点

1）开挖前的土层加固应符合下列规定：第一，超前小导管加固土层沿拱部轮廓线外侧设置，间距、孔位、孔深、孔径符合设计要求；小导管的后端应支承在已设置的钢格栅上，其前端应嵌固在土层中，前后两排小导管的重叠长度不应小于 1m；小导管外插角不应大于 15°。第二，水玻璃、改性水玻璃浆液与注浆应取样进行注浆效果检查，砂层中注浆宜定量控制，注浆压力宜控制在 0.15～0.3MPa 之间，最大不得超过 0.5MPa，每孔稳压时间不得小于 2min。第三，钢筋锚杆加固土层锚杆孔距允许偏差：普通锚杆±100mm，预应力锚杆±200mm；灌浆锚杆孔内应砂浆饱满，砂浆配比及强度符合设计要求。

2）浅埋暗挖初期衬砌混凝土的强度应符合设计要求，按设计要求设置变形缝，且变形缝间距不宜大于 25m。

3）防水层材料应符合设计要求，铺设基面凹凸高差不应大于 50mm，基面阴阳角应处理成圆角或钝角，圆弧半径不宜小于 50mm。

4）二次衬砌应符合下列规定：

① 在防水层验收合格后，结构变形基本稳定的条件下施作；采取措施保护防水层完好；

② 模板和支架的强度、刚度和稳定性应满足设计要求，使用前应经过检查，重复使用时应经修整；

③ 模板接缝拼接严密，不得漏浆；

④ 变形缝端头模板处的填缝中心应与初期支护变形缝位置重合，端头模板支设应垂直、牢固；

⑤ 混凝土灌筑前，应对设立模板的外形尺寸、中线、标高、各种预埋件等进行隐蔽工程检查，并填写记录；检查合格后，方可进行灌筑；

⑥泵送混凝土应符合下列规定：坍落度为 60～200mm；碎石级配，骨料最大粒径 25mm。

（4）定向钻及夯管

1）定向钻又称为水平钻，其施工质量控制应符合下列要求：

① 管道材料及泥浆质量应符合设计要求；

② 管节组对拼接、钢管外防腐层质量经检（试）验合格；

③ 管道回拖前预水压试验应合格，回拖后的线形应平顺、无突变、变形现象，实际曲率半径符合设计要求。

2）夯管施工质量控制应符合下列要求：

① 第一节管入土层时应检查设备运行工作情况，并控制管道轴线位置；

② 每夯入 1m 应进行轴线测量，其偏差控制在 15mm 以内；

③ 夯管时，应将第一节管夯入接收工作井不少于 500mm，并检查露出部分管节的外防腐层及管口损伤情况。

4. 沉管和桥管施工主体结构质量控制

（1）沉管施工质量控制要点

1）沉管基槽底部宽度和边坡应符合下列规定；

2）沉管基槽中心位置和浚挖深度符合设计要求；

3）沉管基槽处理、管基结构形式应符合设计要求；

4）沉放前、后管道无变形、受损；沉放及接口连接后管道无滴漏、线漏和明显渗水现象；

5）沉放后，对于无裂缝设计的沉管严禁有任何裂缝；对于有裂缝设计的沉管，其表面裂缝宽度、深度应符合设计要求；

6）接口连接形式符合设计文件要求；柔性接口无渗水现象；混凝土刚性接口密实、无裂缝，无滴漏、线漏和明显渗水现象。

（2）桥管施工质量控制要点

1）桥管安装前的地基、基础、下部结构工程经验收合格，墩台顶面高程、中线及孔跨径满足设计和管道安装要求。

2）管道支架底座的支承结构、预埋件等的加工、安装应符合设计要求，且连接牢固。

3）桥管管节吊装的吊点位置应符合设计要求，采用分段悬臂拼装的，每管段轴线安装的扰度曲线变化应符合设计要求。

5. 管道附属构筑物质量控制

（1）井室的混凝土基础应与管道基础同时浇筑。

（2）砌筑结构的井室砌筑应垂直砌筑，需收口砌筑时，应按设计要求的位置设置钢筋混凝土梁进行收口；圆井采用砌筑逐层砌筑收口，四面收口时每层收进不应大于30mm，偏心收口时每层收进不应大于50mm，砌筑时，铺浆应饱满，灰浆与砌筑四周粘结紧密、不得漏浆，上下砌筑应错缝砌筑；砌筑时应同时安装踏步，踏步安装后在砌筑砂浆未达到规定抗压强度前不得踩踏；内外井壁应采用水泥砂浆勾缝；有抹面要求时，抹面应分层压实。

（3）预制装配式结构的井室采用水泥砂浆接缝时，企口坐浆与竖缝灌浆应饱满，装配后的接缝砂浆凝结硬化期间应加强养护，并不得受外力碰撞或振动；设有橡胶密封圈时，胶圈应安装稳固，止水严密可靠；底板与井室、井室与盖板之间的拼缝，水泥砂浆应填塞严密，抹角光滑平整。

（4）井室的砌筑水泥砂浆强度、结构混凝土强度应符合设计要求。

（5）支墩应在坚固的地基上修筑，修筑完毕并达到强度要求后方可进行水压试验。

（6）雨水口的槽底应夯实并及时浇筑混凝土基础，雨水口位置正确，深度符合设计要求，安装不得扭歪，井框、井篦安装平稳、牢固，支、连管应顺直，无倒坡、错口及破损现象。

6. 管道功能性试验质量控制要点

（1）管道功能性试验一般要求

1）压力管道水压试验进行实际渗水量测定时，宜采用注水法。

2）向管道内注水应从下游缓慢注入，注入时在试验管段上游的管顶及管段中的高点应设置排气阀，将管道内的气体排除。

3）全断面整体现浇的钢筋混凝土无压管渠处于地下水位以下时，除设计有要求外，管渠的混凝土强度、抗渗性能检（试）验合格，并按以下要求进行检查符合设计要求时，可不必进行闭水试验。

① 大口径（$D_i \geqslant 1500$mm）钢筋混凝土结构的无压管道；

② 地下水位高于管道顶部；

③ 结构检查应符合设计要求的防水等级标准；无设计要求时，不得有滴漏、线流现象。

4）管道采用两种（或两种以上）管材时，宜按不同管材分别进行试验；不具备分别试验的条件必须组合试验，且设计无具体要求时，应采用不同管材的管段中试验控制最严的标准进行试验。

5）管道的试验长度除GB 50268规定和设计另有要求外，压力管道水压试验的管段长度不宜大于1.0km；无压力管道的闭水试验，条件允许时可一次试验不超过5个连续井段；对于无法分段试验的管道，应由工程有关方面根据工程具体情况确定。

6）给水管道必须水压试验合格，并网运行前进行冲洗与消毒，经检（试）验水质达到标准后，方可允许并网通水投入运行。

7）污水、雨污水合流管道及湿陷土、膨胀土、流砂地区的雨水管道，必须经严密性试验合格后方可投入运行。

8）压力管道水压试验前，管道回填土应符合设计及规范要求，试验管段所有敞口应封闭，管道升压时，管道的气体应排除，应分级升压，每升一级应检查无异常现象时再继续升压。

9）无压力管道闭水试验：

① 闭水试验法应按设计要求和试验方案进行。

② 试验管段应按井距分隔，抽样选取，带井试验。

③ 无压管道闭水试验时，试验段管道及检查井外观质量已验收合格；管道未回填土且沟槽内无积水；全部预留孔应封堵，不得渗水；管道两端堵板承载力经核算应大于水压力的合力；除预留进出水管外，应封堵坚固，不得渗水；顶管施工，其注浆孔封堵且管口按设计要求处理完毕，地下水位于管底以下。

④ 管道闭水试验应符合下列规定：试验段上游设计水头不超过管顶内壁时，试验水头应以试验段上游管顶内壁加 2m 计；试验段上游设计水头超过管顶内壁时，试验水头应以试验段上游设计水头加 2m 计；计算出的试验水头小于 10m，但已超过上游检查井井口时，试验水头应以上游检查井井口高度为准；管道闭水试验应按 GB 50268—2008 附录 D（闭水法试验）进行。

⑤ 管道闭水试验时，应进行外观检查，不得有漏水现象，且符合 GB 50268—2008 的规定时，管道闭水试验为合格。

10）无压力管道闭气试验

闭气试验适用于混凝土类的无压管道在回填土前进行的严密性试验。

闭气试验时，地下水位应低于管外底 150mm，环境温度为－15～50℃，下雨时不得进行闭气试验。管道闭气试验不合格时，应进行漏气检查、修补后复检。

11）给水管道冲洗与消毒

给水管道严禁取用污染水源进行水压试验、冲洗，施工管段处于污染水水域较近时，必须严格控制污染水进入管道；如不慎污染管道，应由水质检测部门对管道污染水进行化验，并按其要求在管道并网运行前进行冲洗与消毒。

管道第一次冲洗应用清洁水冲洗至出水口水样浊度小于 3NTU 为止，冲洗流速应大于 1.0m/s。

管道第二次冲洗应在第一次冲洗后，用有效氯离子含量不低于 20mg/L 的清洁水浸泡 24h 后，再用清洁水进行第二次冲洗直至水质检测、管理部门取样化验合格为止。

六、市政工程质量问题的分析、预防与处理方法

（一）工程质量问题的分类与识别

1. 工程施工质量问题的分类

工程质量问题一般分为工程质量缺陷、工程质量通病、工程质量事故。

（1）工程质量缺陷

工程施工中不符合规定要求的检（试）验项或检（试）验点，按其程度可分为严重缺陷和一般缺陷。

一般缺陷：对结构构件的受力性能或安装使用性能无决定性影响的缺陷。

严重缺陷：对结构构件的受力性能或安装使用性能有决定性影响的缺陷。

（2）工程质量通病

工程质量通病是指各类影响工程结构、使用功能和外形观感的常见性质量损伤，主要是由于施工操作不当、管理不严而引起质量问题。

1）现浇钢筋混凝土工程出现蜂窝、麻面、露筋；

2）砂浆、混凝土配合比控制不严、试块强度不合格；

3）路基压实度达不到标准规定值；

4）钢筋安装箍筋间距不一致；

5）桥面伸缩装置安置不平整；

6）金属栏杆、管道、配件锈蚀；

7）钢结构面锈蚀，涂料粉化、剥落等。

（3）工程质量事故

依据住房和城乡建设部发布《关于做好房屋建筑和市政基础设施工程质量事故报告和调查处理工作的通知》（建质［2010］111 号）。根据工程质量事故造成的人员伤亡或者直接经济损失，工程质量事故分为 4 个等级：

1）特别重大事故，是指造成 30 人以上死亡，或者 100 人以上重伤，或者 1 亿元以上直接经济损失的事故；

2）重大事故，是指造成 10 人以上 30 人以下死亡，或者 50 人以上 100 人以下重伤，或者 5000 万元以上 1 亿元以下直接经济损失的事故；

3）较大事故，是指造成 3 人以上 10 人以下死亡，或者 10 人以上 50 人以下重伤，或者 1000 万元以上 5000 万元以下直接经济损失的事故；

4）一般事故，是指造成 3 人以下死亡，或者 10 人以下重伤，或者 100 万元以上 1000

万元以下直接经济损失的事故。

本等级划分所称的“以上”包括本数，所称的“以下”不包括本数。

国家明确工程质量事故是指由于建设、勘察、设计、施工、监理等单位违反工程质量有关法律法规和工程建设标准，使工程产生结构安全、重要使用功能等方面的质量缺陷，造成人身伤亡或者重大经济损失的事故。

2. 不合格品的判断依据

（1）设计施工图中各项技术要求和指标；

（2）国家有关的施工技术规范、质量验收标准；

（3）在施工过程中建设方、监理单位、上级部门等下发的整改通知书等。

3. 质量问题的识别

（1）按标准或规范的要求对原材料、半成品进行抽样、检（试）验，发现未达到要求的；

（2）依据验评规范对施工工序、分项、分部及单位工程进行抽样检查/验收，出现不符合要求的；

（3）采购产品（含顾客提供的产品）的技术指标达不到设计的要求和标准的。

通过识别后，对质量问题分类进行分析和处理。

（二）城镇道路工程常见质量问题、原因分析及预防处理方法

1. 路基工程常见质量问题、原因分析及预防处理方法

（1）路基“弹簧”

1）质量问题及现象

路基土压实时受压处下陷，四周弹起，呈软塑状态，体积得不到压缩，不能密实成型。

2）原因分析

① 填土为黏性土时的含水量超过最佳含水量较多；

② 碾压层下有软弱层，且含水量过大，在上层碾压过程中，下层弹簧反射至上层；

③ 翻晒、拌合不均匀；

④ 局部填土混入冻土或过湿的淤泥、沼泽土、有机土、腐殖土以及含有草皮、树根和生活垃圾的不良填料；

⑤ 透水性好与透水性差的土壤混填，且透水性差的土壤包裹了透水性好的土壤，形成了“水壤”。

3）预防和处理方法

① 避免用天然稠度小于 1.1、液限大于 40、塑性指数大于 18、含水量大于最佳含水量两个百分点的土作为路基填料；

② 清除碾压层下软弱层，换填良性土壤后重新碾压；

③ 对产生“弹簧”的部位，可将其过湿土翻晒、拌合均匀后重新碾压；或挖除换填

含水量适宜的良性土壤后重新碾压；

④ 对产生“弹簧”且急于赶工的路段，可掺生石灰粉翻拌，待其含水量适宜后重新碾压；

⑤ 严禁异类土壤混填，尤其是不能用透水性差的土壤包裹透水性好的土壤，形成“水囊”；

⑥ 填筑上层时应开好排水沟，或采取其他措施降低地下水位到路基 50cm 以下；

⑦ 填筑上层时，应对下层填土的压实度和含水量进行检查，待检查合格后方能填筑上层。

（2）路基填筑过程中翻浆

1）质量问题及现象

路基填筑过程中发生翻浆现象是屡见不鲜的。所谓翻浆就是填筑过程中紧前层或当前层填料含水量偏大，碾压时出现严重“弹簧”、鼓包、车辙、挤出泥浆，这种现象就叫做翻浆。有的是局部一块，有的是一个段落，此刻填筑层无法碾压密实。

2）原因分析

路基填筑时，以下场合易出现翻浆：

① 地下水位较高的洼地；

② 近地表下 1～3m 处有淤泥层；

③ 坑塘、水池排水后的淤泥含水量大，填土无法排淤；

④ 低位段土后横向阻水，填筑层遭水浸后再填筑，下层易产生翻浆；

⑤ 所填土中黏性土和非黏性土混填，黏性土含水量大，碾压中黏性土呈泥饼状，形成局产部翻浆；

⑥ 透水性差的土壤包裹透水性好的土壤，且透水性好的土壤含水量大，形成“水囊”。

3）预防和处理方法

① 对于施工中发生的路基翻浆区别情况分别对待，小面积的可挖开晾晒后重压；

② 深度大于 0～60cm 的翻浆可掺加生石灰粉处理；

③ 翻浆面积不太大而严重段，可抛石处理；

④ 对于属于天然地基问题产生的翻浆，可布设土工格栅，土工布，或铺设反滤层，设置导滤沟，然后填干土碾压施工；

⑤ 对于地表下 4～6m 存在淤泥层导致的翻浆，可采用压力注浆办法处理；

⑥ 注意不同性质的土应分别填筑，不得混填。

（3）路基表面松散、起皮

1）质量问题及现象

路基填筑层压实作业接近设计压实度时，表面起皮、松散、成型困难。

2）原因分析

① 路基填筑起皮的原因一般为：填筑层土的含水量不均匀且表面失水过多；为调整高程而贴补薄层；碾压机具不足，碾压不及时，未配置胶轮压路机；含砂低液限粉土、低液限粉土自身粘结力差，不易于碾压成型；

② 路基填筑层松散的原因一般为：施工路段偏长，拌合、粉碎、压实机具不足；未及时碾压，表层失水过多；填料含水量低于最佳含水量过多；碾压完毕，未及时养护，表面遭受冰冻。

3）预防处理方法

① 防治路基填筑层起皮的措施是：确保填筑层的含水量均匀且与最佳含水量差值在规定范围内；合理组织施工，配备足够合适的机具，保证翻晒均匀、碾压及时；严禁薄层贴补，局部低洼之处，应留待修筑上层结构时解决；路基秋冬或冬春交接之际施工，填筑层碾压完毕，应及时封土保温，以免冻害；昼夜平均气温连续 10 天以上在－3℃以下时，路基施工应按规范“冬期施工”要求执行；当利用粘结力差的含水量较小的砂砾低液限粉土、低液限粉土填筑路基时，碾压过程中应适量洒水，补充填筑层表面含水量，可防止“起皮”现象的出现。

② 防治路基填筑层松散的措施是：合理确定施工段长度，合理匹配压实机具，保证碾压及时；适当洒水后重新碾压；确保填料含水量与最佳含水量差值在规定范围内。

（4）路基出现纵向开裂

1）质量问题及现象

路基交工后出现纵向裂缝，甚至形成错台。

2）原因分析

① 清表不彻底，路基基底存在软弱层或坐落于古河道处。

② 沟、塘清淤不彻底、回填不均匀或压实度不足。

③ 路基压实不均。

④ 旧路利用路段，新旧路基结合部未挖台阶或台阶宽度不足。

⑤ 半填半挖路段未按规范要求设置台阶并压实。

⑥ 使用渗水性、水稳性差异较大的土石混合料时，错误地采用了纵向分幅填筑。

⑦ 因边坡过陡、行车渠化、交通频繁振动而产生滑坡，最终导致纵向开裂。

3）预防处理方法

① 应认真调查现场并彻底清表，及时发现路基底暗沟、暗塘、消除软弱层。

② 彻底清除沟、塘淤泥，并选用水稳性好的材料严格分层回填，严格控制压实度满足设计要求。

③ 提高填筑层压实均匀度。

④ 半填半挖路段，地面横坡大于 1∶5 及旧路利用路段，应严格按规范要求将原地面挖成不小于 1m 的台阶并压实，或设置土工格栅相互搭接。

⑤ 渗水性、水稳性差异较大的土石混合料应分层或分段填筑，不宜纵向分幅填筑。

⑥ 若遇有软弱层或故河道，填土路基完工后应进行超载预压，预防不均匀沉降。

⑦ 严格控制路基边坡坡度符合设计要求，杜绝亏坡现象。

4）处理措施

路面结构层出现纵向裂缝，可采用聚合物、高强水泥胶液压力灌缝；沥青路面出现纵向裂缝，可采用开槽灌沥青胶防水处理；路基出现纵向裂缝，可采取边坡加设护坡道的措施。

（5）路基横向裂缝

1）质量问题及现象

路基出现横向裂缝，将会反射至路面基层、面层，如不能有效预防，将会加重地表水对路基结构的损害，影响结构的整体性和耐久性。

2）原因分析

① 路基填料直接使用了液限大于50、塑性指数大于26的土。

② 同一填筑层路基填料混杂，塑性指数相差悬殊。

③ 路基顶填筑层作业段衔接施工工艺不符合规范要求。

④ 路基顶下层平整度填筑厚度相差悬殊，且最小压实厚度小于8cm。

3）预防处理方法

① 路基填料禁止直接使用液限大于50、塑性指数大于26的土；当选材困难时，必须直接使用时，应采取相应的技术措施。

② 不同种类的土应分层填筑，同一填筑层不得混用。

③ 路基顶填筑层分段作业施工，两段交接处，应按规定处理。

④ 严格控制路基每一填筑层的标高、平整度，确保路基顶填筑层压实厚度不小于8cm。

（6）路基工后超限沉降

1）质量问题及现象

路基交工后整体下沉与桥梁或其他构筑物的差异沉降使衔接处形成错台。

2）原因分析

① 粉喷桩、挤密碎石桩、塑料排水板打入深度、间距达不到设计要求。

② 粉喷桩复搅深度或粉喷量未达到设计要求。

③ 挤密碎石桩未进行反插。

④ 高填方段预压或超载预压沉降尚未稳定，就提前卸载。

⑤ 软基处理质量未达到设计要求。

⑥ 结构物的桩未打穿软弱层。

⑦ 遇有淤泥、软泥时清除不到位，路基与地基原状土间形成没有充分压实。

⑧ 台背换填质量、施工过程控制不符合规范要求，填筑层没有充分压实。

⑨ 构筑物与路基结合部填土，特别是开挖后的回填土，施工时分层填筑不严格，碾压效果差，压实度降低。

3）预防处理方法

① 粉喷桩、挤密碎石桩、塑料排水板打入深度、间距应达到设计要求。

② 粉喷桩应整桩复搅，粉喷量应达到设计要求。

③ 挤密碎石桩应进行反插。

④ 预压或超载压的同时应进行连续的沉降观测，待沉降稳定后方可卸载。

⑤ 现场试桩，并调整设计桩长。

⑥ 路基填筑时彻底清除淤泥、软泥。

⑦ 路基填料宜选用级配较好的粗粒土，用不同填料填筑时应分层填筑，在一水平层均应采用同类填料。

⑧ 用不同填料填筑时应分层填筑，每一水平层均应采用同类填料，最大干密度试验土样应与填筑土质相符。

⑨ 构筑物与路基结合部填土，应分层填筑，严格控制层厚，合理配置压实设备，确保填筑层质量。

⑩ 台背回填土中分层设置土工格栅，并将格栅锚固在台背上，对防止回填土与构筑物衔接处出现错台有一定效果。

(7) 高填方路堤超限沉降

1) 质量问题及现象

高填方路堤工后沉降超限是较常见的病害之一，如不很好的防治，将会影响道路的正常营运和使用寿命。

2) 原因分析

① 按一般路堤设计，没有验算路堤稳定性、地基承载力和沉降量。

② 路基两侧超宽填筑不够，随意增大路堤填筑层厚度，压实工艺不符合规范规定，压实度不均匀，且达不到规定要求。

③ 工程地质不良，选用填料不当，且未作地基土空隙水压观测。

④ 填料土质差，路堤受水浸部分边坡陡，施工过程中排水不利，土基含水量过大。

⑤ 路堤填筑使用超粒径填料。

3) 预防处理方法

① 高填方路堤应按规范规定进行特殊设计。

② 高填方路堤无论填筑在何种地基上，如设计没有验算其稳定性、地基承载力或沉降量等项目时，宜向有关部门提出补做，以利保证工程质量。

③ 填前清表时应注意观察，若发现地基强度不符合设计要求时，必须进行加固处理。

④ 高填方路堤应严格按设计边坡度填筑，不得贴补帮宽，路堤两侧超填宽度一般控制在 30～50cm，逐层填压密实，然后削坡整型。

⑤ 高填方路堤受水浸淹部分应采用水稳性及渗水性好的填料，其边坡如设计无特殊要求时，不宜小于 1：2。

⑥ 在软弱土基上进行高填方路堤施工时，应对软基进行必要的处理。

⑦ 高填方路堤填筑过程，注意防止局部积水；在半填半挖的路段，除应挖成阶梯与填方衔接分层填压外，要挖好截水沟。

⑧ 对软弱土基的高填方路堤，应注意观测地基土空隙水压力的情况，当空隙水压力增大，导致稳定系数降低时，应放慢施工速度或暂停填筑，待空隙水压力降低到能保证路堤稳定时，再行施工。

⑨ 高填方路堤考虑到沉降因素超填时，应符合设计要求。

(8) 高填方路堤边坡失稳

1) 质量问题及现象

高填方路堤出现裂缝、局部下沉或滑坡等现象。

2) 原因分析

① 路基填土高度较大时，未进行抗滑裂稳定验算，也没有护坡道。

② 不同土质混填，纵向分幅填筑，路基边坡没有达到设计要求。

③ 路基边坡坡度过陡，浸水边坡小于 1：2，且无防护措施。

④ 基底处于斜坡地带，未按规范要求设置横向台阶。

⑤ 填筑速度快，坡脚底和坡脚排水不及时，路基顶面排水不畅，高填方匝道范围内积水。

3）预防处理方法

① 高填方路堤，应严格按设计边坡填筑，不得缺筑。如因现场条件所限达不到规定的坡度要求时，应进行设计验算，制订处理方案，如采取反压护道、砌筑矮墙、用土工合成材料包裹等。

② 高填方路堤，每层填筑厚度根据采用的填料，按规范要求执行，如果填料来源不同，其性质相差较大时，应分层填筑，不应分段或纵向分幅填筑。

③ 路基边坡应同路基一起全断面分层填筑压实，填筑宽度应比设计宽度大出 50cm，然后削坡成型。

④ 高填方路堤受水浸淹部分，应采用水稳性高、渗水性好的填料，其边坡比不宜小于 1∶2，必要时可设边坡防护，如抛石防护、石笼防护、浆砌或干砌筑石护坡。

⑤ 半填半挖的一侧高填方基底为斜坡时，应按规定挖成水平横向台阶，并应在填方路堤完成后，对设计边坡的松散弃土进行清理。

⑥ 工期安排上应分期填筑，每期留有足够的固结完成时间，工序衔接上应紧凑，路基工程完成后防护工程如急流槽等应及时修筑，工程管理上做好防排水工作。

2. 基层工程常见质量问题、原因分析及预防处理方法

（1）碎石材质不合格

1）质量问题及现象

① 材质软，强度低。

② 粒径偏小，块体无棱角。

③ 扁平细长颗粒多。

④ 材料不洁净，有风化颗粒，含土和其他杂质。

2）处理方法

注意把住进料质量关，材料选择质地坚韧、耐磨的轧碎花岗石或石灰石。材料要有合格证明或经试验合格后方能使用。碎石形状是多棱角块体，清洁无土，不含石粉及风化杂质，并符合下列要求：抗压强度大于 80MPa。软弱颗粒含量小于 5%；含泥量小于 2%；扁平细长（1∶2）颗粒含量小于 20%。

（2）粗细料分离。

1）质量问题及现象

摊铺时粗细料离析，出现梅花（粗料集中）、砂窝（细料集中）现象。

2）预防处理方法

① 在装卸运输过程中出现离析现象，应在摊铺前进行重新搅拌，使粗细料混合均匀后摊铺。

② 在碾压过程中看出有粗细料集中现象，应将其挖出分别掺入粗、细料搅拌均匀，再摊铺碾压。

（3）过干碾压或过湿碾压

1）质量问题及现象

混合料失水过多已经干燥，不经补水即行碾压；或洒水过多，碾压时出现“弹软”现象。

2）预防处理方法

① 混合料出场时的含水量应控制在最佳含水量在－1%和＋1.5%之间；

② 碾压前需检（试）验混合料的含水量，在整个压实期间，含水量必须保持在最佳状态，即在－1%和＋1.5%之间。如果含水量低需要补洒水，含水量过高需在路槽内晾晒，待接近最佳含水量状态时再行碾压。

(4）碾压成型后不养护

1）质量问题及现象

混合料压实成型后，任其在阳光下暴晒和风干，不保持在潮湿状态下养护。

2）预防处理方法

① 加强技术质量教育，提高管理人员和操作人员对混合料养护重要性的认识。

② 严格质量管理，必须执行混合料压实成型后在潮湿状态下养护的规定。

③ 养护时间应不少于 7 天，直至铺筑上层面层时为止。有条件的也可洒布沥青乳液覆盖养护。

(5）超厚回填碾压

1）质量问题及现象

不按要求的压实厚度碾压，相关规范规定：每层最大压实厚度为 20cm，而有的压实厚度 25～35cm 也一次摊铺碾压。

2）原因分析

① 施工技术人员和操作工人对上述危害不了解或认识不足。

② 技术交底不清或质量控制措施不力。

③ 施工者有意偷工不顾后果。

3）预防处理方法

① 加强技术培训，使施工技术人员和操作人员了解分层压实的必要性。

② 要向操作者作好技术交底，使路基填方及沟槽回填土的虚铺厚度不超过有关规定。

③ 严格操作要求，严格质量管理；惩戒有意偷工者。

(6）强度偏差

1）质量问题及现象

试验室经现场钻孔取样测试，强度不足。

2）原因分析

水泥稳定集料级配不好：水泥的矿物成分和分散度对其稳定效果的影响；含水量不合适，水泥不能在混合料中完全水化和水解，发挥不了水泥对基层的稳定作用，影响强度；水泥、石料和水拌合的不均匀，且未在最佳含水量下充分压实，施工碾压延迟时间拖的过长，破坏了已结硬水泥的胶凝作用，使水泥稳定碎石强度下降，碾压完成后没能及时地保湿养护。

3）预防处理方法

用水泥稳定配良好的碎石和砂砾；水泥的矿物成分和分散度对其稳定效果有明显影响，优先选用硅酸盐水泥。试验室进行水泥分级优化试验，在良好的材料级配下，选用最佳的水泥含量；试验室配合比设计不但要找到最佳含水量，同时也要满足水泥完全水化和水解作用的需要；水泥、集料和水拌合的均匀，且在最佳含水量下充分压实，使之干密度最大，强度和稳定性增高。水泥稳定碎石从开始加水拌合到完成压实的延迟时间控制在初凝时间内，达不到上述条件时，可在混合料掺适量的缓凝剂，加强水泥稳定基层保湿养护，满足水泥水化形成的强度的需要。

（7）水稳基层表面松散起皮

1）质量问题及现象

水稳基层表面松散起皮，局部离析现象严重，大粒径骨料集中，形成集料“窝”，碾压度不达标。

2）原因分析

集料拌合不均匀，堆放时间长；卸料时自然滑落，细颗料中间多，两侧粗粒多；刮风下雨造成表层细颗粒减少；铺筑时，因粗颗粒集中造成填筑层松散，压不实；运输过程中，急转弯、急刹车，熟料卸车不及时产生局部大碎石集中。

3）预防处理方法

水泥稳定混合料随拌随用，避免熟料过久堆放；运输时避免在已铺的基层上急转弯、急刹车；加强拌合站的材料控制。一是控制原材料，对不合格的原材料重新过筛；二是严格控制成品料，如发现有粗细离析、花白料等现象时，应重新拌合直到达到标准后使用；采用大车运输并使用篷布覆盖，确保混合料始终处于最佳含水量状态。

施工时设专人处理局部离析及混合料粘附压路机轮胎的现象，对摊铺后出现的局部离析现象及时进行处理，与其他混合料同时碾压，确保整体施工质量。

（8）碾压成型后压实面不稳定

1）质量问题及现象

混合料表面松软、浆液多，碾压成型后的压实面不稳定，仍有明显的车辙轮迹。

2）原因分析

石料场分筛后的粒料规格不标准，料场不同规格的粒料堆放混乱，没有隔墙，造成各种集料的型号不规格；料场四周排水设施不健全，下雨使骨料含水量增大，细集料被水溶解带走；加水设备异常，造成混合料忽稀忽稠现象，混合料未达到最佳含水量；碾压机械设备组合不当，造成碾压不密实。

3）预防处理方法

分筛后各种规格的骨料分仓堆放，料场做好排水设施，细集料采用篷布覆盖，以防细料流失；严格控制混合料的含水量，现场安排试验人员随时对原材料的含水量和成品混合料的含水量进行测试，以便随时调整加水量；采用重型压路机进行碾压，复压时一般采用18t振动压路机，碾压可得到满意的效果；混合料两侧支撑采用方木，每根方木至少固定三个点，而且两边的方木不能过早的拆除；试验室专人在现场对压实度跟踪检测，确保压实度，达到规定标准值。

（9）平整度差

1）质量问题及现象

平整度的好坏直接影响到行车的舒适度，基层的不平整会引起混凝土面层厚薄不匀，并导致混凝土面层产生一些薄弱面，它也会成为路面使用期间产生温度收缩裂缝的起因，因此基层的平整度对混凝土面层的使用性能有十分重要的影响。其表现为压实表面有起伏的小波浪，表面粗糙，平整度差。

2）原因分析

水泥稳定碎石摊铺采用人工进行，管理人员未跟踪检查平整度情况，测量人员未及时跟踪测量碾压成型后的高程及横坡情况，操作人员进行摊铺时未挂线进行检整，造成摊铺后平整度差。

3）预防处理方法

水泥稳定碎石这道关键工序施工前，组织项目部人员、作业班组人员进行技术交底及关键工序的质量监控计划交底。

摊铺面层水泥稳定碎石时，测量人员及时跟踪检查高程及横坡的情况，以便及时进行调整，使摊铺后的高程及横坡符合规范规定，也确保压实度符合规范规定。

测量控制桩一般设置于基层外0.5m左右，避免压路机碾压时将其破坏，摊铺时，初压后操作人员及时挂线调平检整，从而提高水泥稳定碎石摊铺后的平整度，同时也减少了表面的粗细集料离析现象。

（10）干（温）缩裂缝

1）质量问题及现象

水泥稳定基层表面产生的细微开裂现象，裂缝的产生在一定程度上破坏了基层的板块整体受力状态，而且裂缝的进一步发展会产生反射裂缝，使路面面层也相应产生裂缝或断板。

2）原因分析

① 混合料含水量过高。水泥稳定基层干缩应变随混合料的含水量增加而增大，施工碾压时含水量愈大，结构层愈容易产生干缩裂缝。

② 不同品种的水泥干缩性有所不同。选用合适的水泥在一定程度上能减少干缩裂缝。

③ 与各种粒料的含土量有关。当黏土量增加，混合料的温缩系数随温度降低的变化幅度越来越大。温度愈低，黏土量对温缩系数影响愈大。

④ 与细集料的含量有密切关系。细集料含量的多少对水泥稳定土的质量影响非常大，减少细集料的含量可降低水泥稳定粒料的收缩性和提高其抗冲刷性。

⑤ 水稳基层碾压密实度有关系。水泥稳定基层碾压密实度的好坏不但影响水泥稳定土的干缩性，而且还影响水泥稳定碎石的耐冻性。

水泥稳定基层的养护，干燥收缩的破坏发生在早期，及时地采用土工布、麻袋布或薄膜覆盖进行良好的养护；不但可以迅速地提高基层的强度，而且可以防止基层因混合料内部发生水化作用和水分的过分蒸发引起表面的干缩裂缝现象。

3）预防处理方法

① 充分重视原材料的选用及配合比设计中水泥剂量对于收缩应变的影响。水泥用量超过一定比例，容易产生严重的干缩裂缝。当水泥剂量不变时，改善集料的级配可以显著提高基层的强度，反之对不同的材料，水泥的用量有所不同，级配较好的材料，水泥剂量可减少到最低，否则水泥用量则会最大。

② 选择合适的水泥品种。不同品种的水泥干缩性有所不同，因此，选用合适的水泥在一定程度上能减少干缩裂缝。

③ 选择合适的水泥剂量与级配。设计配合比时，通过水泥剂量分级和调整集料的级

配，来保证基层的设计强度，降低水泥剂量。

④ 限制收缩。限制收缩最重要的措施是除去集料中的黏土含量，达到规范的范围，而且愈小愈好。

⑤ 细集料不能太多。细集料<0.075mm 颗粒的含量≤5%～7%，细土的塑性指数应尽可能小（≤4），如果粒料中 0.075mm 以下细粒的收缩性特别明显，则应该控制此粒料中的细料含量在 2%～5%，并在水泥稳定粒料中掺加部分粉煤灰。如果某种粒料中，粉料含量过多或塑性指数过大，要筛除塑性细土，用部分粉煤灰来代替。

⑥ 有条件时可掺加粉煤灰。水泥的水化和结硬作用进行的比较快，容易产生收缩裂缝。有条件时可在水泥混合料中掺入粉煤灰（占集料重量的 10%～20%），改善集料的级配以减少水泥用量，延缓混合料凝结，增加混合料的抗冻能力和改善混合料的形变能力，减少水泥稳定基层的温缩。

⑦ 根据材料情况确定相应的配合比。通过试验室进行配合比设计，保证实际使用的材料符合规定的技术要求，选择合适的原材料，确定结合料的种类和数量及混合料的最佳含水量，材料的级配要满足规范规定的水泥稳定土的集料级配范围，使完成的路面在技术上是可靠的，经济上也是合理的。

⑧ 选择合适的施工时间。选择合适的时间摊铺，根据气候条件合理安排基层、底基层的施工时间，若在夏季高温季节施工时，最好选在上午或夜间施工，加强覆盖养护。

⑨ 控制含水量。施工时严格按照施工配合比控制含水量（水泥稳定碎石混合料碾压时混合料的含水量宜较最佳含水量大 0.5%～1.0%），避免因施工用水量控制不当而人为造成的干缩裂缝，从而提高工程质量。

⑩ 增加水稳碾压密实度。水泥稳定基层碾压密实度的好坏不但影响水泥稳定土的干缩性，而且还影响水泥稳定土的耐冻性。压实较密的基层不易产生干缩，因此在施工中选用振动压路机进行重型碾压。

⑪ 保证水泥稳定基层的施工质量。加强拌合摊铺质量，减少材料离析现象；按试验路段确定的适合的延迟时间严格施工，尽可能地缩短基层集料从加水拌合到碾压终了的延迟时间，确保在水泥初凝时间内完成碾压；保证基层的保湿养护期和养护温度。

⑫ 减少干燥收缩的破坏。干燥收缩的破坏发生在早期，及时的采用土工布、麻袋布或薄膜覆盖进行良好的养护不但可以迅速提高基层的强度，而且可以防止基层因混合料内部发生水化作用和水分的过分蒸发引起表面的干缩裂缝现象。

3. 路面工程常见质量问题、原因分析及预防处理方法

（1）沥青路面非沉陷型早期裂缝

1）质量问题及现象

① 路面碾压过程中出现的横裂纹，往往是某区域的多道平行微裂纹，裂纹长度较短。

② 采用半刚性基层材料做基层的沥青路面，通车后半年以上时间出现的近似等间距的横向反射裂缝。

2）原因分析

① 施工缝未处理好，接缝不紧密，结合不良。

② 沥青未达到适合于本地区气候条件和使用要求的质量标准，致使沥青面层温度收缩或温度疲劳应力（应变）大于沥青混合料的抗拉强度（应变）。

③ 半刚性基层收缩裂缝的反射缝。

④ 桥梁、涵洞或通道两侧的填土产生固结或地基沉降。

3）预防处理方法

① 在沥青混合料摊铺碾压中做好以下工作，防止产生横向裂纹。

A. 严把沥青混合料进场摊铺的质量关，凡发现沥青混合料不佳，集料过细，油石比过低，炒制过火，油大时，必须退货并通知生产厂家，严重时可向监理或监督报告。

B. 严格控制摊铺和上碾、终碾的沥青混合料温度，施工组织必须紧密，大风和降雨时停止摊铺和碾压。

C. 严格按碾压操作规程作业。平地碾压时，要使压路机驱动轮接近摊铺机；上坡碾压，压路机驱动轮在后面，使前轮对沥青混合料预压，下坡碾压时，驱动轮应在后面，用来抵消压路机自重产生的向下冲力。碾压前，应用轻碾预压。压路机启动、换向都要平稳。停驶、转移、换向时，关闭振动。压路机停车、转向尽量在压好的、平缓的路段上，宜采用双钢轮振动压路机进行施工。

D. 双层式沥青混合料面层的上下两层铺筑，宜在当天内完成。如间隔时间较长，下层受到污染，铺筑上层前应对下层进行清扫，并应浇洒适量粘层沥青。

E. 沥青混合料的松铺系数宜通过试铺碾压确定。应掌握好沥青混合料摊铺厚度，使其等于沥青混合料层设计厚度乘以松铺系数。

F. 宜采用全路宽多机全幅摊铺，以减少纵向分幅接槎。

② 按《沥青路面施工及验收规范》GB 50092—96 做好纵缝接缝。纵缝要尽量采取直槎热接的方法，摊铺段不宜太长，一般在 60～100m 之间，于当日衔接，当第一幅摊铺完后，立即倒至第二幅摊铺，第一幅与第二幅搭接 2.5～5cm，然后再推回碾压。不是当日衔接的纵横缝上冷接槎，要刨直槎，涂刷粘层边油后再摊铺。横向冷接槎，可用热沥青混合料预热，即将热沥青混合料敷于冷槎上厚 10～15cm，宽 15～20cm，待冷槎混合料融化后（5～10min），再清除敷料，进行搂平碾压；或用喷灯烘烤冷槎后立即用热沥青混合料接槎压实。

（2）水泥混凝土路面的板中横向缝裂

1）质量问题及现象

混凝土路面的板中出现横缝、断板现象。

2）原因分析

① 浇筑路面混凝土时，浇筑时间间隔过长，形成冷缝；

② 路面混凝土浇筑后，未及时切缝；

③ 道路基层施工质量较差，形成道路刚度突变；

④ 对横穿道路的管涵等设施的回填达不到规范要求，产生沉降；

⑤ 混凝土的原材料、配合比等发生变化。

3）预防处理方法

① 路面混凝土施工时不得在板块中部停止。如遇意外原因造成施工暂停，应在分块

处按规范中的胀缝要求处理，并加传力杆；

② 对于涵洞等其他穿过路基的设施，应加强回填夯实，保证压实度。必要时可采用灌水填砂法或在混凝土中加钢筋网；

③ 严格控制基层施工质量，消除可能造成路面刚度突变的因素；

④ 切缝一定要及时；

⑤ 严格控制路面混凝土原材料及配合比，保证混凝土的一致性。

（3）水泥混凝土路面的龟背状裂缝

1）质量问题及现象

混凝土路面成型后，路面产生龟背状裂缝。

2）原因分析

① 混凝土原材料不合格，砂石料含泥量超过标准或水泥过期。

② 道路基层压实度不均匀，或平整度不合格，表面凹凸不平。

③ 混凝土振捣收浆不符合要求。

④ 混凝土养护未按规范规定进行。

3）预防处理方法

① 重视选择原材料质量。不同强度等级、品种的水泥不能混用，砂石料含泥量不得超过标准，水泥必须经复验才可使用；

② 路基填料尽量统一并达到标准压实度；

③ 基层表面严禁凸凹不平，用于基层的稳定料或石灰必须分散稳定或完全消解；

④ 保证混凝土施工质量，配比、振捣及外加剂使用等均应符合规范要求；

⑤ 混凝土养护、切缝及时，严格按规范要求施工。

（4）水泥混凝土路面的纵向裂缝预防措施

1）质量问题及现象

混凝土路面完工通车后，产生纵向裂缝。

2）原因分析

主要原因是路基的不均匀沉降和边坡滑移。

3）预防处理方法

① 从控制不均匀沉降入手，对扩建、山坡或路边有管、线、沟、渠、塘等可能造成路基纵向不均匀沉降的地段，都要认真做好压实工作；

② 对于①中所述情况可能引起塌陷、滑移者都要在边坡脚处加设支挡结构，如挡墙、护坡等；

③ 原地面处理要彻底。新老路堤及山坡填土衔接处，一定要按要求做成阶梯形，并保证压实度。

4. 检查井四周沉降原因分析、预防及处理方法

（1）检查井沉陷原因分析

施工人员质量意识淡薄，没有意识到检查井质量的严重性。开挖检查井沟槽断面尺寸不符合要求，井室砌筑后，井室槽周围回填工作面窄，夯实机具不到位或根本无法夯实，

造成回填密实度达不到规定要求。检查井周围回填时将建筑垃圾如草等填入其内造成质量隐患。回填分层厚度超出规范规定或根本没有分层夯实。大面积作业时，压路机不到位或漏压。检查井的混凝土基础未按设计要求施工到位，井底积水将基础浸泡，造成软弱，使承载力下降，井身受车辆荷载累积后逐步下陷。

检查井井筒砌筑时，灰浆不饱满，勾缝不严，在荷载挤压下会造成井筒砖壁松动，这样在冬季时，检查井内的热蒸气就会沿上部井筒砖壁的空隙侵入外围土壤和道路结构层构层内，形成结晶冻结后到春融时期就极易造成检查井周边土壤形成饱和水状态，为井周围变形预埋下隐患。

检查井井框与路面高差值过大（标准为 5mm）形成行驶冲击荷载，致使路基下沉造成检查井周边下沉、破损。

（2）预防措施

1）提高人员质量意识和责任心

在认识到检查井周边下沉给整体工程质量造成的不良结果情况下，施工中可采取一些切实有效的管理措施，如：从检查井底基础、井身砌筑到回填、夯实、碾压，把质量控制责任落实到个人，施工中严格检查验收，对操作人员进行技能培训，并作详细清楚的技术交底，使其循规作业。

2）检查井回填夯实

检查井开挖沟槽断面尺寸一定要符合施工要求，为回填夯实留有合理的工作面，当遇有障碍或其他特殊情况，开挖尺寸受限值时，应对槽缝隙采取灌入低强度等级水泥混凝土的处理；如果夹缝较大，但常规夯实机具又下不去时，可制作专用的工具进行夯实，随井壁砌筑升高逐层将检查井外围捣实，在操作时应特殊注意：回填料应接近最佳含水量状态下的素土或灰土为宜，每层虚铺厚度以不超过 20cm 为宜。当回填工作面符合夯实、碾压机具作业时，也要由专人负责指挥操作，不得留“死角”，必须夯实碾压到位。

检查井周边回填土要杜绝回填碎砖、瓦块、渣土垃圾、草等。碾压时，除使用大型压路机外，检查井周围（环距井筒外墙 60～80cm 范围内）应配以小型机具如轻型夯实机、小型振动压路机及多功能振动夯等保证死角及薄弱区。基层压实后视温度环境采取相应的封闭式湿润养护，天数一般在 5～7 天为宜。

3）检查井井筒、井框高程控制

检查井井框高程，应顺道路纵横坡两个方向测定，以免形成单侧高出路面，一般在施工中高程测定比较容易，关键是施工后高程的保持很难达到，因此必须保证井框与其底部结构筑实，以保证在施工碾压等其他外力作用下不发生变形。路面与井框接顺高差不得超过 5mm。

（3）处理方法

检查井出现四周沉降，采取检查井重新加固处理的方式，按以下流程处理。

施工准备——切割破除、清理混凝土或沥青混凝土路面（必要时应破除一定厚度的基层）——现浇或安装预制钢筋混凝土井盖盖板（安装预制钢筋混凝土盖板时用 C15 级混凝土填充盖板周边间隙）——安装井盖井座并调整井盖盖板顶面高程——浇筑水泥混凝土或摊铺碾压井周沥青混凝土——养护成型，开放交通。

（三）城市桥梁工程常见质量问题、原因分析及预防处理方法

本节以桥梁工程为例，介绍市政工程的钢筋（预应力）混凝土施工的质量问题、原因分析及预防处理方法。

1. 钻孔灌注桩常见质量问题、原因分析及预防处理方法

（1）钻孔灌注桩塌孔与缩径

1）原因分析

塌孔与缩径产生的原因基本相同，主要是地层复杂、钻进速度过快、护壁泥浆性能差、成孔后放置时间过长没有灌注混凝土等原因所造成。

2）预防措施

① 陆上埋设护筒时，在护筒底部夯填 50cm 厚黏土，必须夯打密实。放置护筒后，在护筒四周对称均衡地夯填黏土，防止护筒变形或位移，夯填密实不渗水；

② 孔内水位必须稳定地高出孔外水位 1m 以上，泥浆泵等钻孔配套设备能量应有一定的安全系数，并有备用设备，以应急需；

③ 避免成孔期间过往大型车辆和设备，控制开钻孔距应跳隔 1～2 根桩基开钻或新孔应在邻桩成桩 36 小时后开钻；

④ 根据不同土层采用不同的泥浆相对密度和不同的转速；

⑤ 钢筋笼的吊放、接长均应注意不碰撞孔壁；

⑥ 尽量缩短成孔后至浇筑混凝土的间隔时间；

⑦ 发生坍孔时，用优质黏土回填至坍孔处 1m 以上，待自然沉实后再继续钻进；

⑧ 发生缩径时，可用钻头上下反复扫孔，将孔径扩大至设计要求。

（2）钻孔灌注桩成孔偏斜

1）原因分析

① 场地平整度和密实度差，钻机安装不平整或钻进过程发生不均匀沉降，导致钻孔偏斜；

② 钻杆弯曲、钻杆接头间隙太大，造成钻孔偏斜；

③ 钻头翼板磨损不一，钻头受力不均，造成偏离钻进方向；

④ 钻进中遇软硬土层交界面或倾斜岩面时，钻压过高使钻头受力不均，造成偏离钻进方向。

2）预防措施

① 压实、平整施工场地；

② 安装钻机时应严格检查钻机的平整度和主动钻杆的垂直度，钻进过程中应定时检查主动钻杆的垂直度，发现偏差立即调整；

③ 定期检查钻头、钻杆、钻杆接头，发现问题及时维修或更换；

④ 在软硬土层交界面或倾斜岩面处钻进，应低速低钻压钻进。发现钻孔偏斜，应及时回填土、片石，冲平后再低速低钻压钻进；

⑤ 在复杂地层钻进，必要时在钻杆上加设扶正器；

⑥ 偏斜过大时，回填黏土，待沉积密实后再钻。

(3) 钻孔灌注桩孔深不足

1) 原因分析

① 孔壁坍塌，土方淤积于孔底；

② 清孔不足，孔底回淤。

2) 预防措施

① 吊放钢筋笼时不得碰撞孔壁；

② 必须二次清孔，清孔后的泥浆密度小于 1.15；

③ 尽量缩短成孔后至浇筑混凝土的间隔时间。

(4) 钻孔灌注桩钢筋笼上浮

1) 原因分析

① 混凝土初凝和终凝时间太短，使孔内混凝土过早结块，当混凝土面上升至钢筋骨架底时，结块的混凝土托起钢筋骨架；

② 清孔时孔内泥浆悬浮的砂粒太多，混凝土灌注过程中砂粒回沉在混凝土面上，形成较密实的砂层，并随孔内混凝土逐渐升高，当砂层上升至钢筋骨架底部时托起钢筋骨架；

③ 混凝土灌注至钢筋骨架底部时，灌注速度太快，造成钢筋骨架上浮。

2) 预防措施

① 除认真清孔外，当灌注的混凝土面距钢筋骨架底部 1m 左右时，应降低灌注速度。当混凝土面上升到骨架底口 4m 以上时，提升导管，使导管底口高于骨架底部 2m 以上，然后恢复正常灌注速度；

② 浇筑混凝土前，将钢筋笼固定在孔位护筒上，可防止上浮。

(5) 导管进水

1) 原因分析

① 首批混凝土储量不足，或虽混凝土储量已够，但导管底口距孔底的间距过大，混凝土下落后不能埋设导管底口，以至泥水从底口进入；

② 导管接头不严，接头间橡皮垫被导管高压气囊挤开，或焊缝破裂，水从接头或焊缝中贯入；

③ 导管提升过猛，或测探出错，导管底口超出原混凝土面，底口涌入泥水。

2) 预防措施

① 应按要求对导管进行水密性能承压实验；

② 将导管提出，将散落在孔底的混凝土拌合物用反循环钻机的钻杆通过空压机吸出，不得已时需将钢筋笼提出采取复钻清除，重新灌注；

③ 若是第二、三种情况，拔换原管下新管，或用原导管插入续灌，但灌注前应将进入导管内的水和沉淀土用吸泥和抽水的方法吸出，如系重下新管，必须用潜水泵将管内的水抽干，才可继续灌注混凝土，导管插入混凝土内应有足够的深度，大于 2m。续灌的混凝土配合比应增加水泥量，提高稠度后灌入导管内。

（6）孔底沉渣过厚或灌注混凝土前孔内泥浆含砂量过大

1）原因分析

① 清孔泥浆质量差，清孔无法达到设计要求；

② 测量方法不当造成误判；

③ 钢筋笼吊放未垂直对中，碰刮孔壁泥土坍落孔底；

④ 清孔后待灌时间过长，泥浆沉淀。

2）预防措施

① 在含粗砂、砾砂和卵石的地层钻孔，有条件时应优先采用泵吸反循环清孔；

② 当采用正循环清孔时，前阶段应采用高黏度浓浆清孔，并加大泥浆泵的流量，使砂石粒能顺利地浮出孔口；

③ 孔底沉渣厚度符合设计要求后，应把孔内泥浆密度降至 1.1～1.2g/cm^2；

④ 要准确测量孔底沉渣厚度，首先需准确测量桩的终孔深度，应采用丈量钻杆长度的方法测定，取孔内钻杆长度十钻头长度，钻头长度取至钻尖的 2/3 处。

⑤ 钢筋笼要垂直缓放入孔，避免碰撞孔壁。

⑥ 清孔完毕立即灌注混凝土。

⑦ 采用导管二次清孔，冲孔时间以导管内侧量的孔底沉渣厚度达到规范规定为准；提高混凝土初灌时对孔底的冲击力；导管底端距孔底控制在 40～50cm。

（7）桩身混凝土夹渣或断桩

1）原因分析

① 初灌混凝土量不够，造成初灌后埋管深度太小或导管根本就没有进入混凝土；

② 混凝土灌注过程拔管长度控制不准，导管拔出混凝土面；

③ 混凝土初凝和终凝时间太短，或灌注时间太长，使混凝土上部结块，造成桩身混凝土夹渣；

④ 清孔时孔内泥浆悬浮的砂粒太多，混凝土灌注过程中砂粒回沉在混凝土面上，形成沉积砂层，阻碍混凝土的正常上升，当混凝土冲破沉积砂层时，部分砂粒及浮渣被包入混凝土内。严重时可能造成堵管事故，导致混凝土灌注中断。

2）预防办法

导管的埋置深度宜控制在 2～6m 之间。混凝土灌注过程中拔管应有专人负责指挥，并分别采用理论灌入量计算孔内混凝土面和重锤实测孔内混凝土面，取两者的低值来控制拔管长度，确保导管的埋置深度≥2m。单桩混凝土灌注时间宜控制在 1.5 倍混凝土初凝时间内。

2. 墩台、盖梁常见质量问题、原因分析及预防处理方法

（1）混凝土出现蜂窝

1）质量问题及现象

混凝土结构局部出现酥松、砂浆少、石子多、石子之间形成空隙类似蜂窝状的窟窿。

2）原因分析

① 混凝土配合比不当或砂、石子、水泥材料加水量计量不准，造成砂浆少、粗骨料多；

② 混凝土搅拌时间不够，未拌合均匀，和易性差，振捣不密实；

③ 下料不当或下料过高，未设串筒使粗骨料集中，造成石子、砂浆离析；

④ 混凝土未分层下料，振捣不实，或漏振，或振捣时间不够；

⑤ 模板缝隙未堵严，水泥浆流失；

⑥ 钢筋较密，使用的粗骨料粒径过大或坍落度过小；

⑦ 施工缝处未进行处理就继续灌上层混凝土。

3）预防处理措施。

① 认真设计、严格控制混凝土配合比，经常检查，做到计量准确，混凝土拌合均匀，坍落度适合；混凝土下料高度超过2m应设串筒或溜槽；浇灌应分层下料，分层振捣，防止漏振；模板缝应堵塞严密，浇灌中应随时检查模板支撑情况，防止漏浆；混凝土浇筑间隔过长时应对施工缝进行处理后再继续浇筑；

② 蜂窝：洗刷干净后，用1∶2或1∶2.5水泥砂浆抹平压实；较大蜂窝，凿去蜂窝处薄弱松散颗粒，刷洗净后，支模采用比原设计强度等级高一级细石混凝土仔细填塞捣实，如有较深蜂窝清除困难，可埋压浆管、排气管，表面抹砂浆或灌筑混凝土封闭后，进行水泥压浆处理。

（2）混凝土出现麻面

1）质量问题及现象

混凝土局部表面出现缺浆和许多小凹坑、麻点，形成粗糙面，但无钢筋外露现象。

2）原因分析

① 模板表面粗糙、未进行打磨或粘附的水泥浆渣等杂物未清理干净，拆模时混凝土表面被粘坏；

② 木模板未浇水湿润或湿润不够，构件表面混凝土的水分被吸去，使混凝土失水过多出现麻面；

③ 模板拼缝不严，局部漏浆；

④ 模板隔离剂涂刷不匀，或局部漏刷或失效，混凝土表面与模板粘结造成麻面；

⑤ 混凝土振捣不实，气泡未排出，停在模板表面形成麻点。

3）预防处理措施

① 模板去面清理干净，不得粘有干硬水泥砂浆等杂物，浇灌混凝土前，模板应浇水充分湿润，模板缝隙，应用胶带纸、泡沫胶等堵严，模板隔离剂应选用长效的，涂刷均匀，不得漏刷；混凝土应分层均匀振捣密实，至排除气泡为止；

② 应在麻面部位浇水充分湿润后，用原混凝土配合比去石子砂浆，将麻面抹平压光。

（3）混凝土出现孔洞

1）质量问题及现象

混凝土结构内部有尺寸较大的空隙，局部没有混凝土或蜂窝特别大，钢筋局部或全部裸露。

2）原因分析

① 在钢筋较密的部位或预埋件处，混凝土下料被搁住，未振捣就继续浇筑上层混

凝土；

② 混凝土离析，砂浆分离，石子成堆，严重跑浆，又未进行振捣；

③ 混凝土一次下料过多，过厚，下料过高，振捣器振动不到，形成松散孔洞；

④ 混凝土内掉入器具、木块、泥块等杂物，混凝土被卡住。

3）预防处理措施

① 在钢筋密集处及复杂部位，像先简支后连续梁端等部位，应采用细石混凝土浇灌，在模板内充满，认真分层振捣密实，严防漏振，砂石中混有杂物等掉入混凝土内，应及时清除干净；

② 将预埋件周围的松散混凝土和软弱浆膜凿除，用压力水冲洗，湿润后用高强度等级细石混凝土仔细修补。

（4）混凝土浇筑时出现露筋

1）质量问题及现象

混凝土内部主筋或箍筋局裸露在结构构件表面。

2）原因分析

① 灌筑混凝土时，钢筋保护层垫块位移或垫块太少或漏放，致使钢筋紧贴模板外露；

② 结构构件截面小，钢筋过密，石子卡在钢筋上，使水泥砂浆不能充满钢筋周围，造成露筋；

③ 混凝土配合比不当，产生离析，靠模板部位缺浆或模板漏浆；

④ 混凝土保护层太小或保护层处混凝土漏振或振捣不实；或振捣棒撞击钢筋或踩踏钢筋，使钢筋位移，造成露筋；

⑤ 木模板未浇水湿润，吸水粘结或脱模过早，拆模时缺棱、掉角，导致漏筋。

3）预防处理措施

① 浇灌混凝土，应保证钢筋位置和保护层厚度正确，并加强检（试）验查，钢筋密集时，应选用适当粒径的石子，保证混凝土配合比准确和良好的和易性；浇灌高度超过2m，应用串筒或溜槽进行下料，以防止离析；模板应充分湿润并认真堵好缝隙；混凝土振捣严禁撞击钢筋，操作时，避免踩踏钢筋，如有踩弯或脱扣等及时调整直正；保护层混凝土要振捣密实；正确掌握脱模时间，防止过早拆模，碰坏棱角；

② 表面漏筋，刷洗净后，在表面抹1∶2或1∶2.5水泥砂浆，将漏筋部位抹平；漏筋较深时应凿去薄弱混凝土和松散颗粒，洗刷干净后，用比原来高一级的细石混凝土填塞压实。

（5）混凝土浇筑时出现缝隙、夹层

1）质量问题及现象

混凝土存在水平或垂直的松散混凝土夹层。

2）原因分析

① 施工缝或变形缝未经接缝处理、未清除表面水泥薄膜和松动石子，未除去软弱混凝土层并充分湿润就灌筑混凝土；

② 两层混凝土施工间隔时间过长；

③ 施工缝处混凝土浮屑、泥土、等杂物未清除或未清除干净；

④ 混凝土浇灌高度过大，未设串筒、溜槽，造成混凝土离析；

⑤ 桩柱交接处续接施工未凿毛处理。

3）预防处理措施

① 认真按施工验收规范要求处理施工缝及变形缝表面；接缝处浮浆等杂物应清理干净并洗净；混凝土浇灌高度大于2m应设串筒或溜槽，接缝处浇灌前应将接触面凿毛，以利结合良好，并加强接缝处混凝土的振捣密实；

② 缝隙夹层不深时，可将松散混凝土凿去，洗刷干净后，用1∶2或1∶2.5水泥砂浆填密实；缝隙夹层较深时，应清除松散部分和内部夹杂物，用压力水冲洗干净后支模，灌细石混凝土或将表面封闭后进行压浆处理。

3. 预制板、箱（T）梁常见质量问题、原因分析及预防处理方法

（1）空心板梁预制过程中芯模上浮

1）原因分析：防内模上浮定位措施不力

2）预防措施

① 若采用胶囊做内模，浇筑混凝土时，为防止胶囊上浮和偏位，应用定位箍筋与主筋联系加以固定，并应对称平衡地进行浇筑；同时加设通长钢带，在顶部每隔1m采用一道压杠压住钢带，防止上浮；

② 当采用空心内模时，应与主筋相连或压重（压杠），防止上浮；

③ 分两层浇筑，先浇筑底板混凝土；

④ 避免两侧腹板过量强振。

（2）预应力张拉时发生断丝和滑丝

1）原因分析

① 实际使用的预应力钢丝或预应力钢绞线直径有误，锚具与夹片不密贴，张拉时易发生断丝或滑丝；

② 预应力筋没有或未按规定要求梳理编束，使得钢束长短不一或发生交叉，张拉时造成钢丝受力不均，易发生断丝；

③ 锚夹具的尺寸不准，夹片的误差大，夹片的硬度与预应力筋不配套，易断丝和滑丝；

④ 锚圈设置位置不准，支撑垫块倾斜，千斤顶安装不正，会造成预应力钢束断丝；

⑤ 施工焊接时，把接地线接在预应力筋上，造成钢丝间短路损伤钢丝，张拉时发生断丝；

⑥ 把钢束穿入预留孔道内时间过长，造成钢丝锈蚀，混凝土灰浆留在钢束上，又未清理干净，张拉时产生滑丝；

⑦ 油压表失灵，造成张拉力过大，或张拉力增加过快，不均匀，易发生断丝。

2）预防措施

① 穿束前，预应力钢束必须按规定进行梳理编束，并正确绑扎；

② 张拉前锚夹具需按规范要求进行检（试）验，特别是对夹片的硬度一定要进行测定，不合格的予以调换；

③ 张拉预应力筋时，锚具、千斤顶安装要正确；张拉力应缓慢增加；

④ 当预应力张拉达到一定吨位后，如发现油压回落，再加油时又回落，这时有可能发生断丝，如果发生断丝，应更换预应力钢束，重新进行预应力张拉；

⑤ 焊接时严禁利用预应力筋作为接地线，不允许发生电焊烧伤波纹管与预应力筋；

⑥ 张拉前必须对张拉端钢束进行清理，如发生锈蚀应重新调换；

⑦ 张拉前要经相应资质检测部门准确检（试）验标定千斤顶和油压表；

⑧ 发生断丝后经设计验算后，考虑提高其他束的张拉力进行补偿；更换新束；利用备用孔增加预应力束。

（3）后张法施工压浆不饱满

1）原因分析

① 压浆时锚具处预应力筋间隙漏浆；

② 压浆时，孔道未清净，有残留物或积水；

③ 水泥浆泌水率偏大；

④ 水泥浆的膨胀率和稠度指标控制不好；

⑤ 压浆时压力不够或封堵不严；

⑥ 压浆时，大气温度较高。

2）预防措施

① 锚具外面预应力筋间隙应用环氧树脂、水泥浆等填塞，孔管连接处要密封；以免冒浆而损失压浆压力。封锚时应留排气孔；

② 孔道在压浆前应采用水压冲洗，以排除孔内粉渣杂物，保证孔道畅通；冲洗后用空压机吹去孔内积水，要保持孔道湿润，使水泥浆与孔壁结合良好；在冲洗过程中，若发现冒水，漏水现象则应及时堵塞漏洞，当发现有窜孔现象而不易处理时，应判明窜孔数量，安排几个串孔同时压浆，或某一孔道压浆后，立刻对相邻孔道用高压水进行彻底冲洗；

③ 正确控制水泥浆的各项指标，泌水率最高不超过3%，水泥浆中可掺入适当的铝粉等膨胀剂，铝粉的掺入量约为水泥用量的0.01%，水泥浆掺入膨胀剂后的自由膨胀应小于10%；

④ 压浆应缓慢，均匀进行，通常每一孔道宜于两端先后各压浆一次，对泌水率较小的水泥浆，通过实验证明可达到孔道饱满，可采取一次压浆的方法；

⑤ 保证压浆的压力，压浆应使用活塞式的压浆泵，压浆的压力以保证压入孔内的水泥浆密实为准，开始压力小逐渐增加，最大的压力一般为0.5～0.7MPa，当输浆管道较长或采用一次压浆时，应适当加大压力，梁体竖向预应力孔道的压浆最大的压力控制在0.3～0.4MPa，每个孔道压浆至最大压力后，应有一定的稳压时间，压浆应达到另一端和排气孔排出的水泥浆稠度符合规定为止，然后才能关闭出浆阀门。

4. 桥面铺装层常见质量问题、原因分析及预防处理方法

（1）水泥混凝土桥面铺装层的裂纹和龟裂

1）原因分析

① 砂石原材料质量不合格；

② 水泥混凝土铺装层与梁板结构未能很好地连结成为整体，有“空鼓”现象；

③ 桥面铺装层内钢筋网下沉，上保护层过大，钢筋网未能起到防裂作用；

④ 铺装层厚度不够；

⑤ 未按施工方案要求进行养护及封闭施工，桥面铺筑完成后养护不及时，在混凝土尚未达到设计强度时即开放交通，造成了铺装的早期破坏。

2）预防措施

① 严把原材料质量关，各类粗细骨料必须分批检（试）验，各项指标合格后方可使用，混凝土配料时砂子应过筛，石料也应认真进行筛分试验，拌合时确保计量准确，以保证混凝土质量；

② 为使桥面铺装混凝土与行车道板紧密结合成整体，在进行梁板顶面拉毛或机械凿毛，以保证梁板与桥面铺装的结合；

③ 浇筑桥面混凝土之前必须严格按设计重新布设钢筋网，以保证钢筋网上下保护层；

④ 严格控制桥梁上、下部结构施工标高，以保证桥面铺装层的厚度；

⑤ 水泥混凝土桥面铺装施工完成后必须及时覆盖和养护，并须在混凝土达到设计强度之后才能开放交通。

（2）沥青混凝土桥面铺装层的开裂和脱落

1）原因分析

① 设计标准偏低，厚度偏薄；

② 沥青混凝土铺装层漏水，在沥青混凝土与水泥混凝土中间形成一层水膜，在车辆荷载的反复作用下，两层分离，产生龟裂，造成脱落；

③ 上下粘层油未渗入到混凝土面层中，未起到粘结作用；

④ 施工碾压压实度不够。

2）预防措施

① 在设计时应保证沥青混凝土铺装层的厚度满足使用要求，对于高等级路（桥）面，厚度应大于 9cm；

② 沥青混凝土配比应采用密级配，确保沥青混凝土不渗水，同时在泄水孔的设计、施工时，保证泄水孔的顶面标高低于桥面水泥混凝土铺装层标高，确保一旦渗水可将渗下的水排出，以防止渗下的水浸泡沥青混凝土；

③ 施工前应对水泥混凝土桥面进行机械凿毛、清扫和冲洗，对尖锐突出物及凹坑应予打磨或修补，以保证桥面平整、粗糙、干燥、清洁；

④ 粘层油宜采用乳化沥青或改性沥青，洒布要均匀，确保充分渗入以起到粘结作用。

⑤ 施工时，沥青混凝土宜采用胶轮压路机及轻型双钢轮压路机组合压实，严格控制压实度，同时要加强检测，确保各项指标符合规范的规定。

5. 现浇混凝土结构裂缝产生的原因及预防处理方法

（1）裂缝分类

按深度的不同，裂缝可分为贯穿裂缝、深层裂缝及表面裂缝三种；

1）表面裂缝主要是温度裂缝，一般危害性较小，但影响外观质量；

2）深层裂缝部分地切断了结构断面，对结构耐久性产生一定危害；

3）贯穿裂缝是由混凝土表面裂缝发展为深层裂缝，最终形成贯穿裂缝，切断了结构的断面；可能破坏结构的整体性和稳定性，其危害性是较严重的。

（2）裂缝发生原因

1）水泥水化热影响

水泥在水化过程中产生了大量的热量，因而使混凝土内部的温度升高，当混凝土内部与表面温差过大时，就会产生温度应力和温度变形。温度应力与温差成正比，温差越大，温度应力越大，当温度应力超过混凝土内外的约束力时，就会产生裂缝。混凝土内部的温度与混凝土的厚度及水泥用量有关，混凝土越厚，水泥用量越大，内部温度越高。

2）内外约束条件的影响

混凝土在早期温度上升时，产生的膨胀受到约束而形成压应力。当温度下降，则产生较大的拉应力。另外，混凝土内部由于水泥的水化热而形成中心温度高，热膨胀大，因而在中心区产生压应力，在表面产生拉应力。若拉应力超过混凝土的抗拉强度，混凝土将会产生裂缝。

3）外界气温变化的影响

大体积混凝土在施工阶段，常受外界气温的影响。混凝土内部温度是由水泥水化热引起的绝热温度，浇筑温度和散热温度三者的叠加。当气温下降，特别是气温骤降，会大大增加外层混凝土与混凝土内部的温度梯度，产生温差和温度应力，使混凝土产生裂缝。

4）混凝土的收缩变形

混凝土中的80%水分要蒸发，约20%的水分是水泥硬化所必需的。而最初失去的30%自由水分几乎不引起收缩，随着混凝土的陆续干燥而使20%的吸附水逸出，就会出现干燥收缩，而表面干燥收缩快，中心干燥收缩慢。由于表面的干缩受到中心部位混凝土的约束，因而在表面产生拉应力而出现裂缝。

5）混凝土的沉陷裂缝

支架、支撑变形下沉会引发结构裂缝，过早拆除模板支架易使未达到强度的混凝土结构发生裂缝和破损。

（3）裂缝控制的主要措施

1）优化混凝土配合比

① 大体积混凝土因其水泥水化热的大量积聚，易使混凝土内外形成较大的温差，而产生温差应力，因此应选用水化热较低的水泥，以降低水泥水化所产生的热量，从而控制大体积混凝土的温度升高；

② 充分利用混凝土的中后期强度，尽可能降低水泥用量；

③ 严格控制集料的级配及其含泥量。如果含泥量大的话，不仅会增加混凝土的收缩，而且会引起混凝土抗拉强度的降低，对混凝土抗裂不利；

④ 选用合适的缓凝、减水等外加剂，以改善混凝土的性能。加入外加剂后，可延长混凝土的凝结时间；

⑤ 控制好混凝土坍落度，不宜过大，一般在120±20mm即可。

2）浇筑与振捣措施

采取分层浇筑混凝土，利用浇筑面散热，以大大减少施工中出现裂缝的可能性。选择浇筑方案时，除应满足每一处混凝土在初凝以前就被上一层新混凝土覆盖并捣实完毕外，还应考虑结构大小、钢筋疏密、预埋管道和地脚螺栓的留设、混凝土供应情况以及水化热等因素的影响，常采用的方法有以下几种：

① 全面分层：即在第一层全面浇筑完毕后，再回头浇筑第二层，此时应使第一层混凝土还未初凝，如此逐层连续浇筑，直至完工为止。采用这种方案，结构的平面尺寸不宜太大，施工时从短边开始，沿长边推进比较合适。必要时可分成两段，从中间向两端或从两端向中间同时进行浇筑；

② 分段分层：混凝土浇筑时，先从底层开始，浇筑至一定距离后浇筑第二层，如此依次向前浇筑其他各层，由于总的层数较多，所以浇筑到顶后，第一层末端的混凝土还未初凝，又可以从第二段依次分层浇筑。这种方案适用于单位时间内要求供应的混凝土较少，结构物厚度不太大而面积或长度较大的工程；

③ 斜面分层：要求斜面的坡度不大于 1/3，适用于结构的长度大大超过厚度 3 倍的情况。混凝土从浇筑层下端开始，逐渐上移。混凝土的振捣也要适应斜面分层浇筑工艺，一般在每个斜面层的上、下各布置一道振动器。上面的一道布置在混凝土卸料处，保证上部混凝土的捣实。下面一道振动器布置在近坡脚处，确保下部混凝土密实。随着混凝土浇筑的向前推进，振动器也相应跟上。

3）养护措施

混凝土养护的关键是保持适宜的温度和湿度，以便控制混凝土内外温差，促进混凝土强度的正常发展的同时防止混凝土裂缝的产生和发展。混凝土的养护，不仅要满足强度增长的需要，还应通过温度控制，防止因温度变形引起混凝土开裂。

混凝土养护阶段的温度控制措施：

① 混凝土的中心温度与表面温度之间、混凝土表面温度与室外最低气温之间的差值均应小于 20℃；当结构混凝土具有足够的抗裂能力时，不大于 25～30℃；

② 混凝土拆模时，混凝土的表面温度与中心温度之间、表面温度与外界气温之间的温差不超过 20℃；

③ 采用内部降温法来降低混凝土内外温差。内部降温法是在混凝土内部预埋水管，通入冷却水，降低混凝土内部最高温度。冷却在混凝土刚浇筑完时就开始进行。还有常见的投毛石法，也可以有效控制混凝土开裂；

④ 保温法是在结构外露的混凝土表面以及模板外侧覆盖保温材料（如草袋、锯木、湿砂等）。在缓慢地散热过程中，保持制混凝土的内外温差小于 20℃。根据工程的具体情况，尽可能延长养护时间，拆模后立即回填或再覆盖保护，同时预防近期骤冷气候影响，防止混凝土早期和中期裂缝。

6. 桥头“跳车”的产生原因分析与治理要点

（1）质量问题及现象

台背路基出现沉降、凹陷、伸缩缝破损、台背部位错台等。

（2）原因分析

桥头跳车的主要原因为桥头搭板搭板的一端搭在桥台牛腿上，基本无沉降，而另一端则置于路堤上，随路堤的沉降而下沉，使之在搭板的前后端形成较大的沉降坡差，当沉降到达一定数量时，就会引起跳车。主要原因有：

1）台背填土施工工作面窄小，适合的施工机械少，多数台背回填为人工配合振动平板夯回填，这是台背填土下沉的重要因素。

2）填土范围控制不当，台背填土与路基衔接面太陡。

3）填料不符合要求，且未采取相应技术措施。

4）铺筑层超厚，压实度不够。

5）挖基处理不当。

6）桥头部位的路基边坡失稳。

（3）预防措施

1）无软基路段：无软基路段产生桥头跳车基本上属于台背回填的质量问题。因此，必须在施工管理、工艺、质量控制上下功夫予以解决这一通病。

① 编制作业指导书，落实专人专管责任。桥头路堤填筑应专门编制作业指导书，按照设计和规范要求，合理安排施工计划、填料具体的质量要求、施工操作工艺、自检内容和要求等，并指定专人对材料质量和关键工序进行专管及自检控制；

② 做好施工现场的排水工作。两侧边沟断面尺寸符合设计要求，排水畅通，桥台处路堤下部设置的排水盲沟系统完整到位，材料不受污染。排水层与一般填料层同步填筑碾压；

③ 对大型碾压机械作用不到的部位，如台背处及路基边缘等局部区域，应采用小型碾压机具或人工夯击辅助压实。分层填筑砂砾（石），控制最佳含水量和铺筑层厚，最大填筑厚度不超过 20cm，确保压实度符合标准规定；

④ 填料优先选用砂类土或透水性土，当采用非透水性土时应适当增加石灰、水泥等稳定剂，改善处理。

2）软基路段地基处理要点：严格施工顺序，保证材料质量，专业队伍施工，质量措施有力。

① 施工顺序：无论采取何种处理方式，首先应是开沟排水（沟深、沟宽符合设计要求），再清基整平。对于打设排水体处理地基的，则在铺设下半层砂砾层后才能打设排水体，排水体顶端应按设计要求预留一定的长度（30cm 左右），最后再铺设土工织物（有的话）和上半层砂砾层；对于采用水泥搅拌桩处理地基的，则在地基整平后，采用轻型碾压机械适当整平碾压原地面，使之符合规定要求后，再作地基的搅拌处理；对于采用粉煤灰填筑路段，由于粉煤灰为渗透性材料，并具有一定的污染性，因此，基底设置隔（排）水层和两侧用黏土防护很重要。基底隔（排）水层横向贯通，桥台路堤两侧黏土防护层，水平宽度不小于 150cm，要求填心的粉煤灰和边侧的黏性土同步摊铺碾压，施工横坡不小于 3%；

② 材料质量：所有被用于地基处理的材料包括排水体（如塑料排水板、袋装砂井的砂袋、砂子、灌装质量等）和石灰、水泥、土工材料等，都必须按设计和规范要求的质量

指标采购、堆放，严禁遭到污染或使用过期产品。塑料排水板和砂袋（聚丙烯材料）应避免紫外线直接照射，堆放时要做好覆盖工作；

③ 质量措施：对于塑料排水板和袋装砂井处理时，常见的问题有：导管倾斜，使排水体入土偏位倾斜；拔管带出淤泥污染砂砾层；排水体顶端预留长度不足或预留段遭泥土污染等。对此，要求由地基处理专业队伍施工，其机械设备应尽量选择行走系统比较完备、功率较大并能确保插入板体或板（井）体不扭曲、不污染。插板前机座整平要由仪器监测，插入导管长度必须保证处理深度（插入深度等于处理深度＋回带长度＋砂砾层厚）。对于拔管带出的泥土要即时清除，顶部预留段应及时弯折埋没于砂砾层中，使之与砂砾排水层连为一体；

④ 土工织物铺设时，存在的主要问题是绷拉不紧、搭接不规范或宽度不够、覆土和碾压方向不对等。对此施工要求做到绷紧拉直；采用缝制拼接时，拼缝强度不小于本体的同向强度；土工织物上覆土填筑应从路基，中间向横向两侧展开，并同向碾压，这样，能使下设土工织物绷得更紧。土工织物的两侧回折长度应不小于 2.0m；

⑤ 搅拌桩处理时，存在的主要问题是桩体上下喷粉（或浆液）不匀、下部水泥剂量不足、上下部强度差异大等。对此，要求施工设备中必须配有自动记录的计量系统，对于粉喷桩推荐采用双相称重计量系统装置（即在灰罐口和插入导杆顶部均有喷粉记录装置）。施工时，先正旋钻头喷气下沉预搅至桩底标高以下，然后，反旋钻头喷粉（成浆）搅拌缓慢提升至设计停灰面，再钻进 1/2 桩深，自下往上复搅 1 次。施工前应先进行工艺试验桩，以摸索最佳工艺（气压、气量、喷灰（浆）量以及搅拌速度），待试桩测定满足设计要求后，再进行正常施工。

3）路基填筑要点：严格填料粒径和分层厚度，动态控制填筑速率；尽早预压，及时补方；排水通畅，防护适时。

① 路堤填筑与速率控制。地基处理完成后，应适时进行路堤填筑。对于排水处理地基的，可即时填筑；对于水泥土桩处理的，应在一个月后填筑路堤。填筑速率动态控制，对于填筑高度在极限高度以下时，填筑速率可适当快些，但沉降量必须严格控制在允许范围内。当填筑高度超过极限值时，则应由实测的垂直沉降和水平位移速率控制，只要日变形量不大于控制值（沉降不大于 10mm/d，位移不大于 3mm/d）一般可以正常填筑；若日变形量（沉降和位移）陡增，就必须增加测试频率，分析原因；并及时采取必要的措施（如停止加载、卸载等）；若日沉降速率大于控制标准，而水平位移量未超过控制标准，则应减缓填土速率，加强对位移的观测和分析，只要位移速率不增大、无异常现象，填筑可以正常进行。

② 填筑时不能污染护坡道外的砂砾排水层，填筑宽度应按设计的施工坡率控制。摊铺时拉线控制摊铺厚度，拉线定位要经常自检。

③ 位移观测。对于路堤施工的安全稳定来说，水平位移的观测显得比垂直沉降观测更重要。施工单位必须重视位移观测。对不按规定埋设位移观测桩和不进行观测，或观测不正常或观测数据整理不及时的施工单位，应责令停工整改，对屡教不改的要通报批评，甚至清退出场。

④ 预压与沉降补方：填土预压时间越长，工后沉降就越小。因此，对有预压要求的路段，尤其是桥头路段和与箱涵相接路段，在施工安排上应尽可能早地安排堆载预压。堆

载顶面要干整密实有横坡。沉降后应及时补方，一次补方厚度不应超过一层填筑厚度，并适当压实。对地基稳定性较好的路段，也可按预测沉降随路堤填筑一次抛填到位。但对于在预压期间低于原定预压标高以下的均需及时补填。对此，施工单位应按施工方案测定并向有关方面报告。严禁在预压后期补填，或在路面施工时一次补填的做法（这样会引起过大的沉降发生）。

⑤ 两次开挖与回填：开挖断面尺寸应符合设计要求。按设计要求开挖并放样，开挖材料不宜堆放在开挖场地周边，如需暂存，应经安全验算。靠路堤端按设计图纸以台阶形式向下开挖。开挖分两次，第一次开挖至砂砾层顶面以上一层填土顶面（以保护砂砾层），待桥台桩柱施工后，清除桥桩施工的一些杂土杂物，然后再作第二次开挖，挖去靠桥台侧砂砾层顶面原填土，设置盲沟排水系统，再按设计要求的材料和路堤结构进行回填。回填材料的粒径和分层填筑厚度要严格按设计要求控制。回填区仍要求采用大型碾压机具碾压，对于压实较难的台背处和与原路堤连接部位，应配合使用小型机具或人工辅助夯实。

⑥ 排水与防护：软基处理路段的排水极为重要，边沟不沟通、排水不畅或沟底积水都会影响软基处理效果，施工单位应将此作为自检重点。由于软基沉降有一个过程，需要一定的时间，故边沟、护坡道和桥头锥坡的防护应在地基沉降基本稳定或预压结束后进行，以避免由于沉降而使防护层变形、破坏或影响美观。

（4）处理措施

对已经出现下沉苗头的台背，可采用注浆加固等措施进行处理。

（四）城市管道工程常见质量问题、原因分析及预防处理方法

1. 管道基础下沉

（1）质量问题及现象

管道脱空、变形；基层混凝土浇筑后起拱、开裂，甚至断裂。

（2）原因分析

1）槽底土体松软、含水量高，土体不稳定，基础变形下沉；

2）地下水泉涌。当槽底土体遇有原暗浜或流砂现象，沟槽降水措施不良或井点失效，处理时间过长，直接造成已浇筑的水泥混凝土基础拱起甚至开裂；

3）明水冲刷。在浇筑水泥混凝土基础过程中突遇强降水，地面水大量冲入沟槽，使水泥浆流失，水泥混凝土结构损坏。另一种情况是在下游铺设水泥混凝土基础时，其上游来水浸渍沟槽，由于未采取有效的挡水措施，使上游地下水流入下游槽内，造成水泥混凝土基础破坏；

4）土基压实度不合格，基础施工所用的水泥混凝土强度不合格；

5）基座厚度偏差过大，不符合设计要求；

6）混凝土养护未按规定进行，养护期不够。

（3）预防措施

1）管道基础浇筑，首要条件是沟槽开挖与支撑符合标准。沟槽排水良好、无积水；

槽底的最后土应在铺设碎石或砾石砂垫层前挖除，避免间隔时间过长；

2）采用井点降水，应经常观察水位降低程度，检查漏气现象以及中点泵机械故障等，防止井点降水失效；

3）水泥混凝土拌制应使用机械搅拌，级配正确，控制水胶比；

4）在雨季浇筑水泥混凝土时，应准备好防雨措施；

5）做好每道工序的质量检（试）验，宽度、厚度不符合设计要求，应予返工重做；

6）控制混凝土基础浇筑后卸管、排管的时间，根据管材类别、混凝土强度和当时气温情况决定，若施工平均气温在4℃以下，应符合冬期施工要求。

（4）纠正措施

1）混凝土基础因强度不足或遭到破坏，最好返工重做，按设计要求重新浇筑；

2）如因土质不良，地下水位高，发生起拱或管涌造成混凝土基础破坏，则必须采取人工降水措施或修复井点系统，待水位降至沟槽基底以下时，再重新浇筑水泥混凝土；

3）局部起拱、开裂，采取局部修补；凿毛接缝处，洗净后补浇混凝土基础；必要时采用膨胀水泥。

2. 管道接口渗漏水、闭水试验不合格

（1）产生原因：基础不均匀下沉，管材及其接口施工质量差、闭水段端头封堵不严密、井体施工质量差等原因均可产生漏水现象。

（2）防治措施

1）管道基础条件不良将导致管道和基础出现不均匀沉陷，一般造成局部积水，严重时会出现管道断裂或接口开裂。预防措施是：

① 认真按设计要求施工，确保管道基础的强度和稳定性。当地基地质水文条件不良时，应进行换土改良处治，以提高基槽底部的承载力；

② 如果槽底土壤被扰动或受水浸泡，应先挖除松软土层，对超挖部分用砂砾石或碎石等稳定性好的材料回填密实；

③ 地下水位以下开挖土方时，应采取有效措施做好抗槽底部排水降水工作，确保干槽开挖，必要时可在槽坑底预留20cm厚土层，待后续工序施工时随挖随清除。

2）混凝土管材质量差，存在裂缝或局部混凝土松散，抗渗能力差，容量产生漏水。因此要求：

① 所用管材要有合格证和厂方试验报告等资料；

② 管材外观质量要求表面平整无松散露骨和蜂窝麻面现象；

③ 安装前再次逐节检查，对已发现或有质量疑问的应责令退场或经有效处理后方可使用。

3）化工建材管进场应复验，环刚度和含灰量应符合标准规定。

4）管接口填料及施工质量差，管道在外力作用下产生破损或接口开裂。防治措施：

① 选用质量良好的接口填料并按试验配合比和合理的施工工艺组织施工；

② 抹带施工时，接口缝内要洁净，必要时应凿毛处理，再按照施工操作规程认真施工；

③ 选用的橡胶止水带（密封圈）物理性能必须符合规范规定，其质量应符合耐酸、

耐碱、耐油以及几何尺寸标准；

④ 铺设管道安放橡胶止水带应谨慎小心，就位正确，橡胶圈表面均匀涂刷中性润滑剂，合龙时两侧应同步拉动，不使扭曲脱槽。

5）检查井施工质量差，井壁和与其连接管的结合处渗漏，预防措施：

① 检查井砌筑砂浆要饱满，勾缝全面不遗漏；抹面前清洁和湿润表面，抹面时及时压光收浆并养护；遇有地下水时，抹面和勾缝应随砌筑及时完成，不可在回填以后再进行内抹面或内勾缝；

② 与检查井连接的管外表面应先湿润且均匀刷一层水泥原浆，并坐浆就位后再做好内外抹面，以防渗漏。

6）规划预留支管封口不密实，因其在井内而常被忽视，如果采用砌砖墙封堵时，应注意做好以下几点：

① 砌筑前应把管口 0.5m 左右范围内的管内壁清洗干净，涂刷水泥原浆，同时把所用的砖块润湿备用；

② 砌筑砂浆强度等级应不低于 M7.5，且具良好的稠度；

③ 勾缝和抹面用的水泥砂浆强度等级不低于 M15。管径较大时应内外双面较小时只做外单面勾缝或抹面。抹面应按防水的 5 层施工法施工；

④ 一般情况下，在检查井砌筑之前进行封砌，以利保证质量。

7）闭水试验是对管道施工和材料质量进行全面的检（试）验，其间难免出现一次不合格现象。这时应先在渗漏处一一作好记号，在排干管内水后进行认真处理。对细小的缝隙或麻面渗漏可采用水泥浆涂刷或防水涂料涂刷，较严重的应返工处理。严重的渗漏除了更换管材、重新填塞接口外，还可请专业技术人员处理。处理后再做试验，如此重复进行直至闭水合格为止。

3. 回填土不密实

（1）回填土不密实的成因

碾压设备选择不当，超厚回填，填土土质不符合要求，带水回填，回填冻块土和在冻槽上回填，不按段落分层夯实。回填不密实，工后容易出现过大沉降，造成管道密封失效或路面在管道位置出现不均匀沉降甚至开裂。

（2）成因与防治措施

1）超厚回填：超厚回填是沟槽回填土或路基填方不按规定的虚铺厚度回填，或未按规定的分层厚度回填。采取防止措施是：加强技术交底环节，使施工技术人员和操作人员了解分层压实的必要性，严格操作要求。严格质量管理，每回填一层，进行检查，使沟槽回填土及路基填方的虚铺厚度不超过有关规定，使每层压实度达到规范规定。

2）填土不符合要求：填土不符合要求主要有：挟带有机物或过湿土回填，挟带大块回填，如：在填土中含有树根、木块、杂草或有机垃圾等杂物，或含有大石块、大硬块等。采取防止措施是：严格管理，在填土前技术交底中向操作者讲明挟带大块及有机杂质的危害，使操作者能自觉遵守。沟槽回填前，应将槽底木料、草帘等杂物清除干净，路基填筑前清除地面杂草、淤泥等，过湿土及含有机质的土一律不得使用，过湿土经过晾晒或掺加干石灰粉，降低至接近最佳含水量时再进行摊铺压实。

3）带水回填：带水回填是在沟槽回填土中，积水未排除，带泥水回填作业。采取防止措施：排除积水，清除淤泥疏干槽底，再进行分层回填压实，有降水措施的沟槽，在回填夯实完毕，再停止降水，排除积水有困难时，将淤泥清除干净，再分层回填砂或砂砾，在最佳含水量下进行夯实。

4）回填冻块土和在冻槽上回填：冬期施工回填土时回填冻土块或在已结冻的底层上回填，膨胀的冻块融解，在填土层中形成许多空隙，不能达到填土层均匀密实，土体结冻、体积膨胀。采取防止措施：按规范要求，道路下沟槽回填土“当年修路者，不得回填冻土”，要掏挖堆存土下层不冻土回填，如堆存土全部冻结或过湿，应换土回填。回填的沟槽如受冻，应清除冻层后回填，在暂时停顿或隔夜继续回填的底层上要覆盖保温。

5）不按段落分层夯实：容易造成接槎处碾压不实，分层超厚处密实度不达标，边角处漏夯等都会造成路基日后不均匀沉降，路面变形。采取措施：按规范要求分段、水平、分层回填，段落的端头每倒退台阶长度不小于 1m，在接填下一段时碾轮要与上一段碾压过的端头重叠。槽边弯曲不齐，将槽边切齐，使碾轮靠近碾压，对于检查井周边或其他构筑物附近的边角部位，应用轻型平板振动设备夯实。

（3）根据沉降破坏程度采取相应的措施

1）不影响其他构筑物的少量沉降可不做处理或只做表面处理，如沥青路面上可采取局部填补以免积水；

2）如造成其他构筑物基础脱空破坏的，可采用泵压灌注水泥浆填充；

3）如造成结构破坏的应挖除不良填料，换填稳定性能好的材料，经压实后再修复损坏的构筑物。

4. 管道基础尺寸线形偏差

（1）现象

边线不顺直，宽度、厚度不符合设计要求。

（2）原因分析

1）挖土操作不注意修边，产生上宽下窄现象，直至沟槽底部宽度不足。

2）采用机械挖土，逐段开挖时未及时进行直线控制校正，造成折点，或宽窄不一。

3）测量放样沟槽中心线，引用导线校核或路中心校核不准确或计量不标准、读数错误等造成管道轴线错误。

（3）预防措施

1）在采用横列板撑时，注意整修槽壁保持垂直，必要时应用垂球挂线校验。

2）严格测量放样复核制，特别是轴线放样，应由质检人员复核和监理人员复核。

3）施工人员可以在沟槽放样时给规定槽宽留出适当余量，一般两边再加放 5～10cm，以防止因上宽下窄造成底部基础宽度不够。

（4）纠正措施

1）如采用横列板支撑发生上宽下窄，造成混凝土基础宽度不足时，需将突出的横列板自下而上逐档换撑、铲边修正，直至满足基础宽度为止。

2）属于测量放样错误导致管道轴线不准确时，应经复检确认后重新测设轴线。

3）返工返修，按设计要求重新放线，重新开挖沟槽。

5. 管道基础标高偏差

（1）现象

当管道基础铺设后发现基础高度不符合设计要求，特别是重力流管道发生倒坡时，必须返工重做。

（2）原因分析

1）水准点（B. M）、临时水准点（T. B. M）数据应引自国家或当地省市级水准网。

2）测量用的水准仪超过检（试）验校正期限及使用方法不当造成管道基础标高有误。

3）控制管道高程用的样板架（俗称龙门板）发生走动及样尺使用不当。

4）相邻施工段的双方使用的水准点，数值未相互检测统一，各自使用自身临时水准点，使施工衔接处产生误差。

（3）预防措施

1）如设计图出图后，相隔数年再施工时，应向当地测绘管理部门查询所引用的水准点数值有否变动，如有变动，应按调整后的数值测放临时水准点，并进行闭合复测。

2）水准仪等测绘仪器应保证在校正有效期内使用。

3）测量人员应互检，避免读尺或计算错误，严格测量放样复核制度。

4）测放高程的样板，应坚持每天复测，样板架设置必须稳固，不准将样板钉在沟槽支撑的竖列板上。

5）两个以上施工单位，在相邻施工段施工，事前应相互校对测量用的水准点、务必达到统一数值，避免双方衔接处发生高差。

（4）纠正措施

一旦发生管道基础高程错误，如误差在验收规范允许偏差范围内，则可作微小的调整；超过允许偏差范围必须拆除基础返工重做。

6. 管道铺设偏差

（1）现象

管道不顺直、水力坡度错误、管道位移、沉降等。

（2）原因分析

1）管道轴线线形不直，又未予纠正。

2）标高测放误差，造成管底标高不符合设计要求，甚至发生水力坡度错误。

3）稳管垫块放置的随意性，使用垫块与施工方案不符，致使管道铺设不稳定，接口不顺，影响流水畅通。

4）承插管未按承口向上游、插口向下游的安放规定。

5）管道铺设轴线未控制好，产生折点，线形不直。

6）铺设管道时未按每节（根）管用水平尺校验及用样板尺观察高程。

（3）预防措施

1）在管道铺设前，必须对管道基础仔细复核，复核轴线位置、线形以及标高是否与设计标高吻合。如发现有差错，应给予纠正或返工。切忌跟随错误的管道基础进行铺设。

2）稳管用垫块应事前按施工方案预制成形，安放位置准确。使用三角形垫块，应将斜面作底部，并涂抹一层砂浆，以加强管道的稳定性。预制的管枕强度和几何尺寸应符合设计标准，不得使用不标准的管枕。

3）管道铺设操作应从下游向上游敷设，承口向上游，切忌倒向排管、安管。

4）采取边线控制排管时所设边线应紧绷，防止中间下垂；采取中心线控制排管时应在中间铁撑柱上画线，将引线扎牢，防止移动，并随时观察，防止外界扰动。

5）每节（根）管应先用样尺与样板架观察校验，然而再用水准尺检（试）验落水方向。

6）在管道铺设前，必须对样板架再次测量复核，符合设计高程后开始稳管。

（4）纠正措施

一旦发生管道铺设错误，如误差在验收规范允许偏差范围内，则一般作微小调整即可，超过允许偏差范围，只有拆除返工重做。

7. 顶管中心线、标高偏差

（1）现象

顶管过程中，中心线标高的偏差超过允许值，导致顶力增加。

（2）原因分析

工作坑后背不垂直，后背土质不均匀，管道中心线出现偏移；导轨安装中心线偏差大，导轨高程偏差大，导轨不稳固，导轨不直顺；工作坑基础不稳定，顶管过程中出现不均匀下沉；顶管过程中检测频率少，出现偏差后，未及时处理或者处理不当。遇到软土，地下水位增高或者遇到滞水层，首节管向下倾斜，使高程误差增大。

（3）预防措施

1）顶管后背墙，按照规范规定计算最大顶力，且进行强度和稳定性验算，保证整个后背具有足够的刚度和足够的强度。

2）导轨本身在安装前必须进行直顺度检（试）验，安装后对中心线、轨距、坡度、高程进行验收，安装必须平行、牢固。

3）导轨基础形式，取决于工作坑的槽底土质，管节重量及地下水等条件，必须按照施工方案要求进行铺设。

4）千斤顶安装前进行校验，以确保两侧千斤顶行程一致，千斤顶安装时，其布置要与管道中心线轴线相对称，千斤顶要放平、放安稳。

5）首节管入土前，严格进行中心线和高程的检（试）验，每顶进 30cm，必须对管道的中心线和高程进行检测。

6）采取降水措施，将软土中的水位降低或者将滞水抽干。

（4）纠正措施

人工顶管时发生偏差不超过 10～20mm 时，宜采用超挖的方法进行纠偏；偏差大于

20mm 时，宜采用木杠支顶或者千斤顶支顶法；发生严重偏差时，如果顶进长度较短，可采用拔出管道后重新顶进管道，如果顶进长度较长，宜增加工作坑进行补救。

机械顶管时，应在出井（坑）段试顶，取得试验参数后正式顶进并及时调整纠偏。

8. 金属管道焊缝外形尺寸不符合要求

（1）问题表现

焊缝外形高低不平；焊波宽窄不齐；焊缝增高量过大或过小；焊缝宽度太宽或太窄；焊缝和母材之间的过渡不平滑等，如图 6-1 所示。

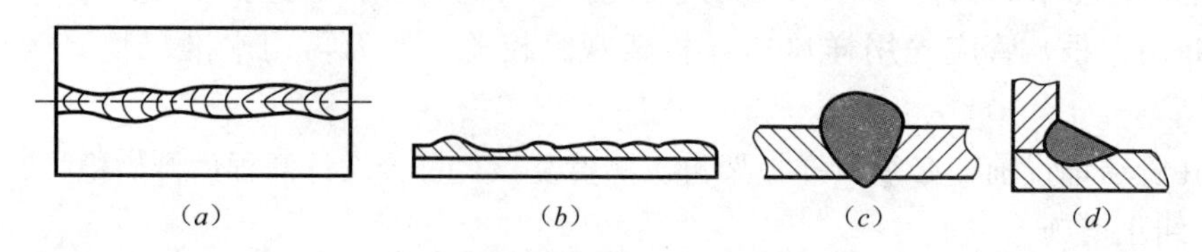

图 6-1　焊缝尺寸不符合要求

(a) 焊波宽窄不齐；(b) 焊缝高低不平；

(c) 焊缝与母材过渡不平滑；(d) 焊脚尺寸相差过大

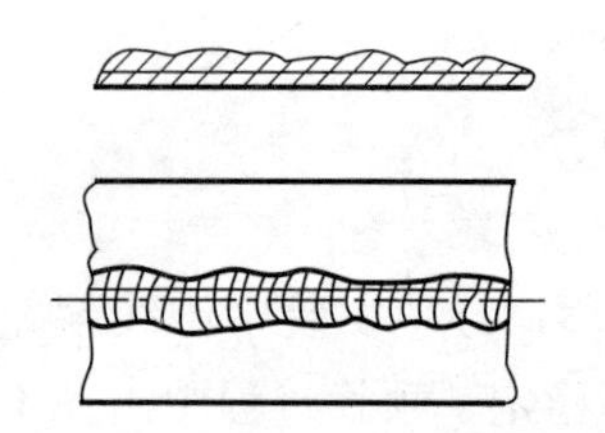

图 6-2　焊缝外形尺寸缺陷

（2）原因分析

焊缝成型不好，出现高低不平、宽窄不匀的现象，如图 6-2 所示。产生这种现象的原因主要是焊接工艺参数选择不合理或操作不当，或者是在使用电焊时，选择电流过大，焊条熔化太快，从而不易控制焊缝成型。

（3）正确做法

选择合理的坡口角度（45°为宜）和均匀的装配间隙（2mm 为宜）；保持正确的运条角度匀速运条；根据装配间隙变化，随时调整焊速及焊条角度；视钢板厚度正确选择焊接工艺参数。焊缝尺寸要求见表 6-1～表 6-3。

二、三级焊缝外观质量标准（单位：mm）　　表 6-1

项　目	允许偏差	
缺陷类型	二级	三级
未焊满（指不足设计要求）	≤0.2+0.02t，且≤1.0	≤0.2+0.04t，且≤2.0
	每 100.0 焊缝内缺陷总长≤25.0　（100.0mm）	
根部收缩	≤0.2+0.02t，且≤1.0	≤0.2+0.04t，且≤2.0
	长度不限	
咬边	≤0.05t 且≤0.5；连续长度≤100、0，且焊缝两侧咬边总长≤10%焊缝全长	≤0.1t 且≤1.0，长度不限
弧坑裂纹	—	允许存在个别长度≤5.0mm 的弧坑裂纹
电弧擦伤	—	允许存在个别电弧擦伤

续表

项　目	允许偏差	
接头不良	缺口深度 0.05t 且≤0.5	缺口深度 0.1t 且≤1.0
	每 1000.0mm 焊缝不应超过 1 处	
表面夹渣	—	深≤0.2t 长≤0.5t 且≤20.0mm
表面气孔	—	每 50.0mm 焊缝长度内允许直径≤0.4t，且≤3.0mm 的气孔 2 个，孔距≥6 倍孔径

注：表内 t 为连接处较薄的板厚。

对接焊缝及完全熔透组合焊缝尺寸允许偏差（单位：mm）　　表 6-2

序　号	项　目	图　例	允许偏差	
			一、二级	三级
1	对接焊缝余高 c	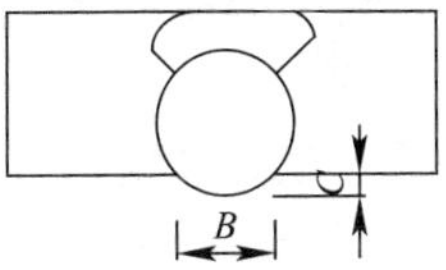 B　C	B<20：0～3.0 B≥20：0～4.0	B<20：0～4.0 B≥20：0～5.0
2	对接焊缝错边 d	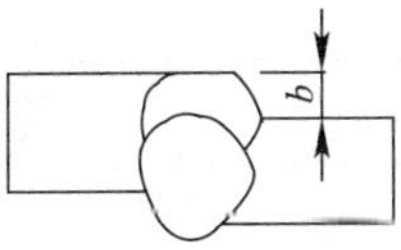 b	d<0.15t，且≤2.0	d<0.15t，且≤3.0

注：B 为焊缝规格。

部分焊透组合焊缝和角焊缝外形尺寸允许偏差（单位：mm）　　表 6-3

序　号	项　目	图　例	允许偏差
1	焊脚尺寸 h_f	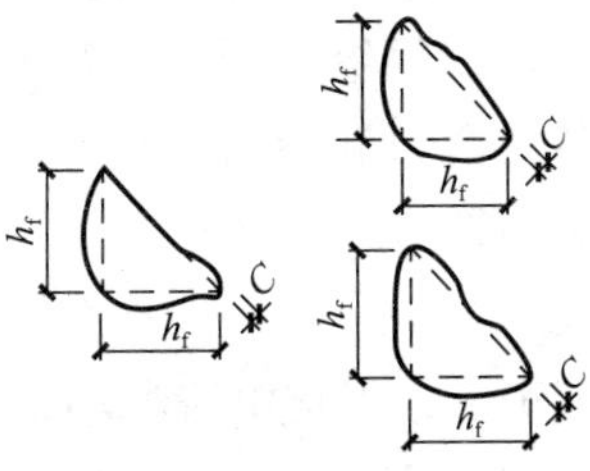 h_f　h_f　C	h_f≤6：0～1.5 h_f>6：0～3.0
2	角焊缝余高 c		h_f≤6：0～1.5 h_f>6：0～3.0

注：1. h_f>8.0mm 的角焊缝其局部焊脚尺寸允许低于设计要求值 1.0mm，但总长度不得超过焊缝长度 10%。
　　2. 焊接 H 形梁腹板与翼缘板的焊缝两端在其两倍翼缘板宽度范围内，焊缝的焊脚尺寸不得低于设计要求值。

9. 金属管道焊缝接口渗漏

（1）问题表现

管道通入介质后，在碳素钢管的焊口处出现潮湿、滴漏现象，这将严重影响管道使用功能和安全，应分析确定成因后进行必要的处理。

（2）成因分析

在管道焊接中，一般的小管径多采用气焊（一般管子壁厚应小于 4mm），大管径则采

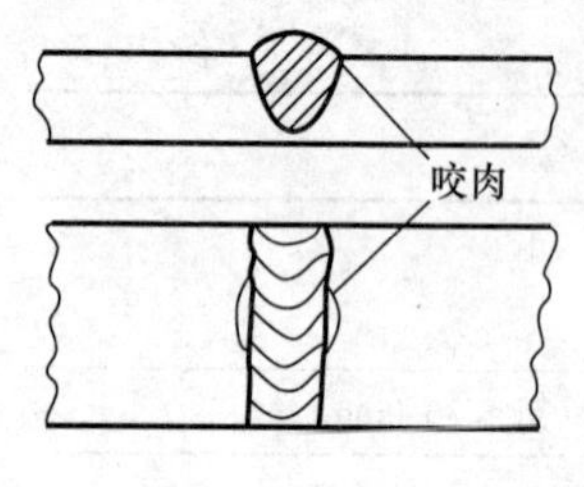

图 6-3　咬肉

用电弧焊接。但是，焊缝的质量缺陷大致分为两点：外部缺陷（一般用肉眼或低倍放大镜在焊缝外部可观察到）；内部缺陷（用破坏性试验或无损检测技术来探测）。

1）咬肉

在焊缝两侧与基体（母体）金属交界处形成凹槽，如图 6-3 所示。咬肉减小了焊缝的有效截面，因而降低了接缝的强度。同时还易产生压力集中，引起焊件断裂，所以这种现象必须加以限制。产生的原因主要是焊接工艺参数选择不合理，焊接时操作不当以及电焊时焊接电流过大。

2）未焊透

未焊透（满）是指母材与母材之间，或母材与熔敷金属之间局部未熔合（焊透）的现象，如图 6-4 所示。在电焊中产生未焊透的原因主要是电流强度不够，运条速度太快，从而不能充分熔合；对口不正确，如钝边太厚，对口间隙太小，根部就很难熔透；另外氧化铁皮及熔渣等也能阻碍层间熔合，焊条角度不对或电弧偏吹，从而造成电弧覆盖不到的地方就不易熔合；焊件散热速度太快，熔融金属迅速冷却，从而造成焊头之间未熔合等现象。

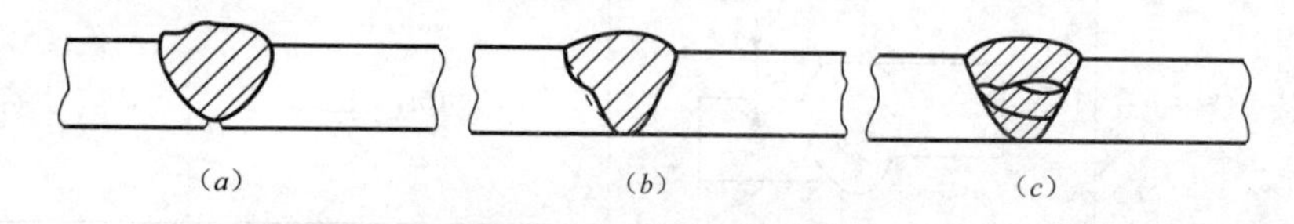

图 6-4　未焊透的类型

(a) 根部未焊透；(b) 边缘未焊透；(c) 层间未焊透

3）烧穿和凸瘤

所谓烧穿是指在焊缝底部形成穿孔，造成熔化金属往下漏的现象。特别是在焊薄壁管时，烧穿就更易出现。由于烧穿，就很容易形成根部凸瘤，如图 6-5 所示。这种缺陷同样会引起应力集中，降低接头强度，特别是凸瘤还能减小管道的内截面。

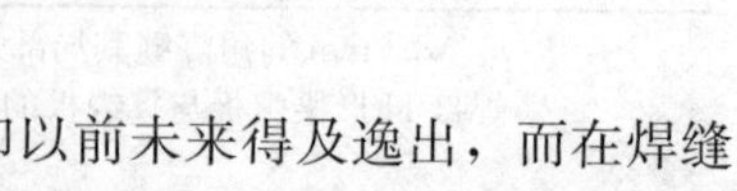

图 6-5　凸瘤

4）夹渣

焊件边缘及焊层之间清理不干净，焊接电流过小；熔化金属块凝固太快，熔渣来不及浮出；操作不符合要求，熔渣与钢水分离不清；焊件及焊条的化学成分不当等。

5）气孔

气孔是指在焊接过程中，焊缝金属中的气体在金属冷却以前未来得及逸出，而在焊缝金属内部或者表面都形成了孔穴。气孔的类型如图 6-6 所示，焊缝金属中存有气孔，能降低接缝的强度和严密性。

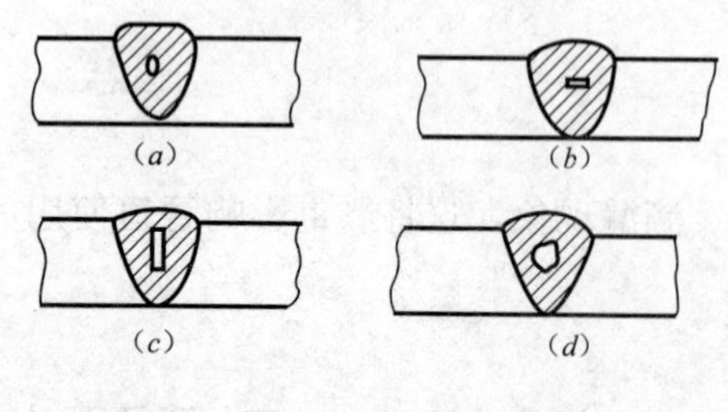

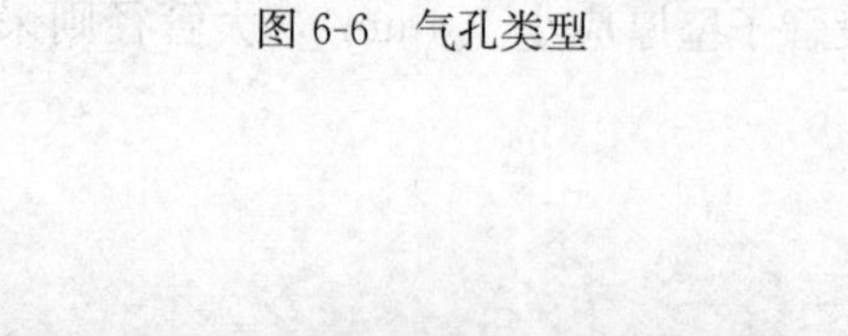

图 6-6　气孔类型

产生气孔的主要原因有：熔化金属冷却太快，气体来不及逸出；焊工操作不良；焊条涂料太薄或受潮；焊件或焊条上粘有锈、漆、油等杂物；基体金属或焊条化学成分不当等。

6）裂纹

指在焊接过程中或焊接以后，在焊接接缝区域内所出现的金属局部破裂现象。裂纹有纵向裂纹、横向裂纹、热影响区内部裂纹，如图 6-7 所示。

产生裂纹有多种原因，如焊接材料化学成分不当；熔化金属冷却太快；焊件结构设计不合理；在焊接过程中，阻碍了焊件的自由膨胀和收缩；对口不符合规范规定等均能造成裂纹。

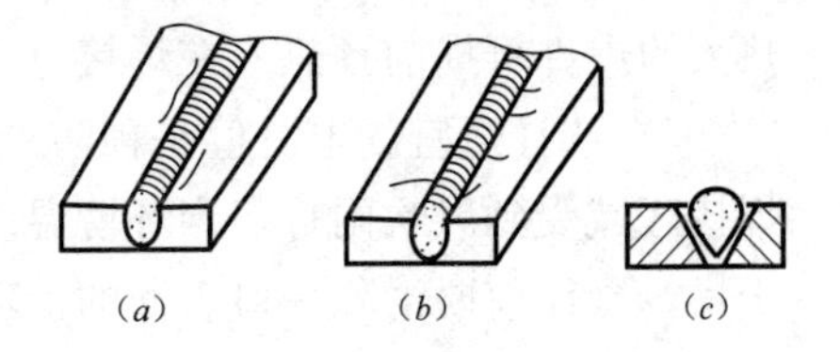

图 6-7　裂纹

(a) 纵向裂纹；(b) 横向裂纹；(c) 热影响区裂纹

(3) 正确做法

1）为防止焊缝尺寸产生过大偏差，除选择正确的焊接规范和正确地进行操作外，还应根据表 6-4 和表 6-5 的规定进行对口。

手工电弧焊对口形式与组对要求　　表 6-4

接头名称	对口形式	接头尺寸（mm）			坡口角度 α（°）	备注
		壁厚 δ	间隙 c	钝边 p		
管子对接 V 形坡口		5～8	1.5～2.5	1～1.5	60～70	δ≤4mm 管子对接如能保证焊透可不开坡口
		8～12	2～3	1～1.5	60～65	

氧-乙炔焊对口形式与组对要求　　表 6-5

接头名称	对口形式	接头尺寸（mm）			坡口角度 α（°）
		壁厚 δ	间隙 c	钝边 p	
对接不开坡口		＜3	1～2	—	—
对接 V 形坡口		3～6	2～3	0.5～1.5	70～90

2）预防咬肉缺陷的主要措施是根据管壁厚度，正确选择焊接电流和焊条。操作时焊条角度要正确，并沿焊缝中心线对称和均匀地摆动。

3）为防止烧穿和结瘤，主要措施是在焊接薄壁管时要选择较小的中性火焰或较小电流。对口时要符合规范要求，当间隙较大时就容易产生结瘤。

4）正确选择对口规范是预防未焊透的主要措施，并注意坡口两侧及焊层之间的清理。运条时，随时注意调整焊条角度，使熔融金属与基体金属之间充分熔合。对导热性高、散热大的焊件可提前预热或在焊接过程中加热。此外还应正确选择焊接电流。

5）选择适宜的电流值是预防产生气孔的措施，但运条速度不应太快，焊接中不允许焊接区域受到风吹雨打，当环境温度在0℃以下时可进行焊口预热。焊条在使用前要进行干燥，操作前要清除焊口表面的污垢。

6）确定焊缝位置时要合理，减少交错接头是预防焊口裂纹的措施。对于含碳量较高的碳钢焊前要预热，必要时在焊接中加热，焊后进行退火。点焊时，焊点要具有一定尺寸和强度，施焊前要检查点焊处是否存在裂纹，若有，应铲掉重焊。勿突然熄弧，熄弧时要填满熔池。避免大电流薄焊肉的焊接方法，因为薄焊肉的强度低，在应力作用下容易出现裂纹。

7）夹渣的预防首先要注意坡口及焊层间的清理，将高低不平处铲平，然后才可施焊。为避免熔渣超过于钢水而引起夹渣，操作时运条要正确，弧长适宜，使熔渣能上浮到钢水表面，避免焊缝金属冷却过快；选择电流要适当。

10. 塑料（化工建材）管道热熔、电熔连接出现裂纹、碰伤

（1）问题表现

聚乙烯（PE）塑料管有裂纹、碰伤等质量缺陷；或安装后接口处有漏气现象，影响其安装质量及管道正常运行。

（2）原因分析

存放或运输不当导致聚乙烯塑料管有裂纹、碰伤。接口连接时操作方法不符合要求造成安装后接口有漏气现象。

（3）处理办法

聚乙烯塑料管存放、运输应符合规范规定。机械设备吊装安装时，必须采用非金属绳（带）吊装。管节应水平堆放在平整的支撑物或地面上。当直管采用三角形式堆放或两侧加支撑保护的矩形堆放时，堆放高度不宜超过1.5m；当直管采用分层货架存放时，每层货架高度不宜超过1m，堆放总高度不宜超过3m。

聚乙烯塑料管连接时，应保持管端清洁应避免杂物留在接缝中。应将聚乙烯管材或管件的连接部位擦拭干净，并铣削连接件端面，使其与轴线垂直。切削平均厚度不宜大于0.2mm，切削后的熔接面应防止污染。对口安装错边不应大于壁厚的10%，焊接应符合焊接工艺的要求。

管道回填土应符合设计要求，且不得有石块、杂物、硬物等，以便避免伤及管道；严禁带水回填作业，管道周围应同中砂或砂性土回填。

11. 埋地钢管环氧沥青防腐绝缘层泄漏

（1）问题表现

埋地钢管环氧煤沥青防腐绝缘层总厚度不够，涂层不均匀，有褶皱、鼓包等质量缺陷，影响整个管道系统的使用寿命。

（2）问题分析

选用材料不合格，涂料所用底漆、面漆、稀释剂和固化剂未按设计配方由厂家配套供应。环氧煤沥青涂层施工方法不正确。

（3）处理办法

1）钢管表面应进行喷砂、钢丝刷或抛丸除锈，除去油污、锈蚀物等，露出金属本色。并符合规范规定

2）应选用合格的材料，涂料配制时应按设计要求，且由固定专人严格掌握规定配比。底漆使用前必须充分搅拌，使漆料混合均匀。加入固化剂应充分搅拌均匀。涂料应根据需要量随用随配。

3）底漆涂刷应均匀，不得漏涂。面漆应在底漆表面干后进行涂刷，各层面漆之间的间隙时间应以漆膜表面干燥为准。玻璃布包扎应和面漆涂刷同时进行，使玻璃布浸透漆料。

（五）质量问题与事故的处理方法

1. 工程质量问题、事故发生的原因

由于市政工程工期较长，所用材料品种复杂；在施工过程中，受社会环境和自然条件方面异常因素的影响；致使工程质量问题表现各异，引起工程质量问题的成因也错综复杂。通过对大量质量问题调查与分析，确定发生的原因主要有：人员、材料、方法、机械（含设备）以及环境等方面。前面已有叙述，在此不再赘述。

2. 工程质量问题、事故处理的程序

（1）处理的程序

1）工程质量事故发生后，事故发生单位根据事故的等级在规定时限内及时向有关部门报告论。

2）质量监理方发出通知，责令整改；根据质量事故的严重程度，必要时由质量监督机构责令暂停下道工序施工，或由建设行政主管部门发出停工通知。

3）根据事故等级，按照分级管理的原则，成立事故调查组。

4）事故调查组现场勘察、取证。

5）补充调查，必要时委托有相应资质单位进行第三方检测鉴定。

6）分析事故原因，并制订纠正措施，确定处理方法。

（2）处理方法

1）修补处理

当工程的某些部分的质量虽未达到规范、标准规定或设计要求，存在一定的缺陷，但经过修补后还可以达到标准要求，又不影响使用功能或外观要求的，可以做出进行修补处理的决定。例如：某些混凝土结构表面出现蜂窝麻面，经调查分析，该部位经修补处理后，不影响其使用及外观要求。

2）返工处理

当工程质量未达到规定的标准或要求，有明显的严重质量问题，对结构的使用和安全有重大影响，而又无法通过修补的办法给予纠正时，应做出返工处理的决定。例如：某结

构预应力按规范规定张拉力安全系数为1.3，但实际仅为0.9，属于严重的质量缺陷，也无法修补，只能做出返工的决定。

3）限制使用

当不合格品按修补方式处理后仍无法保证达到设计的使用要求和安全，而又无法返工处理的情况下，不得已时可以做出结构卸荷、减荷以及限制使用的决定。

4）不作处理

某些工程质量缺陷虽然不符合设计的要求，但对工程使用或结构的安全影响不大，经过分析、论证后，也可做不作专门处理的决定，不做处理的情况一般有以下几种：

① 不影响结构安全和使用功能的。如有的建筑物出现放线定位偏差，若要纠正则会造成重大经济损失，若其偏差不大，不影响使用要求，在外观上也无明显影响，经分析论证后可不做处理。又如某些隐蔽部位的混凝土表面裂缝，经检查分析属于表面养护不够的干缩裂缝，不影响使用及外观，也可不做处理。

② 不严重的质量缺陷，经后续工序可以弥补的，如混凝土的轻微蜂窝麻面或墙面，可以通过后续的抹灰、喷漆或装饰等工序弥补，可以不专门进行处理。

③ 出现的质量缺陷，经复核验算，仍然满足设计要求的。如某楼板厚度偏小，但经复核后仍能满足设计的承载能力，可考虑不再处理，这种做法实际上在利用设计参数的安全余量，因此需要慎重处理。

七、市政工程质量检查、验收、评定

（一）隐蔽工程检查验收

1. 隐蔽工程的定义

隐蔽工程是指那些在施工过程中上一道工序的工作结束，被下一道工序所掩盖，而无法进行复查的部位。例如地下管线的铺设、道路基层、结构钢筋混凝土工程的钢筋（埋件）等。隐蔽工程验收通常是结合质量控制中技术复核、质量检查工作来进行，重要部位改变时可摄影以备查考。

2. 隐蔽工程的验收程序

隐蔽工程质量验收合格应符合下列规定：

（1）该工序工程涉及的所有质量检查项目，经抽样检（试）验全部合格。

（2）具有完整的施工操作依据，工程施工符合施工方案要求。

隐蔽工程的验收应由施工单位准备好自检记录，在隐蔽验收日提前48h通知相关单位验收；未经隐蔽工程验收合格，不得进行下道工序的施工。但如果建设方或监理工程师在施工单位通知检（试）验后12h内未能进行检（试）验，则视为建设方和监理检（试）验合格，施工方有权覆盖并进行下一道工序。

隐蔽工程质量验收，由专业监理工程师组织，参加验收的人员，一般情况下应是施工项目技术负责人、质量检查员等。对于没有实施监理的工程，应由建设项目技术负责人组织。对于地基加固处理以后的施工质量进行检查验收，还需要邀请设计单位、勘察单位在现场进行检查验收。

实际上，市政工程中的大多数分项工程都属于隐蔽工程；采用分项工程验收的，除有特殊要求外就无需在隐蔽前再进行一次隐蔽工程验收。

一个分项工程（或检验（收）批），可能经过若干个工序才能完成；当某个工序即将隐蔽时，才进行验收；也就是说，不属于分项工程（或检验（收）批）且需要在隐蔽前进行检查验收的工程，才进行隐蔽工程验收。如给水支管的沟槽开挖、支管安装等，一般应视为工序工程，应在隐蔽前填写隐蔽工程验收记录。

隐蔽工程完工后，应及时进行隐蔽工程验收，作为分项工程验收的依据。其他工序工程完工后，虽然不单独进行验收，但应及时将与质量相关的情况记入施工记录中，作为分项工程（或检验（收）批）质量验收的依据。

（二）检验批的质量检查与验收

1. 检验批的定义

检验批又称验收批，前者指施工单位自检，后者指监理人员主持的验收是施工质量控制和专业验收基础项目，通常需要按工程量、施工段、变形缝等进行划分。市政工程检验（收）批应参照相关专业工程验收规范，在工程施工前由施工单位会同有关方面共同确定。

2. 检验批的质量检查与评定

对于检验批的质量评定，由于涉及分项工程、分部工程、单位工程的质量评定及工程项目能否验收，所以应仔细检查与评定，以确定能否验收。

验收批的设定应符合《给水排水管道工程施工及验收规范》GB 50268—2008、《给水排水构筑物工程施工及验收规范》GB 50141—2008、《城镇道路工程施工与质量验收规定》CJJ 1—2008、《城市桥梁工程施工与质量验收规范》CJJ 2—2008、《城镇燃气输配管道工程施工及验收规范》CJJ33—2005、《城镇供热管网工程施工及验收规范》CJJ 28—2004、《园林绿化工程施工及验收规范》CJJ 82—2012 等规范的规定。检验（收）批的质量评定主要有以下内容：

（1）主控项目

主控项目是涉及结构安全、节能、环境保护和主要使用功能起决定作用的检验项目。它们应全部满足标准规定的要求，质量经抽样检（试）验全部合格。主控项目中包括的主要内容是以下三方面：

1）重要材料、成品、半成品及附件的材质，检查出厂证明及试验数据。

2）结构的强度、刚度和稳定性等数据，检查试验报告。

3）工程进行中和完毕后必须进行检测，现场抽查或检查试测记录。

（2）一般项目

一般项目是除主控项目以外的检验项目。

1）外观质量

外观质量对结构的使用要求、使用功能、美观等都有较大影响，必须通过抽样检查来确定能否合格，是否达到合格的工程内容。

外观质量的主要内容是：

① 允许有一定的偏差，但又不宜纳入允许偏差项目内，用数据规定“合格”和“不合格”。

② 对不能确定数值而又允许出现一定缺陷的项目，则以缺陷的数量来区分“合格”和“不合格”。

③ 采用不同影响部位区别对待的方法来划定“合格”和“不合格”。如预制混凝土砌筑面层，大面积表面平整、稳固、无翘动、缝线直顺、灌缝饱满，无反坡积水，小面积有轻微缺陷为合格；如大面积平整度不佳、不稳固、有翘动等现象，就为不合格。

④ 用程度来区分项目的“合格”和“不合格”。当无法定量时，就用不同程度的用词来区分合格与不合格。如一般抹灰工程中的普通抹灰表面，以表面基本光滑、接槎平整、色泽

均匀、无抹纹作为合格；以表面不光滑，接槎不平整，有缺棱掉角等现象作为不合格。

2）允许偏差项目

是结合对结构性能或使用功能、观感等的影响程度，根据一般操作水平允许有一定偏差，但偏差值在规定范围内的工程内容。

允许偏差值的数据有以下几种情况：

① 有“正”、“负”要求的数值。

② 偏差值无“正”、“负”概念的数值，直接注明数字，不标符号。

③ 要求大于或小于某一数值。

④ 要求在一定的范围内的数值。

⑤ 采用相对比例值确定偏差值。

市政工程现行验收规范的主控项目和一般项目中的实测项目应采取随机抽样检查，抽样取点应反映工程的实际情况。检查范围为长度者，应按规定的间距抽样，选取较大偏差点；其他应在规定的范围内选取最大偏差点。允许有偏差项目抽样检查超差点的最大偏差值；其他应在规定的范围内先取最大偏差点。允许有偏差项目抽样检查超差点的最大偏差值应在允许偏差值的 1.5 倍范围内。

实测项目合格率的公式为：

合格率=[同一实测项目中的合格点（组）数/同一实测项目的应检点（组）数]×100%

3. 检验批质量验收合格标准

检验（收）批质量验收合格应符合下列规定：

（1）主控项目质量经抽样检（试）验全部合格。

（2）一般项目中的实测（允许偏差）项目抽样检（试）验的合格率达到 80%及以上。

（3）具有完整的施工操作依据、质量检查记录等控制资料。

检验（收）批质量验收合格，除了应满足上述 3 个条件外，尚应符合质量验收的前置条件：工程施工符合“质量验收的基本规定”。即检验（收）批合格的条件是一个前提、两个方面。一个前提是工程施工要符合“质量验收的基本规定”，两个方面是：主控项目和一般项目的质量经抽样检验合格；具有完整的施工操作依据和质量检查记录等控制资料。

质量控制资料反映了分项工程（检验批）从原材料到最终验收的施工作业的操作依据、检查情况以及保证质量所必需的管理制度等。对其完整性的检查，实际是对过程控制的确认，这是分项工程（验收批）施工质量合格的前提。

为了使分项工程（验收批）的施工质量符合安全和使用功能等的基本要求，达到保证工程质量的目的，各专业工程质量验收规程应对各检验批的主控项目、一般项目的合格标准给予明确的规定。分项工程（验收批）的施工质量合格与否主要取决于对主控项目和一般项目的检（试）验结果。

4. 检验批表格填写范例

（1）城市管道工程

沟槽开挖检验批质量验收记录表填写样式见表 7-1。

沟槽开挖验收批质量验收记录表 **表 7-1**

编号：

<table>
<tr><td colspan="3">工程名称</td><td colspan="2">××路道排工程</td><td colspan="4">分部工程名称</td><td colspan="2">土方工程</td><td colspan="4">分项工程名称</td><td>沟槽开挖</td></tr>
<tr><td colspan="3">施工单位</td><td colspan="2">××市政有限公司</td><td colspan="4">专业人员</td><td colspan="2">×××</td><td colspan="4">项目负责人</td><td>×××</td></tr>
<tr><td colspan="3">验收批名称部位</td><td colspan="13">0+050～1+170</td></tr>
<tr><td colspan="3">分包单位</td><td colspan="2">无</td><td colspan="4">分包单位项目负责人</td><td colspan="2">无</td><td colspan="4">施工班组长</td><td>无</td></tr>
<tr><td rowspan="2">主控项目</td><td rowspan="2">验收项目</td><td colspan="8">质量验收规范的规定</td><td colspan="5">施工单位检查评定记录</td><td>监理（建设）单位验收</td></tr>
<tr><td colspan="8">沟槽开挖不得超挖、扰动基底土层。
如有扰动、超挖，严禁用土松填，应按监理工程师认可的处理方案进行处理</td><td colspan="5">符合施工验收标准的规定，1+100～1+150 段有局部超挖现象，已按处理方案处理并经隐蔽验收合格</td><td>申请验收记录齐全</td></tr>
<tr><td rowspan="11">一般项目</td><td>1</td><td colspan="8">当采用机械开挖时，沟底留 200～300mm 厚的土层暂不挖掉，在铺管前人工清理至设计标高</td><td colspan="5">符合验收标准的规定</td><td rowspan="4">施工过程中旁站监理，未见不符合规程现象；抽检槽底高程 6 点，槽底中线每侧宽度 10 点，全部合格</td></tr>
<tr><td>2</td><td colspan="8">沟槽应排水顺畅，槽底不得受水浸泡或受冻</td><td colspan="5">符合验收标准的规定</td></tr>
<tr><td>3</td><td colspan="8">沟槽遇软土地基、杂质土或地下水时，应按设计要求做人工处理</td><td colspan="5">符合验收标准的规定，经三方商议，已对软地基进行了加灰处理，详见工程洽商记录 001</td></tr>
<tr><td colspan="2">实测项目</td><td colspan="2">允许偏差（mm）</td><td colspan="10">实测值</td></tr>
<tr><td rowspan="2">4</td><td rowspan="2">槽底高程</td><td>土方</td><td>±20</td><td>－10</td><td>－15</td><td>－11</td><td>－12</td><td>－21</td><td>＋3</td><td>－10</td><td>－10</td><td>－8</td><td>－12</td><td rowspan="2">合格率 93.3％</td></tr>
<tr><td>石方</td><td>＋20
－200</td><td>－14</td><td>－13</td><td>－10</td><td>－8</td><td>－6</td><td></td><td></td><td></td><td></td><td></td></tr>
<tr><td rowspan="3">5</td><td rowspan="3">槽底中线
每侧宽度</td><td colspan="2" rowspan="3">≥设计要求（500）</td><td>550</td><td>580</td><td>560</td><td>570</td><td>550</td><td>500</td><td>520</td><td>500</td><td>580</td><td>550</td><td rowspan="3">合格率 100％</td></tr>
<tr><td>560</td><td>550</td><td>500</td><td>550</td><td>560</td><td>540</td><td>550</td><td>520</td><td>510</td><td>540</td></tr>
<tr><td>550</td><td>560</td><td>550</td><td>520</td><td></td><td></td><td></td><td></td><td></td><td></td></tr>
<tr><td>6</td><td>沟槽边坡</td><td colspan="2">不陡于设计要求，
1∶0.25</td><td>0.25</td><td>0.26</td><td>0.27</td><td>0.3</td><td>0.28</td><td>0.26</td><td>0.3</td><td></td><td></td><td></td><td>合格率 100％</td></tr>
<tr><td></td><td colspan="3"></td><td colspan="11"></td></tr>
<tr><td colspan="5">施工单位检查结果</td><td colspan="11">质量合格　　专业工长：
项目专业质量检查员：×××　　2011 年 5 月 27 日</td></tr>
<tr><td colspan="5">监理（建设）单位验收结论</td><td colspan="11">同意验收
专业监理工程师：×××
（建设单位项目专业技术负责人）　　2011 年 5 月 28 日</td></tr>
</table>

(2) 城镇道路工程

路床质量验收记录表填写样式见表 7-2。

路床施工质量检收批记录表 **表 7-2**

编号：

<table>
<tr><td>工程名称</td><td colspan="5">××路道排工程</td></tr>
<tr><td>施工单位</td><td colspan="5">××市政有限公司</td></tr>
<tr><td>单位工程名称</td><td colspan="2">道路工程</td><td>分部工程名称</td><td colspan="2">路基</td></tr>
<tr><td>分项工程名称</td><td colspan="2">土方路基</td><td>验收部位</td><td colspan="2">1+110～1+250</td></tr>
<tr><td>工程数量</td><td>140m</td><td>项目负责人</td><td>×××</td><td>技术负责人</td><td>×××</td></tr>
<tr><td>制表人</td><td>×××</td><td>施工负责人</td><td>×××</td><td>质量检(试)验员</td><td>×××</td></tr>
<tr><td>交方班组</td><td>无</td><td>接方班组</td><td>无</td><td>检（试）验日期</td><td>2011 年 10 月 5 日</td></tr>
</table>

续表

序号	主控项目	检(试)验依据/允许偏差（规定值或±偏差值）(mm)	检查结果/实测点偏差值或实测值									应测点数	合格点数	合格率（%）
			1	2	3	4	5	6	7	8	9			
1	压实度	≥95%	见试验报告单									12	12	100
2	中线高程	±15	−3	−6	−8	−3	−5	−4	+11	−10		8	8	100
3	弯沉值	符合设计要求 I=0.043cm	见试验报告单									9	9	100
序号	主控项目	检(试)验依据/允许偏差（规定值或±偏差值）(mm)	检查结果/实测点偏差值或实测值									应测点数	合格点数	合格率（%）
			1	2	3	4	5	6	7	8	9			
1	路床不得有翻浆、弹簧、起皮、波浪、积水等现象		符合验收标准的要求											
2	用12t压路机碾压后不得有明显轮迹		符合验收标准的要求											
3	中线位移	30mm	15	14	13	10						4	4	100
4	平整度	≤10mm	5	6	5	4	5	5	4	12	5	16	15	93.8
			5	3	5	6	5	6	5					
5	宽度	≥设计要求+B(15+0.6)m	15.7	15.6	15.8	15.9	16.0					4	4	100
6	横坡	≤±0.3%	+0.1	+0.2	+0.1	−0.2	+0.2	+0.3	+0.4	−0.2	+0.4	16	14	87.5
			+0.2	−0.1	+0.2	−0.2	−0.2	+0.3	+0.2					
7	横断高程	±15mm	−5	−3	+3	+5	−5	−7	−6	−13	−3	32	30	93.8
			+6	−5	−7	−6	+5	+3	+5	+4	+2			
			+15	−33	−5	−6	+3	+7	+7	+25	+3			
			−6	−3	+5	−5	+5							
平均合格率（%）		96.9%												
检（试）验结论		质量合格												
监理（建设）单位意见		同意验收 专业监理工程师：××× （建设单位项目专业技术负责人） 2011年10月6日												

注：宽度中 B 值为必要附加宽度。

（3）城市桥梁工程

基坑开挖验收批质量验收记录表填写样式见表7-3。

基坑开挖验收批质量验收记录表 **表7-3**

编号：

工程名称	××桥桥梁工程	验收部位	2号桥墩基坑
分项工程名称	基坑开挖	施工班组长	无
施工单位	××市政有限公司	专业工长	×××
施工执行标准名称及编号	CJJ2-2008	项目负责人	×××

续表

<table>
<tr><td rowspan="3">主控项目</td><td colspan="6">质量验收标准的规定</td><td colspan="7">施工单位检查评定记录</td><td>监理（建设）单位验收</td></tr>
<tr><td>1</td><td colspan="5">采取有支护形式，基坑的基础承重面应在天然状态下修理平整</td><td colspan="7">符合验收标准的规定</td><td rowspan="2">申请验收记录齐全</td></tr>
<tr><td>2</td><td colspan="5">地基承载力必须符合设计要求</td><td colspan="7">符合设计要求</td></tr>
<tr><td rowspan="13">一般项目</td><td>1</td><td colspan="5">施工排水、降水应编制专项施工方案</td><td colspan="7">已编制可行施工方案</td><td rowspan="13">施工过程中旁站监理，未见不符合规程现象；抽检基底高程5点、轴线位移2点，基坑尺寸4点，全部合格</td></tr>
<tr><td>2</td><td colspan="5">基坑施工前应编制专项施工方案</td><td colspan="7">已编制可行施工方案</td></tr>
<tr><td>3</td><td colspan="5">基坑边缘以外1～2倍开挖范围内，需要保护的建（构）筑物等均应作为监控对象，开挖监测点的布置应满足监控要求；在基坑开挖前，应测得监测项目的初始值，且不应小于2次</td><td colspan="7">符合验收标准的要求，见监测记录JC005</td></tr>
<tr><td>4</td><td colspan="5">基坑不得受水浸泡。基底应平整、无积水</td><td colspan="7">符合验收标准的规定</td></tr>
<tr><td>5</td><td colspan="5">施工时基坑周边严禁超堆荷载，应保证边坡的稳定，防止塌方</td><td colspan="7">符合验收标准的规定</td></tr>
<tr><td>6</td><td colspan="5">基坑支护必须符合施工组织设计的要求</td><td colspan="7">符合施工组织设计的要求</td></tr>
<tr><td>7</td><td colspan="5">基坑支护系统的安装，使用及拆除应安全可靠</td><td colspan="7">符合验收标准的规定</td></tr>
<tr><td colspan="2">实测项目</td><td>允许偏差（mm）</td><td colspan="10">实测值</td></tr>
<tr><td>8</td><td>基底高程</td><td>0，+20mm</td><td>−8</td><td>−3</td><td>−10</td><td>−14</td><td>−22</td><td>−5</td><td>−8</td><td>−10</td><td>−3</td><td>−5</td></tr>
<tr><td>9</td><td>轴线位移</td><td>≤50mm</td><td>45</td><td>40</td><td>48</td><td>30</td><td>45</td><td>45</td><td>40</td><td>30</td><td>50</td><td>40</td></tr>
<tr><td rowspan="2">10</td><td>基坑长</td><td>≥设计要求+ B（14+0.2）m</td><td>15</td><td>14.2</td><td>14.2</td><td>14.5</td><td>14.4</td><td>15.5</td><td>15.1</td><td>14.2</td><td></td><td></td></tr>
<tr><td>基坑宽</td><td>≥设计要求+ B（14+0.2）m</td><td>13</td><td>12.5</td><td>12.4</td><td>12.5</td><td>13.2</td><td>13.5</td><td>13.5</td><td>12.5</td><td></td><td></td></tr>
<tr><td colspan="4">施工单位检查评定结果</td><td colspan="11">主控项目合格率100%，一般项目合格率33/34=97.1%
质量合格
项目专业质量检查员：×××　　2011年8月2日</td></tr>
<tr><td colspan="4">监理（建设）单位验收结论</td><td colspan="11">质量合格
专业监理工程师：×××
（建设单位项目专业技术负责人）　　2011年8月3日</td></tr>
</table>

注：B为预留工作面宽度，由施工方案确定。

（三）分项工程、分部工程、单位工程的质量检查与验收

1. 市政工程分项工程、分部工程、单位工程的划分

分项工程和分部工程是组成单位工程的基本单元，单位工程能否验收取决于分项工程和分部工程能否验收。因此，可以说单位工程的质量评定与验收是寓于分项工程和分部工程的质量评定与验收之中。为此，质量员必须掌握分项工程质量的评定内容，把好每一关，才能与监理人员一道为单位工作顺利验收创造良好的条件。

市政工程质量验收涉及工程施工过程验收和竣工验收，是工程施工质量控制的重要环节，合理划分市政工程施工质量验收层次是非常必要的。特别是不同专业工程的验收批确

定，将直接影响到单位工程质量验收工作的科学性、实用性及可操作性。因此有必要在工程施工前，各方共同确定。

2. 分项工程、分部工程、单位工程的质量验收

（1）分项工程的质量验收

1）分项工程验收由专业监理工程师组织施工项目专业技术负责人等进行。分项工程验收是在检验批验收合格的基础上进行，通常起一个归纳整理的作用，是一个统计表，没有实质性验收内容。主要注意：一是检查检验批是否将整个工程覆盖了，有没有漏掉的部位；二是检查有混凝土、砂浆试块要求的检验批，到龄期后能否达到规范规定；三是将检验批的资料统一，依次进行登记整理，方便管理。

2）判定分项工程质量验收合格应符合下列规定：

① 分项工程所含检验批均应验收合格。

② 分项工程所含检验批的质量验收记录应完整。

（2）分部工程的质量验收

分部（子分部）工程的验收，由于单位工程体量的增大，复杂程度的增加，专业施工单位的增多，为了分清责任、及时整修等，分部（子分部）工程的验收就显得较为重要，以往一些到单位工程阶段进行验收的内容，现在被移到分部（子分部）工程来了，除了分项工程的核查外，还有质量控制资料核查；安全、功能项目的检测；观感质量的验收等。

分部（子分部）工程应由施工单位将自行检查评定合格的表格填好后，由项目负责人交监理单位或建设单位验收。由总监理工程师组织施工项目负责人和项目技术负责人进行。有关勘察（地基与基础分部）、设计项目负责人和施工单位技术、质量部门负责人应参加。地基与基础及主体结构、节能分部等工程的等验收，并按表的要求进行记录。

1）分部工程的验收内容

① 分项工程

按分项工程第一个检验（收）批施工先后的顺序，将分项工程名称填写上，在第二格内分别填写各分项工程实际的检验（收）批数量，即分项工程验收表上检验（收）批数量，并将各分项工程评定表按顺序附在表后。

施工单位检查评定栏，填写施工单位自行检查评定的结果。核查一下分项工程是否都通过验收，有关有龄期试验的合格评定是否达到要求。自检符合要求的，可打“√”标注，否则打“×”标注。有“×”的项目不能交给监理单位或建设单位验收，应进行返修，达到合格后再提交验收。监理单位或建设单位由总监理工程师或建设单位项目专业工程技术负责人组织审查，在符合要求后，在验收意见栏内签注“同意验收”意见。

② 质量控制资料

能基本反映工程质量情况，达到保证结构安全和使用功能的要求，即可通过验收。全部项目都通过，即可在施工单位检查评定栏内标注“齐全、合格”，并送监理单位或建设单位验收，由监理单位总监理工程师组织审核，在符合要求后，在验收意见栏内签注“同

意验收”意见。

有些工程可按子分部工程进行资料验收，有些工程可按分部工程进行资料验收，由于工程不同，灵活掌握。

③ 安全和功能检（试）验（检测）报告

这个项目是指竣工抽样检测的项目，能在分部（子分部）工程中检测的，尽量放在分部（子分部）工程中检测。在核查时要注意，在开工之前确定的项目是否都进行了检测。逐一检查每个检测报告时，核查每个检测项目的检查方法、程序是否符合有关标准规定；检测结果是否达到规范的要求；检测报告的审批程序签字是否完整；并在每个报告上标注审查同意。每个检测项目都通过审查，即可在施工单位检查评定栏内标注“符合要求、合格”。由项目负责人送监理单位或建设单位验收，监理单位总监理工程师或建设单位项目专业负责人组织审查，在符合要求后，在验收意见栏内签注“同意验收”意见。

④ 观感质量验收

在观感质量验收时，实际不单单是外观质量，还有能启动或运转的要启动或试运转，能打开看的打开看，有代表性的部位都应走到，并由施工项目负责人组织进行现场检查，经检查合格后，将施工单位填写的内容填写好后，由项目负责人签字后交监理单位或建设单位验收。监理单位由总监理工程师或与建设单位项目专业负责人为主导共同确定质量评价——好、一般、差，由施工单位的项目负责人和总监理工程师或建设单位项目专业负责人共同确认。如评价观感质量差的项目，能修理的尽量修理，如果确难修理时，只要不影响结构和使用功能的，可采用协商解决的方法进行验收，并在验收表上注明，然后将验收评价结论填写在分部（子分部）工程观感质量验收意见栏内。

2）判定分部工程质量验收合格应符合下列规定：

① 分部工程所含分项工程的质量均应验收合格。

② 质量控制资料应完整。

③ 有关安全、节能、环境保护和主要使用功能的抽样检验结果应符合相应规定。

④ 外观质量验收应符合要求。

(3) 单位工程的质量验收

单位（子单位）工程质量验收由五部分内容组成，每一项内容都有各自的专门验收记录表，而单位（子单位）工程质量竣工验收记录表是一个综合性的表，是各项目验收合格后填写的。单位（子单位）工程由建设单位（项目）负责人组织施工单位（含分包单位）、设计单位、监理等单位（项目）负责人进行验收。单位（子单位）工程验收表由参加验收单位盖公章，并由负责人签字。单位（子单位）工程质量控制资料核查表、单位（子单位）工程观感质量核查表、单位（子单位）工程结构安全和使用功能性检测记录表则由施工单位项目负责人和总监理工程师（或建设项目负责人）签字。

1）单位工程的验收内容

① 分部工程，对所含分部工程逐项检查。

首先由施工单位的项目负责人组织有关人员对分部（子分部）逐个进行检查评定。所含分部（子分部）工程检查合格后，由项目负责人提交验收。经验收组成员验收后，由施工单位填写单位（子单位）工程质量竣工验收记录表“验收记录”栏，注明共验收几个分部，经验收符合标准及设计要求的几个分部。审查验收的分部工程全部符合要求，有监理单位在表“验收结论”栏内，写上“同意验收”的结论。

② 质量控制资料核查

这项内容有专门的验收表格，也是先由施工单位检查合格，再提交监理单位验收。其全部内容在分部（子分部）工程中已经审查。通常单位（子单位）工程质量控制资料核查，也是按分部（子分部）工程逐项检查和审查。一个分部工程只有一个子分部工程时，子分部工程就是分部工程；多个子分部工程时，可一个一个地检查和审查，也可按分部工程检查和审查。每个子分部、分部工程检查审查后，也不必再整理分部工程的质量控制资料，只将其依次装订起来，封面写上分部工程的名称，并将所含子分部工程的名称依次填写在下边就行了。然后将各个子分部工程审查的资料逐项进行统计，填入验收记录栏内。通常共有多少项资料，经审查也都应符合要求，如果出现有核定的项目时，应查明情况，只有是协商验收的内容，填在验收结论栏内，通常严禁验收的事件，不会留在单位工程来处理，这项也是先施工单位自行检查评定合格后，提交验收，由总监理工程师或建设单位项目负责人组织审查符合要求，在验收结论栏内，写上“工程质量控制资料齐全，同意验收”的意见。

③ 安全和使用功能核查及抽查结果

这项内容有专门的验收表格，这个项目包含两个方面的内容：一是在分部（子分部）进行了安全和功能检测的项目，要核查其检测报告结论是否符合设计要求；二是在单位工程进行的安全和功能抽测项目，要核查其项目是否与设计内容一致，抽测的程序、方法是否符合有关规定，抽测报告的结论是否达到设计要求及规范规定。这个项目也是由施工单位检查评定合格，再提交验收，由总监理工程师或建设单位项目负责人组织审查，程序内容基本是一致的，按项目逐个进行核查验收，然后统计核查的项数和抽查的项数，填入验收记录栏，并分别统计符合要求的项数，填入验收记录栏相应的空档内。通常两个项数是一致的，如果个别项目的抽测结果达不到设计要求，则可以进行返工处理，直至达到符合要求，由总监理工程师或建设单位项目负责人在表中的验收结论栏内填写“该单位（子单位）工程安全和功能检（试）验资料核查及主要功能抽查符合设计要求”，在单位（子单位）工程质量竣工验收记录表中验收结论栏内填写“同意验收”的结论。

如果返工处理后仍达不到设计要求，就要按不合格处理程序进行处理。

④ 观感质量验收

观感质量检查的方法同分部（子分部）工程，单位工程观感质量检查验收不同的是项目比较多，是一个综合性验收。实际是复查一下各分部（子分部）工程验收后，到单位工程竣工的质量变化，成品保护以及分部（子分部）工程验收时，还没有形成部分的观感质量等。这个项目也是先由施工单位检查评定合格，提交验收。由总监理工程师或建设单位项目负责人在表的验收结论栏目内填写“好”、“一般”、“差”（“差”的项目应进行返修后重新验收）。

质量评定根据抽查质量状况，有80%及以上打“√”的，且其他点均基本满足规范规定，满足安全和使用功能，质量评价为“好”；达不到80%，且无“×”的应为“一般”；有一处（点）不满足规范规定，影响安全和使用功能的应为“差”。

观感质量综合评价：所检项目有50%及以上达到好的，应评价为好，达不到50%应为一般。

在单位（子单位）工程质量竣工验收记录表中验收结论栏内填写“观感质量综合评价”的结论——“好”或“一般”，如果有不符合要求的项目，就要按不合格处理程序进行处理。

⑤ 综合验收结论

施工单位应在工程完工后，由项目负责人组织有关人员对验收内容逐项进行查对，并将表格中应填写的内容进行填写，自检评定符合要求后，在验收记录栏内填写各有关项数，交建设单位组织验收。综合验收是指在前五项内容均验收符合要求后进行的验收，即按单位（子单位）工程质量竣工验收记录表进行验收。验收时在建设单位组织下，由建设单位相关专业人员及监理单位专业监理工程师和设计单位、施工单位相关人员分别核查验收有关项目，并由总监理工程师组织进行现场观感质量检查。经各项目审查符合要求时，由建设单位在“验收结论”栏内填写“同意验收”意见。各栏均同意验收且经各参加检（试）验方共同同意商定后，由建设单位填写“综合验收结论”，可填写为“通过验收”。

2）单位工程质量验收

判定单位工程质量验收合格应符合下列规定：

① 单位工程所含分部工程的质量均应验收合格。

② 质量控制资料应完整。

③ 单位工程所含分部工程中有关安全、节能、环境保护和主要使用功能的检验资料应完整。

④ 主要使用功能的抽查结果应符合相关专业验收规范的规定。

⑤ 外观质量应符合要求。

（四）市政工程施工质量验收项目的划分

市政工程施工质量检（试）验（收）批、分项、分部和单位工程的划分，应依据工程具体情况，参考表7-4～表7-12在工程开工前确定。

城镇道路工程的检验（收）批、分项工程、分部工程划分参考表　　表7-4

分部工程	子分部工程	分项工程	检验（收）批
路基	—	土方路基	每条路或路段
		石方路基	每条路或路段
		路基处理	每条路或路段
		路肩	每条路肩
基层	—	石灰土基层	每条路或路段
		石灰粉煤灰稳定砂砾（碎石）基层	每条路或路段
		石灰粉煤灰钢渣基层	每条路或路段
		水泥稳定土类基层	每条路或路段
		级配砂砾（砾石）基层	每条路或路段
		级配碎石（碎砾石）基层	每条路或路段
		沥青碎石基层	每条路或路段
		沥青贯入式基层	每条路或路段

续表

分部工程	子分部工程	分项工程	检验（收）批
面层	沥青混合料面层	透层	每条路或路段
		粘层	每条路或路段
		封层	每条路或路段
		热拌沥青混合料面层	每条路或路段
		冷拌沥青混合料面层	每条路或路段
	沥青贯入式与沥青表面处治面层	沥青贯入式面层	每条路或路段
		沥青表面处治面层	每条路或路段
	水泥混凝土面层	水泥混凝土面层（模板、钢筋、混凝土）	每条路或路段
	铺砌式面层	料石面层	每条路或路段
		预制混凝土砌块面层	每条路或路段
人行道	—	料石人行道铺砌面层（含盲道砖）	每条路或路段
		混凝土预制块铺砌人行道面层（含盲道砖）	每条路或路段
		沥青混合料铺筑面层	每条路或路段
		顶部构件、顶板安装	每座通道或分段
		顶部现浇（模板、钢筋、混凝土）	每座通道或分段
挡土墙	砌筑挡土墙	地基	每道墙体地基或分段
		基础（砌筑）	每道基础或分段
		墙体砌筑	每道墙体或分段
		滤层、泄水孔	每道墙体或分段
		回填土	每道墙体或分段
		帽石	每道墙体或分段
		滤层、泄水孔	每道墙体或分段
附属构筑物		路缘石、雨水支管与雨水口	每条路或路段

城市桥梁工程的检验（收）批、分项工程、分部工程划分参考表　　表 7-5

序号	分部工程	子分部工程	分项工程	检验（收）批
1	地基与基础	扩大基础	基坑开挖、地基、土方回填、现浇混凝土（模板与支架、钢筋、混凝土）、砌体	每个基坑
		沉入桩	预制桩（模板、钢筋、混凝土、预应力混凝土）、钢管桩、沉桩	每根桩
		灌注桩	机械成孔、人工挖孔、钢筋笼制作与安装、混凝土灌注	每根桩
		沉井	沉井制作（模板与支架、钢筋、混凝土、钢壳）、浮运、下沉就位、清基与填充	每节、座
		地下连续墙	成槽、钢筋骨架、水下混凝土	每个施工段
		承台	模板与支架、钢筋、混凝土	每个承台
2	墩台	砌体墩台	石砌体、砌块砌体	每个砌筑段、浇筑段、施工段或每个墩台、每个安装段（件）
		现浇混凝土墩台	模板与支架、钢筋、混凝土、预应力混凝土	
		预制混凝土柱	预制柱（模板、钢筋、混凝土、预应力混凝土）、安装	
		台背填土	填土	

续表

序号	分部工程	子分部工程	分项工程	检验（收）批
3	盖梁		模板与支架、钢筋、混凝土、预应力混凝土	每个盖梁
4	支座		垫石混凝土、支座安装、挡块混凝土	每个支座
5	索塔		现浇混凝土索塔（模板与支架、钢筋、混凝土、预应力混凝土）、钢构件安装	每个浇筑段、每根钢构件
6	锚锭		锚固体系制作、锚固体系安装、锚碇混凝土（模板与支架、钢筋、混凝土）、锚索张拉与压浆	每个制作件、安装件、基础
7	桥跨承重结构	支架浇筑混凝土梁（板）	模板与支架、钢筋、混凝土、预应力钢筋	每孔、联、施工段
		装配式钢筋混凝土梁（板）	预制梁（板）（模板与支架、钢筋、混凝土、预应力混凝土）、安装梁（板）	每片梁
		悬臂浇筑预应力混凝土梁	0号段（模板与支架、钢筋、混凝土、预应力混凝土）、悬浇段（挂篮、模板、钢筋、混凝土、预应力混凝土）	每个浇筑段
		悬臂拼装预应力混凝土梁	0号段（模板与支架、钢筋、混凝土、预应力混凝土）、梁段预制（模板与支架、钢筋、混凝土）、拼装梁段、施加预应力	每个拼装段
		顶推施工混凝土梁	台座系统、导梁、梁段预制（模板与支架、钢筋、混凝土、预应力混凝土）、顶推梁段、施加预应力	每节段
		钢梁	现场安装	每个制作段、孔、联
		钢—混凝土结合梁	钢梁安装、预应力钢筋混凝土梁预制（模板与支架、钢筋、混凝土、预应力混凝土）、预制梁安装、混凝土结构浇筑（模板与支架、钢筋、混凝土、预应力混凝土）	每段、孔
		拱部与拱上结构	砌筑拱圈、现浇混凝土拱圈、劲性骨架混凝土拱圈、装配式混凝土拱部结构、钢管混凝土拱（拱肋安装、混凝土压筑）、吊杆、系杆拱、转体施工、拱上结构	每个砌筑段、安装段、浇筑段、施工段
		斜拉桥的主梁与拉索	0号段混凝土浇筑、悬臂浇筑混凝土主梁、支架上浇筑混凝土主梁、悬臂拼装混凝土主梁、悬拼钢箱梁、支架上安装钢箱梁、结合梁、拉索安装	每个浇筑段、制作段、安装段、施工段
		悬索桥的加劲梁与缆索	索鞍安装、主缆架设、主缆防护、索夹和吊索安装、加劲梁段拼装	每个制作段、安装段、施工段
8	顶进箱涵		工作坑、滑板、箱涵预制（模板与支架、钢筋、混凝土）、箱涵顶进	每坑、每制作节、顶进节
9	桥面系		排水设施、防水层、桥面铺装层（沥青混合料或混凝土）、伸缩装置、地袱和缘石与挂板、防护设施、人行道	每个施工段、每孔
10	附属结构		隔声与防眩装置、梯道（砌体、混凝土结构——钢结构）、桥头搭板（模板、钢筋、混凝土）、防冲刷结构、照明、挡土墙▲	每砌筑段、浇筑段、安装段、每座构筑物
11	装饰与装修		水泥砂浆抹面、饰面板、饰面砖和涂装	每跨、侧、饰面
12	引道▲			

注：表中“▲”项应符合国家现行标准《城镇道路工程施工与质量验收》CJJ1的相关规定。

给水排水构筑物工程检验（收）批、分项工程、分部工程划分参考表　　表 7-6

单位（子单位）工程 分项工程 分部（子分部）工程		构筑物工程或按独立合同承建的水处理构筑物、管渠、调蓄构筑物、取水构筑物、排放构筑物	
		分项工程	检验批
地基与基础工程	土石方	围堰、基坑支护结构（各类围护）、基坑开挖（无支护基坑开挖、有支护基坑开挖）、基坑回填	1. 按不同单体构筑物分别设置分项工程（不设验验批时）； 2. 单体构筑物分项工程视需要可设检验批； 3. 其他分项工程可按变形缝位置、施工作业面、标高等分为若干个检验部位
	地基基础	地基处理、混凝土基础、桩基础	
主体结构工程	现浇混凝土结构	底板（钢筋、模板、混凝土）、墙体及内部结构（钢筋、模板、混凝土）、顶板（钢筋、模板、混凝土）、预应力混凝土（后张法预应力混凝土）、变形缝、表面层（防腐层、防水层、保温层等的基面处理、涂衬）、各类单体结构构筑物	
	装配式混凝土结构	预制构件现场制作（钢筋、模板、混凝土）、预制构件安装、圆形构筑物缠丝张拉预应力混凝土、变形缝、表面层（防腐层、防水层、保温层等的基面处理、涂衬）、各类单体结构构筑物	
	砌筑结构	砌体（砖、石、预制砌体）、变形缝、表面层（防腐层、防水层、保温层等的基面处理、涂衬）、护坡与护坦、各类单体结构构筑物	
	钢结构	钢结构现场制作、钢结构拼装、钢结构安装（焊接、栓接等）、防腐层（基面处理、涂衬）、各类单体构筑物	
附属构筑物工程	细部结构	现浇混凝土结构（钢筋、模板、混凝土）、钢制构件（现场制作、安装、防腐层）、细部结构	
	工艺辅助构筑物	混凝土结构（钢筋、模板、混凝土）、砌体结构、钢结构（现场制作、安装、防腐层）、工艺辅助构筑物	
	管渠	同主体结构工程的“现浇混凝土结构、装配式混凝土结构、砌筑结构”	
进、出水管渠	混凝土结构	同附属构筑物工程的“管渠”	
	预制管铺设	同《给水排水管道工程施工及验收规范》GB 50268—2008	

注：1. 单体构筑物工程包括：①取水构筑物（取水头部、进水涵渠、进水间、取水泵房等单体构筑物）；②排放构筑物（排放口、出水涵渠、出水井、排放泵房等单体构筑物）；③水处理构筑物（泵房、调节配水池、蓄水池、清水池、沉砂池、工艺沉淀池、曝气池、澄清池、滤池、浓缩池、消化池、稳定塘、涵渠等单体构筑物）；④管渠；⑤调蓄构筑物（增压泵房、提升泵房、调蓄池、水塔、水柜等单体构筑物）。

2. 细部结构指：主体构筑物的走道平台、梯道、设备基础、导流墙（槽）、支架、盖板等的现浇混凝土或钢结构；对于混凝土结构，与主体结构工程同时连续浇筑施工时，其钢筋、模板、混凝土等分项工程验收，可与主体结构工程合并。

3. 各类工艺辅助构筑物指：各类工艺井、管廊桥架、闸槽、水槽（廊）、堰口、穿孔、孔口、斜板、导流墙（板）等；对于混凝土和砌体结构，与主体结构工程同时连续浇筑、砌筑施工时，其钢筋、模板、混凝土、砌体等分项工程验收，可与主体结构工程合并。

4. 长输管渠的分项工程应按管段长度划分成若干个分项工程验收批，验收批、分项工程质量验收记录表式同《给水排水管道工程施工及验收规范》GB 50268—2008 表 B. 0. 1 和表 B. 0. 2。

5. 管理用房、配电房、脱水机房、鼓风机房、泵房等的地面建筑工程同《建筑工程施工质量验收统一标准》GB 50300—2013 附录 B 规定。

给水排水管道工程检验（收）批、分项工程、分部工程划分参考表　　表 7-7

<table>
<tr><td colspan="3">单位工程（子单位工程）</td><td colspan="2">开（挖）槽施工的管道工程、大型顶管工程、盾构管道工程、浅埋暗挖管道工程、大型沉管工程、大型桥管工程</td></tr>
<tr><td colspan="3">分部工程（子分部工程）</td><td>分项工程</td><td>检验批（验收批）</td></tr>
<tr><td colspan="3">土方工程</td><td>沟槽土方（沟槽开挖、沟槽支撑、沟槽回填）、基坑土方（基坑开挖、基坑支护、基坑回填）</td><td>与下列检验收批对应</td></tr>
<tr><td>明挖施工预制管道</td><td>预制管开槽施工主体结构</td><td>金属类管、混凝土类管、预应力钢筒混凝土管、化学建材管</td><td>管道基础、管道接口连接、管道铺设、管道防腐层（管道内防腐层、钢管外防腐层）、钢管阴极保护</td><td>可选择下列方式划分：
① 按流水施工长度；
② 排水管道按井段；
③ 给水管道按一定长度连续施工段或自然划分段（路段）；
④ 其他便于过程质量控制方法</td></tr>
<tr><td rowspan="10">暗挖与现浇施工管道</td><td>管渠（廊）</td><td>现浇钢筋混凝土管渠、装配式混凝土管渠、砌筑管渠</td><td>管道基础、现浇钢筋混凝土管渠（钢筋、模板、混凝土、变形缝）、装配式混凝土管渠（预制构件安装、变形缝）、砌筑管渠（砖石砌筑、变形缝）、管道内防腐层、管廊内管道安装</td><td>每节管渠（廊）或每个流水施工段管渠（廊）</td></tr>
<tr><td rowspan="6">不开槽施工主体结构</td><td>工作井</td><td>工作井围护结构、工作井</td><td>每座井</td></tr>
<tr><td>顶管</td><td>管道接口连接、顶管管道（钢筋混凝土管、钢管）、管道防腐层（管道内防腐层、钢管外防腐层）、钢管阴极保护、垂直顶升</td><td>顶管顶进：每 100m；垂直顶升：每个顶升管</td></tr>
<tr><td>盾构</td><td>管片制作、掘进及管片拼装、二次内衬（钢筋、混凝土）、管道防腐层、垂直顶升</td><td>盾构掘进：每 100 环；二次内衬：每施工作业断面；垂直顶升：每个顶升管</td></tr>
<tr><td>浅埋暗挖</td><td>土层开挖、初期衬砌、防水层、二次内衬、管道防腐层、垂直顶升</td><td>暗挖：每施工作业断面；垂直顶升：每个顶升管</td></tr>
<tr><td>定向钻</td><td>管道接口连接、定向钻管道、钢管防腐层（内防腐层、外防腐层）、钢管阴极保护</td><td>每 100m</td></tr>
<tr><td>夯管</td><td>管道接口连接、夯管管道、钢管防腐层（内防腐层、外防腐层）、钢管阴极保护</td><td>每 100m</td></tr>
<tr><td rowspan="2">沉管</td><td>组对拼装沉管</td><td>基槽浚挖及管基处理、管道接口连接、管道防腐层、管道沉放、稳管及回填</td><td>每 100m（分段拼装按每段，且不大于 100m）</td></tr>
<tr><td>预制钢筋混凝土沉管</td><td>基槽浚挖及管基处理、预制钢筋混凝土管节制作（钢筋、模板、混凝土）、管节接口预制加工、管道沉放、稳管及回填</td><td>每节预制钢筋混凝土管</td></tr>
<tr><td colspan="2">桥管</td><td>管道接口连接、管道防腐层（内、外防腐层）、桥管管道</td><td>每跨或每 100m；分段拼装按每跨或每段，且不大于 100m</td></tr>
<tr><td colspan="3">附属构筑物工程</td><td>井室（现浇混凝土结构、砖砌结构、预制拼装结构）、雨水口及支连管、支墩</td><td>同一结构类型的附属构筑物不大于 10 个</td></tr>
</table>

注：1. 大型顶管工程、大型沉管工程、大型桥管工程及盾构、浅埋暗挖管道工程，可设独立的单位工程。
2. 大型顶管工程：指管道一次顶进长度大于 300m 的管道工程。
3. 大型沉管工程：指预制钢筋混凝土管沉管工程；对于成品管组对拼装的沉管工程，应为多年平均水位水面宽度不小于 200m，或多年平均水位水面宽度 100～200m 之间，且相应水深不小于 5m。
4. 大型桥管工程：总跨长度不小于 300m 或主跨长度不小于 100m。
5. 土方工程中涉及地基处理、基坑支护等，可按现行国家标准《建筑地基基础工程施工质量验收规范》GB 50202 等相关规定执行。
6. 桥管的地基与基础、下部结构工程，可按桥梁工程规范的有关规定执行。
7. 工作井的地基与基础、围护结构工程，可按现行国家标准《建筑地基基础工程施工质量验收规范》GB 50202—2013、《混凝土结构工程施工质量验收规范》GB 50204—2002（2011 年版）、《地下防水工程质量验收规范》GB 50208—2011、《给水排水构筑物工程施工及验收规范》GB 50141—2008 等相关规定执行。

城市供热工程检验（收）批、分项工程、分部工程划分参考表 **表 7-8**

分部工程名称	子分部工程名称	分项工程名称	备注
土建工程	土方工程	沟槽土方（沟槽开挖、沟槽支撑、沟槽回填）排水、降水	
	地基基础	地基处理	
	现浇混凝土结构	底板（钢筋、模板、混凝土）、墙体及内部结构（钢筋、模板、混凝土）、顶板（钢筋、模板、混凝土）变形缝、防水层等基面处理、预埋件及预制构件安装，各类单体构筑物	
	砌体结构	砌体（砖、预制砌块）、变形缝、表面层、防水层等基面处理、预制盖板、预埋件及预制构件安装	
	顶管	管道接口连接、顶管管道（钢筋混凝土管、钢管）、工作井、顶进、注浆	
	浅埋暗挖	工作井、初期支护、防水、钢筋混凝土结构（二衬）、预埋件（预留管、洞）	
热机工程	钢管安装	钢管焊接、支座安装、钢管安装、钢管法兰焊接、螺栓连接	
	支架安装	固定支架、滑动支架	
	管道附件安装	涨力、套筒、伸缩器等附件安装	
	管道系统试验	水压试验、气压试验等严密性试验	
	除锈防锈	喷砂除锈、酸洗除锈、清洗、晾干、刷防锈漆	
	管道保温	保温层、工厂化树脂保温壳、保护层	
	管道冲洗	吹洗管道	
	供热井室设备安装	安装供热井室设备及调试	

城市轨道交通工程检验（收）批、分项工程、分部工程划分参考表 **表 7-9**

分部工程名称	子分部工程名称	分项工程名称	备注
开槽施工主体结构	土方工程	沟槽土方（沟槽开挖、沟槽支撑、沟槽回填） 排水、降水	
	基础	地基处理、地基加固、垫层、桩基础等	
	防水工程	防水材料（防水板等）、缓冲材料（无纺布）、止水带	
	现浇混凝土结构	底板（钢筋、模板、混凝土）、墙体及内部结构（钢筋、模板、混凝土）、顶板（钢筋、模板、混凝土）、变形缝、表面层、（防腐层、保温层等的基面处理、涂衬）、各类预埋件、预留孔洞	
	装配式预制构件安装	侧墙与顶部构件预制	
		地基	
		防水	
		基础（模板、钢筋、混凝土）	
		墙板、顶板安装	
不开槽施工主体结构	盾构	盾构进出工作井、管片制作、掘进及管片拼装、二次内衬（钢筋、混凝土）、管道防腐层、注浆	
	浅埋暗挖	土层开挖、初期衬砌、防水层、二次内衬（混凝土结构）、通道防腐层、预埋件、预留管（洞）	
附属构筑物工程	通信信号系统	安装通信信号系统设备	
	给水排水系统	安装给水排水系统设备	
	电力照明系统	安装电力系统设备	
	通风系统	安装通风系统设备	
	交通安全设施	安装交通安全设施	

城市供气工程检验（收）批、分项工程、分部工程划分参考表　　表 7-10

分部工程名称	子分部工程名称	分项工程名称	备注
土方工程	土方工程	沟槽土方（沟槽开挖、沟槽支撑、沟槽回填） 排水、降水	
	基础	地基处理、砂垫层	
	现浇混凝土结构	底板（钢筋、模板、混凝土）、墙体（钢筋、模板、混凝土）、顶板（钢筋、模板、混凝土）防水层等基面处理、预埋件及预制构件安装，各类单体构筑物	
	砌体结构	砌体（砖、预制砌块）、防水层等基面处理、预制盖板、预埋件及预制构件安装	
	顶管	管道接口连接、顶管管道（钢筋混凝土管、钢管）、工作井、顶进、注浆	
管道主体工程	钢管安装	安管、凝水器制作安装、调压箱安装、支吊架及附件制作与安装、管道清扫、拉膛、通球等	
	聚乙烯管铺设	热熔对接连接、电熔连接、钢塑过渡接头金属端与钢管焊接、法兰栓接	
	防腐绝缘	管道防腐施工、阴极保护、绝缘板安装等	
	闸室设备安装	闸阀、伸缩器、放散管等	
	管道附件安装	管道附件安装、安装凝水器及调压箱、抗渗处理等	
	管道系统试验	强度试验、管道严密性试验	
	警示带敷设	敷设警示带	

生活垃圾处理工程检验（收）批、分项工程、分部工程划分参考表　　表 7-11

分部工程	子分部工程	分项工程	备注
土方工程	土方工程	沟槽土方（沟槽开挖、沟槽支撑、沟槽回填）基坑、基槽土方（基坑开挖、基坑支护、基坑回填）排水、降水	
主体结构工程	护坡工程	锚杆、塑料网、土工布、钢筋、锚喷混凝土	
	地下水导排系统设施	卵石导排层、花管卵石导排渠	
	防渗层设施	黏土层、膨润土层、高密度聚乙烯膜	
	渗沥液导排系统设施	卵石导排层、花管卵石导排渠	
	泵房设备安装	泵房设备及阀部件安装调试	
附属工程	垃圾焚烧发电		
	污水处理工程		
	其他		

市政基础设施机电设备安装工程检验（收）批、分项工程、分部工程划分参考表　　表 7-12

分部工程	子分部工程	分项工程	备注
水源厂设备安装工程	取水厂设备安装	格栅间、泵房、调流阀室、加氯间、地下水深井泵站等设备安装及调试	
	配水厂设备安装	配水溢流井、混合反应池、沉淀池、煤、碳滤池、设备间、活性炭再生间、臭氧发生器、加药间、加氯间、加氨间、配水泵房、回流泵房、污泥处理厂等设备安装及调试	
	控制、监控系统	控制、监控系统安装调试	

续表

分部工程	子分部工程	分项工程	备注
热源厂设备安装工程	锅炉及辅助设备安装	锅炉钢架及平台扶梯、锅炉及集箱、受热面、本体管道及阀部件、水压试验、烘、煮炉等	
	汽轮机及辅助设备安装	汽轮机、辅助设备安装及调试等	
	给水水处理系统安装	软水设备、除氧设备、管道及阀部件安装及调试	
	燃烧系统安装	燃烧设备、管道及阀部件安装及调试	
	热水循环系统安装	管道及阀部件安装及系统调试	
	检修工艺设备安装	车床、机床等机修设备安装	
	燃料输送系统安装	锅炉运煤设备、燃油输送设备、燃气输送设备及附件安装、调试等	
	除渣除尘系统安装	锅炉吹灰装置、灰渣排除装置、除尘装置及附件安装、调试等	
	防腐保温	防腐保温施工	
燃气厂、站设备安装工程	天然气门站（接收站）设备安装	清管系统、气体分析系统、加臭系统、过滤系统、计量系统、调压系统、放散系统等设备安装	
	燃气输（储）配厂设备安装	清管系统、处理净化系统、过滤系统、计量系统、调压系统、加压系统、储存系统设备安装	
	燃气调压站设备安装	过滤系统、计量系统、调压系统、放散系统设备安装	
	燃气加气站设备安装	处理净化系统、压缩系统、储存、计量系统、放散系统设备安装	
	液化储备、罐瓶厂设备安装	接取系统、储存系统、装卸系统、输送系统、灌装系统、倒残系统设备安装	
	液化气气化混气站设备安装	装卸系统、储存系统、气化系统、混气系统、调压系统设备安装	
	其他		

八、施工检（试）验的内容、方式和判断标准

（一）道路路基工程的检（试）验内容、方法和判断标准

1. 检（试）验内容

（1）土的含水率试验；

（2）液限和塑限联合测定法；

（3）土的击实试验；

（4）CBR值测试方法；

（5）土的压实度；

（6）土的回弹弯沉值试验方法。

2. 检（试）验方法

（1）土的含水率试验

1）烘干法

① 取具有代表性试样，细粒土15～30g，砂类土、有机质土为50g，砂砾石为1～2kg。放入称量盒内，立即盖好盒盖，称质量。称量时，可在天平一端放上与该称量盒等质量的砝码，移动天平游码，平衡后称量结果减去称量盒质量即为湿土质量。

② 揭开盒盖，将试样和盒放入烘箱内，在温度105～110℃恒温下烘干。烘干时间对细粒土不得少于8h，对砂类土不得少于6h，对含有机质超过50%的土或含石膏的土，应将温度控制在60～70℃的恒温下，干燥12～15h。

③ 将烘干后的试样和盒取出，放入干燥器内冷却（一般只需0.5～1.0h即可）。冷却后盖好盒盖，称质量，准确至0.01g。

2）酒精燃烧法

① 取有代表性试样（黏质土5～10g，砂类土20～30g），放入称量盒内，称湿土质量m，准确至0.01g。

② 用滴管将酒精注入放有试样的称量盒中，直至盒中出现自由液面为止。为使酒精在试样中充分混合均匀，可将盒底在桌面上轻轻敲击。

③ 点燃盒中酒精，燃至火焰熄灭。将试样冷却数分钟，再重新燃烧两次。

④ 待第三次火焰熄灭后，盖好盒盖，立即称干土质量m_s，准确至0.01g。

3）相对密度法

① 取代表性砂类土试样200～300g，放入土样盘内。

② 向玻璃瓶中注入清水至 1/3 左右，然后用漏斗将土样盘中的试样倒入瓶中，并用玻璃棒搅拌 1～2min，直到所含气体完全排出为止。

③ 向瓶中加清水至全部充满，静置 1min 后吸水球吸去泡沫，再加清水使其充满，盖上玻璃片，擦干瓶外壁，称重量。

④ 倒去瓶中混合液，洗净，再向瓶中加清水至全部充满，盖上玻璃片，擦干瓶外壁，称重量，准确至 0.5g。

（2）液限和塑限联合测定法

① 取有代表性的天然含水率或风干土样进行试验。如土中含大于 0.5mm 的土粒或杂物时，应将风干土样用带橡皮头的研杵研碎或用木棒在橡皮板上压碎，过 0.5mm 的筛。

取 0.5mm 筛下的代表性土样 200 克，分开放入三个盛土皿中，加不同数量的蒸馏水，土样的含水率分别控制在液限（a 点）、略大于塑限（c 点）和二者的中间状态（b 点）。用调土刀调匀，盖上湿布，放置 18h 以上。测定 a 点的锥入深度，对于 100g 锥应为 20mm±0.2mm，对于 76g 锥应为 17mm。测定 c 点的锥入深度，对于 100g 锥应控制在 5mm 以下，对于 76g 锥应控制在 2mm 以下。对于砂类土，用 100g 锥测定 c 点的锥入深度可大于 5mm，用 76g 锥测定 c 点的锥入深度可大于 2mm。

② 将制备的土样充分搅拌均匀，分层装入盛土杯，用力压密，使空气逸出。对于较干的土样，应先充分搓揉，用调土刀反复压实，试杯装满后，刮成与杯边齐平。

③ 当用游标式或百分表式液限塑限联合测定仪试验时，调平仪器，提起锥杆（此时游标或百分表读数为零），锥头上涂少许凡士林。

④ 将装好土的试样放在联合测定仪的升降座上，转动升降旋钮，待锥尖与土样表面刚好接触时停止升降，扭动锥下降旋钮，同时开动秒表，经 5s 时，松开旋钮，锥体停止下落，此时游标读数即为锥入深度 h_1。

⑤ 改变锥尖与接触位置（锥尖两次锥入位置距离不小于 1cm），重复③和④步骤，得锥入深度 h_2。h_1、h_2 允许平行误差为 0.5mm，否则，应重做，取 h_1、h_2 平均值作为该点的锥入深度 h。

⑥ 去掉锥尖入土处的凡士林，取 10g 以上的土样两个，分别装入称量盒内，称质量（准确至 0.01g），测定其含水量 $\omega1$、$\omega2$（计算至 0.1%）。计算含水量平均值 ω。

⑦ 重复②至⑥步骤，对其他两个含水量土样进行试验，测其锥入深度和含水率。

（3）土的击实试验

1）试验方法

① 轻型击实：适用于粒径不大于 20mm 的土，锤底直径为 5cm，击锤质量为 2.5kg，落距为 30cm，单位体积击实功为 598.2kJ/m^3；分 3 层夯实，每层 27 击。

② 重型击实：适用于粒径不大于 40mm 的土。锤底直径为 5cm，击锤质量为 4.5kg，落距为 45cm，单位体积击实功为 2687.0kJ/m^3；分 5 层击实，每层 27 击。

2）试样

① 本试验可分别采用不同的方法准备试样，各方法可按表 8-1 准备试料。

试料用量　　表 8-1

使用方法	类别	试筒内径（cm）	最大粒径（mm）	试料用量（kg）
干土法，试样不重复使用	*b*	10 15.2	20 40	至少 5 个试样，每个 3kg 至少 5 个试样，每个 6kg
湿土法，试样不重复使用	*c*	10 15.2	20 40	至少 5 个试样，每个 3kg 至少 5 个试样，每个 6kg

② 干土法（土不重复使用）按四分法至少准备 5 个试样，分别加入不同水分（按 2%～3%含水量递增），拌匀后闷料一夜备用。

③ 湿土法（土不重复使用），对于高含水量土，可省略过筛步骤，用于拣除大于 38mm 的粗石子即可，保持天然含水量的第一个土样，可立即用于击实试验，其余几个试样，将土分成小土块，分别风干，使含水量按 2%～3%递减。

3）试验步骤

① 根据工程要求，按上述试验方法中规定选择轻型或重型试验方法，根据土的性质（含易击碎风化石数量多少，含水率高低），按表 8-1 规定选用干土法（土不重复使用）或湿土法。

② 将击实筒放在坚硬的地面上，在筒壁上抹一薄层凡士林，并在筒底（小试筒）或垫块（大试筒）上放置蜡纸或塑料薄膜。取制备好的土样分 3～5 次倒入筒内。小筒按三层法时，每次约 800～900 克（其量应使击实后的试样等于或略高于筒高的 1/3）；按五层法时，每次约 400～500 克（其量应使击实后的土样等于或略高于筒高的 1/5）。对于大试筒，先将垫块放入筒内底板上，按三层法时，每层需试样 1700 克左右。整平表面，并稍加压紧，然后按规定的击数进行第一层土的击实，击实时击锤应自由垂直落下，锤迹必须均匀分布于土样面，第一层击实完后，将试样层面“拉毛”然后再装入套筒，重复上述方法进行其余各层土的击实。小试筒击实后，试样不应高出筒顶面 5mm，大试筒击实后，试样不应高出筒顶面 6mm。

③ 用修土刀沿套筒内壁削刮，使试样与套筒脱离后，扭动并取下套筒，齐筒顶细心削平试样，拆除底板，擦净筒外壁，称量，准确至 1g。

④ 用推土器推出筒内试样，从试样中心处取样测其含水率，计算至 0.1%。测定含水率用试样的数量按表 8-2 规定取样（取出有代表性的土样）。

测定含水率用试样的数量　　表 8-2

最大粒径（mm）	试样质量（g）	个数
＜5	15～20	2
约 5	约 50	1
约 20	约 250	1
约 40	约 500	1

⑤ 两个试样含水量的精度应符合本规程表 8-3 的规定。

本试验含水率须进行二次平行测定，取其算术平均值，允许平行差值应符合表 8-3。

含水率测定的允许平行差值表　　表 8-3

含水率（%）	允许平行差值（%）	含水率（%）	允许平行差值（%）
5 以下	0.3	40 以上	≤2
40 以下	≤1		

⑥ 对于干土法（土不重复使用）和湿土法（土不重复使用），将试样搓散，然后按上述试样要求进行洒水、拌合，每次约增加2%～3%的含水率，其中有两个大于和两个小于最佳含水量，所需加水量按下式计算：

$$m_w = \frac{m_i}{1 + 0.01\omega_i} \times 0.01(\omega - \omega_i)$$

式中　m_w——所需的加水量（g）；

m_i——含水率 ω_i 时土样的质量（g）；

ω_i——土样原有含水率（%）；

ω——要求达到的含水率（%）。

按上述步骤进行其他含水率试样的击实试验。

（4）现场CBR值测试方法（采用承载比法）

1）称试筒本身质量（m_1），将试筒固定在底板上，将垫块放入筒内，并在垫块上放一张滤纸，安上套环。

2）将1份试料，用重型击实标准按3层每层98次进行击实，求试料的最大干密度和最佳含水量。

3）将其余3份试料，按最佳含水量制备3个试件，将一份试料铺于金属盘内，按事先计算得的该份试料应加的水量均匀地喷洒在试料上。

$$m_w = \frac{m_i}{1 + 0.01\omega_i} \times 0.01(\omega \quad \omega_i)$$

式中　m_w——所需的加水量（g）；

m_i——含水率 ω_i 时土样的质量（g）；

ω_i——土样原有含水率（%）；

ω——要求达到的含水率（%）。

用小铲将试料充分拌合到均匀状态，然后装入密闭容器或塑料口袋内浸润备用。

浸润时间：重黏土不得少于24h，轻黏土可缩短到12h，砂土可缩短到1h，天然砂砾可缩短到2h左右。

制做每个试件时，都要取样测定试料的含水量。

注：需要时，可制备三种干密度试件。如每种干密度试件制3个，则共制9个试件。每层击数分别为30、50和98次，使试件的干密度从低于95%到等于100%的最大干密度。这样，9个试件共需试料约55kg。

4）将试筒放在坚硬的地面上，取备好的试样分3次倒入筒内（视最大粒径而定），按五层法时，每层需试样约900（细粒土）～1100g（粗粒土），按三层法时，每层需试样1700g左右（其量应使击实后的试样高出1/3筒约1～2mm）。整平表面，并稍加压紧，然后按规定的击数进行第一层试样的击实，击实时锤应自由垂直落下，锤迹必须均匀分布于试样面上。每一层击实完后，将试样层面“拉毛”，然后再装入套筒。重复上述方法进行其余每层试样的击实。试筒击实制件完成后，试样不宜高出筒高10mm。

5）卸下套环，用直刮刀沿试筒顶修平击实的试件，表面不平整处用细料修补。取出垫块，称量筒和试件的质量 m_2。

（5）土的压实度

1）环刀法（适用于细粒土）

采用质量为 m，容积为 200～500m^3 的环刀，将环刀内壁涂一层凡士林，刀口向下放在土样上；

用修土刀或钢丝锯将土样上部削成略大于环刀直径的土样，然后将环刀垂直下压，边压边削，至土样伸出环刀上部为止。削去两端余土，使土样与环刀口面齐平，并用剩余土样测定含水率。

2）灌砂法（适用细粒土、砂类土和砾类土）

沿基板中孔凿洞，在凿洞过程中不能使凿出的材料丢失，随时将凿松的材料取出装入塑料袋中，不使水分蒸发，也可放在大试样盒内。试洞深度应等于测定层厚度，但不得有下层材料混入，最后将洞内全部凿松材料取出，称其总重量为 m_w。

将全部试样中取出有代表性的样品，放在铝盒中，测定其含水率（ω，以%计），对于细粒土不少于 100g，对于各种中粒土不少于 500g；

将灌砂筒安放在基板中间，储砂筒内放满砂到要求质量 m_1，使灌砂筒的下口对准基板有中孔及试洞，打开灌砂筒的开关，让砂流入试坑内。在此期间，应注意勿碰灌砂筒。直到储砂筒内的砂不再下流时，关闭开关，仔细取走灌砂筒，并称量筒内剩余砂的质量 m_4，准确至 1g。

（6）土的回弹弯沉值试验方法

1）在测试路段布置测点，其距离随测试需要而定，测点应在路面行车车道的轮迹带上，并用白油漆或粉笔画上标记。用贝克曼梁法现场检测，每车道，每 20m 测 1～2 点。

2）将试验车后轮轮隙对准测点后约 3～5cm 处的位置上。

3）将弯沉仪插入汽车后轮之间的缝隙处，与汽车方向一致，梁臂不得碰到轮胎，弯沉仪测头置于测点上（轮隙中心前方 3～5m 处），并安装百分表于弯沉仪的测定杆上，百分表调零，用手指轻轻叩打弯沉仪，检查百分表是否稳定回零。

弯沉仪可采取单侧测定，也可以双侧同时测定。

4）测定者吹哨发令指挥汽车缓缓前进，百分表随路面变形的增加而持续向前转动。当表针转动到最大值时，迅速读取初读数 L_1。汽车仍在继续前进，表针反向回转：待汽车驶出弯沉影响半径（3m 以上）后，吹口哨或挥动红旗指挥停车。待表针回转稳定后读取终读数 L_2。汽车前进的速度宜为 5km/h 左右。

3. 判断标准

土的各项指标判断标准见《公路土工试验规程》JTG E40—2007。

（1）含水率

$$\omega = \frac{m - m_s}{m_s} \times 100$$

式中　ω——含水率（%）；

　　m——干土质量（g）；

　　m_s——湿土质量（g）。

本试验须进行二次平行测定，取其算术平均值，允许平行差值应符合表8-4。

含水率测定的允许平行差值表 **表8-4**

含水率（%）	允许平行差值（%）	含水率（%）	允许平行差值（%）
5以下	0.3	40以上	≤2
40以下	≤1	对层状和网状构造的冻土	<3

（2）液限和塑限

采用《公路土工试验规程》JTG E40—2007判断。

采用76g锥做液限和塑限，则在$h—\omega$图上，查得锥入土深度h是17mm和2mm的分别为土样的液限ω_L和ω_P。

土的击实试验采用《公路土工试验规程》JTG E40—2007判断。

$$\rho_d = \frac{\rho}{1+0.01\omega}$$

式中 ρ_d——干密度（g/cm^3），计算至0.01；

ρ——湿密度（g/cm^3）；

ω——含水率（%）。

（3）CBR值

测试采用《公路土工试验规程》JTG E40—2007判断。

一般采用贯入量为2.5mm和5mm时的单位压力与标准压力之比作为材料的承载比（CBR）。即：

$$CBR = \frac{p}{7000} \times 100 \text{ 或 } CBR = \frac{p}{10500} \times 100$$

如果贯入量为5mm时的承载比大于2.5mm时的承载比，则试验应重做。如结果仍然如此，则采用5mm时的承载比。

标准荷载强度与贯入量之间的关系：

$$p = 1.62L^{0.61}$$

（4）土的压实度

采用《公路土工试验规程》JTG E40—2007进行判断。

$$K = \frac{\rho_d}{\rho_c} \times 100$$

式中 K——测试地点的施工压实度（%）；

ρ_d——试样土的干密度（g/cm^3）；

ρ_c——由击实试验得到的试样的最大干密度（g/cm^3）。

本试验应在同一点进行两次平行测定，两次测定的差值不得大于0.03g/cm^3，取两次测值的平均值。

（5）土的回弹弯沉值采用《公路路基路面现场测试规程》JTG E60—2008进行判断。

$$L_1 = \bar{L} + S$$

式中 L_1——计算代表沉值；

$\bar{L}$——舍弃不合格要求的测点所余各测点弯沉的算术平均值；

S——舍弃不合格要求的测点所余各测点弯沉的标准差。

（二）道路基层工程的检（试）验内容、方法和判断标准

1. 检验内容

（1）道路基层含水量试验；

（2）道路基层压实度检测；

（3）道路基层混合料的无侧限饱水抗压强度；

（4）道路基层弯沉回弹模量检测。

2. 试验方法

（1）道路基层含水量试验

1）烘干法

取具有代表性的试样，对水泥、粉煤灰稳定细粒土的取约50g，对生石灰粉、消石灰和消石灰粉的稳定细粒土的取100g，对稳定中粒土的取约500g，对稳定粗粒土的取约2000g（同前路基工程的试验内容和方法）。

2）酒精燃烧法

取具有代表性的试样，对稳定细粒土的取约30g，对稳定中粒土的取约300g，对稳定粗粒土的取约2000g（同前路基工程的试验内容和方法）。

（2）道路基层压实度检测

1）环刀法

① 按有关试验方法对检测试样用同种材料进行击实试验，得到最大干密度及最佳含水量。

② 用人工取土器测定黏性土及无机结合料稳定细粒土密度的步骤：

A. 擦净环刀，称取环刀质量 m_2，准确至0.1g。

B. 在试验地点，将面积约30cm×30cm的地面清扫干净，并将压实层铲表面浮动及不平整的部分，达一定深度，使环刀打下后，能达到要求的取土深度，但不得将下层扰动。

C. 将定向筒齿钉固定于铲平的地面上，顺次将环刀、环盖放入定向筒内与地面垂直。

D. 将导杆保持垂直状态，用取土器落锤将环刀打入压实层中，至环盖顶面与定向筒上口齐平为止。

E. 去掉击实锤和定向筒，用镐将环刀及试样挖出。

F. 轻轻取下环盖，用修土刀自边至中削去环刀两端余土，用直尺检测直至修平为止。

G. 擦净环刀壁，用天平称取出环刀及试样合计质量 m_1，准确至0.1g。

H. 自环刀中取出试样，取具有代表性的试样，测定其含水率 ω。

③ 用人工取土器测定砂性土或砂层密度时的步骤：

A. 如为湿润的砂土，试验时不需要使用击实锤和定向筒。在铲平的地面上，细心挖

出一个直径较环刀外径略大的砂土柱，将环刀刃口向下，平置于砂土柱上，用两手平稳地将环刀垂直压下，直至砂土柱突出环刀上端约 2cm 时为止。

B. 削掉环刀口上的多余砂土，并用直尺刮平。

C. 在环刀口上盖一块平滑的木板，一手按住木板，另一手用小铁锹将试样从环刀底部切断，然后将装满试样的环刀反转过来，削去环刀刃口上的多余砂土，并用直尺刮平。

D. 擦净环外壁，称环刀与试样合计质量 m_1，准确至 0.1g。

E. 自环刀中取具有代表性的试样测定其含水率 ω。

F. 干燥的砂土不能挖成砂土柱时，可直接将环刀压入或打入土中。

④ 用电动取土器测定无机结合料细土和硬塑土密度的步骤：

A. 装上所需规格的取芯头。在施工现场取芯前，选择一块平整的路段，将四只行走轮打起，四根定位销钉采用人工加压的方法，压入路基土层中。松开锁紧手柄，旋动升降手轮，使取芯头刚好与土层接触，锁紧手柄。

B. 将电瓶与调速器接通，调速的输出端接入取芯机电源插口。指示灯亮，显示电路已通；启动开关，电动机工作，带动取芯机构转动。根据土层含水量调节转速，操作升降手柄，上提取芯机构，停机，移开机器。由于取芯头圆筒外表有几条螺旋状突起，切下的土屑排在筒外顺螺纹上旋抛出地表，因此，将取芯筒套在切削好的土芯立柱上，摇动即可取出样品。

C. 取出样品，立即按取芯套长度用修土刀或钢丝锯修平两端，制成所需规格土芯，如拟进行其他试验项目，装入铝盒，送试验室备用。

D. 用天平称量土芯带套筒质量 m_1，从土芯中心部分取试样测定含水率 ω。

⑤ 本试验须进行两次平行测定，其平行差值不得大于 0.03g/cm³。求其算术平均值。

2）灌砂法

① 在试验地点，选一块平坦表面，并将其清扫干净，其面积不得小于基板面积。

② 将基板放在平坦表面上，当表面的粗糙度较大时，则将盛有量砂（m_5）的灌砂筒放在基板中间的圆孔上，将灌砂筒的开关打开，让砂流入基板的中孔内，直到储砂筒内的砂不再下流时关闭开关。取下灌砂筒，并称量筒内砂的质量（m_6），准确至 1g。

③ 取走基板，并将留在试验地点的量砂收回，重新将表面清扫干净。

④ 将基板放回清扫干净的表面上（尽量放在原处），沿基板中孔凿洞（洞的直径与灌砂筒一致）。在凿洞过程中，应注意不使凿出的材料丢失，并随时将凿松的的材料取出装入塑料袋中，不使水分蒸发，也可放在大试样盒内。试洞的深度应等于测定层厚度，但不得有下层材料混入，最后将洞内的全部凿松材料取出。对土基或基层，为防止试样盘内材料的水分蒸发，可分几次称取材料的质量，全部取出材料的总质量为 m_w，准确至 1g。

注：当需要检测厚度时，应先测量厚度后再进行这一步骤。

⑤ 从挖出的全部材料中取有代表性的样品，放在铝盒或洁净的搪瓷盘中，测定其含水量（ω，以%计）。样品的数量如下：用小灌砂筒测定时，对于细粒土，不少于 100g；对于各种中粒土，不少于 500g。用大灌砂筒测定时，对于细粒土，不少于 200g；对于各种中粒土，不少于 1000g；对于粗粒土或水泥、石灰、粉煤灰等无机结合料稳定材料，宜将取出的全部材料烘干，且不少于 2000g，称其质量 m_d。

⑥ 将基板安放在试坑上，将灌砂筒安放在基板中间（储砂筒内放满砂到要求质量 m_1），使灌砂筒的下口对准基板的中孔及试洞，打开灌砂筒的开关，让砂流入试坑内，在此期间，应注意勿碰动灌砂筒。直到储砂筒内的砂不再下流时，关闭开关，仔细取走灌砂筒，并称量筒内剩余砂的质量 m_4，准确至 1g。

⑦ 如清扫干净的平坦表面的粗糙度不大，也可省去②和③的操作。在试洞挖好后，将灌砂筒直接对准放在试坑上，中间不需要放基板，打开筒开关，让砂流入试坑内，在此期间，应注意勿碰动灌砂筒。直到储砂筒内的砂不再下流时，关闭开关。仔细取走灌砂筒，并称量筒内剩余砂的质量 m'_4，准确至 1g。

⑧ 仔细取出试筒内的量砂，以备下次试验时再用。若量砂的湿度已发生变化或量砂中混有杂质，则应该重新烘干、过筛，并放置一段时间，使其与空气的湿度达到平衡后再用。

(3) 道路基层混合料的无侧限饱水抗压强度

1) 对于同一无机结合料剂量的混合料，需要制相同状态的试件数量（即平行试验的数量）与土类及操作的仔细程度有关。对于无机结合料稳定细粒土，至少应制 6 个试件；对于无机结合料稳定中粒土和粗粒土，至少分别应制 9 个和 13 个试件。

2) 称取一定数量的风干土，并计算干土的质量，其数量随试件大小而变。对于 d（直径）50mm×50mm 的试件，1 个试件约要干土 180～210g；对于 d 100mm×100mm 的试件，1 个试件约需干土 1700～1900g；对于 d 150mm×150mm 的试件，1 个试件约需干土 5700～6000g。

对于细粒土，可以一次称取 6 个试件的土；对于中粒土，可以一次称取 1 个试件的土；对于粗粒土，一次只称取 1 个试件的土。

3) 将称好的土放在长方盘（400mm×600mm×70mm）内。向土中加水拌料、闷料。

石灰稳定材料、水泥和石灰综合稳定材料，石灰粉煤灰综合稳定材料和水泥粉煤灰综合稳定材料，可将石灰或粉煤灰和土一起拌合，将拌合均匀后的试料放在密闭的容器或塑料袋（封口）内浸润备用。

对于细粒土（特别是黏性土），浸润时的含水量应比最佳含水量小 3%，对于中粒土和粗粒土，可按最佳含水量加水（注①）。对于水泥稳定类材料，加水量应比最佳含水量小 1%～2%。

注①：应加的水量可按下式计算。

$$m_w = \left(\frac{m_n}{1+0.01\omega_n}+\frac{m_c}{1+0.01\omega_c}\right)\times 0.01\omega - \frac{m_n}{1+0.01\omega_n}\times 0.01\omega_n - \frac{m_c}{1+0.01\omega_c}\times 0.01\omega_c$$

式中　m_w——混合料中应加的水量（g）；

m_n——混合料中素土（或集料）的质量（g），其含水量为 ω_n（风干含水量）(%)；

m_c——混合料中水泥或石灰的质量（g），其原始含水量为 ω_c（水泥的 ω_c 通常很小，也可以忽略不计）(%)；

ω——要求达到的混合料的含水量（%）。

浸润时间要求为：黏性土 12～24h，粉性土 6～8h，砂类土、砂砾土、红土砂砾、级配砂砾等可以缩短到 4h 左右，含土很少的未筛分碎石、砂砾及砂可以缩短到 2h。浸润时间一般不超过 24h。

4）在浸润过的试料中，加入预定数量的水泥或石灰并拌合均匀。在拌合过程中，应将预留的水（对于细粒土为 3%，对于水泥稳定类为 1%～2%）加入土中，使混合料达到最佳含水量，拌合均匀的加有水泥的混合料应在 1h 内按下述方法制成试件，超过 1h 的混合料应该作废，其他结合料稳定土，混合料虽不受此限，但也应尽快制成试件。

5）用反力架和液压千斤顶，或采用压力试验机制件

将试模配套的下垫块放入试模的下部，但外露 2cm 左右。将称量的规定数量 m_2 的稳定土混合料分 2～3 次灌入试模中，每次灌入后用夯棒轻轻均匀捣水实。如制取 d 50mm×50mm 的小试件，则可以将混合料一次倒入试模中，然后将与试模配套的上垫块放入试模内，也应使其也外露 2cm 左右（即上、下垫块露出试模外的部分应该相等）。

6）将整个试模（连同上、下压柱）放到反力架内的千斤顶上（千斤顶下应放一扁球座）或压力机上，以 1mm/min 的加载速率加压，直到上下压柱都压入试模为止。维持压力 2min。

7）解除压力后，取下试模，并放到脱模器上将试件顶出。用水泥稳定有黏结性的材料（如黏质土）时，制件后可以立即脱模；用水泥稳定无黏结性细粒土时，最好过 2～4h 再脱模；对于中、粗粒土的无机结合稳定材料，也最好过 2～6h 脱模。

8）在脱模器上取试件时，应用双手抱住试件侧面的中下部，然后沿水平方向轻轻旋转，待感觉到试件移动后，再将试件轻轻抱起，放置到试验台上。切勿直接将试件向上拔起。

9）称试件的质量 m_2，小试件精度至 0.01g，中试件精度至 0.01g，大试件精度至 0.1g。然后用游标卡尺测量试件高度 h，精度至 0.1mm。检查试件的高度和质量，不满足成型标准的试件作废件。

10）试件称重后立即放要在塑料袋中封闭，并用潮湿的毛巾覆盖，移放至养护室。

11）根据试验材料的类型和一般的工程经验，选择合适量程的测力计和压力机，试件破坏荷载应大于测力量程的 20%且小于测力量程的 80%。球形支座和上下顶板涂上机油，使球形支座能灵活转动。

12）将已浸水一昼夜的试件从水中取出，用软布吸去试件表面的水分，并称试件的质量 m_4。

13）用游标卡尺量试件的高度 h，准确到 0.1mm。

14）将试件放到路面材料强度试验仪或压力机上，并在升降台上先放一扁球座，进行抗压试验。试验过程中，应保持速率约为 1mm/min。记录试件破坏时的最大压力 P（N）。

15）从试件内部取有代表性的样品（经过打破），测定其含水率 ω。

（4）道路基层弯沉回弹模量检测

1）准备工作

① 检查并保持测定用标准车的车况及刹车性能良好，轮胎内胎符合规定充气压力。

② 向汽车车槽中装载（铁块或集料），并用地磅称量后轴总质量及单侧轮荷载，均应符合要求的轴重规定。汽车行驶及测定过程中，轴载不得变化。

③ 测定轮胎接地面积：在平整光滑的硬质路面上用千斤顶将汽车后轴顶起，在轮胎

下方铺一张新的复写纸，轻轻落下千斤顶，即在方格纸印上轮胎印痕，用求积仪或数方格的方法测算轮胎接地面积，准确至 0.1cm²。

④ 检查弯沉仪百分表测量灵敏情况。

⑤ 在测定时，用路表温度计测定试验时气温及路表温度（一天中气温不断变化，应随时测定），并通过气象台了解前 5d 的平均气温（日最高气温与最低气温的平均值）。

⑥ 记录路基修建时的材料、结构、厚度、施工及养护等情况。

2）测试步骤

同土基回弹弯沉值试验。

弯沉仪的支点变形修正按《公路路基路面现场测试规程》T0951—2008 中条款要求进行修正和计算。

3. 判断标准

（1）道路基层含水量

按《公路土工试验规程》JTG E40—2007 进行判断。同上述土基判定相同

（2）道路基层压实度

采用《公路工程质量检（试）验评定标准》JTG E80/1—2004 进行判断。检（试）验评定段的压实度代表值 K（算术平均值的下置信界限）：

$$K=\bar{k}-\frac{t_a}{\sqrt{n}}S\geqslant K_0$$

式中　$\bar{k}$——检（试）验评定段内各测点压实度的平均值；

t_a——t 分布表中随测点数和保证率（或置信度 α）而变的系数；

S——检测值的标准值；

n——检测点数；

K_0——压实度标准值。

路基、基层和底基层：$K\geqslant K_0$，且单点压实度 K_i 全部大于等于规定值减 2 个百分点时，评定路段的压实度可得规定满分；当 $K\geqslant K_0$，且单点压实度全部大于等于规定极值时，对于测定值低于规定值减 2 个百分点的测点，按其占总检查点数的百分率计算扣分值。

$K<K_0$ 或某一单点压实度 K_i 小于规定极值时，该评定路段压实度为不合格，评为零分。

路堤施工段较短时，分层压实度要点点符合要求，且实际样本数不小于 6 个。

（3）道路基层混合料的无侧限饱水抗压强度

采用《公路工程质量检（试）验评定标准》JTG E80/1—2004 进行判断

$$\bar{R}\geqslant R_d/(1-Z_\alpha C_v)$$

式中　R_d——设计抗压强度（MPa）；

C_v——试验结果的偏差系数（以小数计）；

Z_α——标准正态分布表中随保证率而变的系数（保证率可查规范）。

注意：同一组试件试验中，采用 3 倍均方差方法剔除异常值，小试件可才允许有 1 个异常值；中试件 1～2 个异常值；大试件 2～3 个异常值，异常值数量超过上述规定的试验

重做。

同一组试验的偏差系数 C_v（%）符合下列规定，方为有效试验：小试件 $C_v \leqslant 6\%$；中试件 $C_v \leqslant 10\%$；大试件 $C_v \leqslant 15\%$。如不能保证试验结果的变异系数小于规定的值，则应按允许误差 10%和 90%概率重新计算所需的试件数量，增加试件数量并另做新试验。新试验结果与老试验结果一并重新进行统计评定，直到变异系数满足上述规定。

评定路段内无侧限饱水抗压强度评为不合格时相应分项工程不合格。

（4）道路基层弯沉回弹模量检测

采用《公路工程质量检（试）验评定标准》JTG E80/1—2004 进行判断。

$$l_r = \bar{l} + Z_\alpha S$$

式中 l_r——弯沉代表值（0.01mm）；

$\bar{l}$——实测弯沉的平均值（0.01mm）；

S——标准差；

Z_α——与要求保证率有关的系数（查规范）。

当路基的弯沉代表值不符合要求时，可将超出 $\bar{l} \pm (2\sim3)S$ 的弯沉特异值舍弃，重新计算平均值和标准值。对舍弃的弯沉值大于 $\bar{l} \pm (2\sim3)S$ 的点，应找出其周围界限，进行局部处理。

用两台弯沉仪同时进行左右轮弯沉值测定时，应接两个独立测点计，不能采用左右两点的平均值。

弯沉代表值大于设计要求的弯沉值时相应分项工程不合格。

（三）道路面层工程的检（试）验的内容、方法和判断标准

1. 检（试）验内容

（1）压实度试验；

（2）平整度试验；

（3）承载能力试验；

（4）抗滑性能试验；

（5）渗水试验；

（6）车辙试验；

（7）混凝土强度试验。

2. 检（试）验方法

（1）压实度试验

1）核子密度湿度仪测定压实度试验

① 选择压实的路表面，按要求的测定步骤用核子密度湿度仪测定密度，记录读数；

② 在测定的同一位置用钻机钻孔法或挖坑灌砂法取样，量测厚度，按规定的标准方

法测定材料的密度；

③ 对同一种路面厚度及材料类型，在使用前至少测定 15 处，求取两种不同方法测定的密度的相关关系，其相关系数应不小于 0.9。

④ 按照随机取样的方法确定测试位置，但与距路面边缘或其他物体的最小距离不得小于 30cm。核子密度湿度仪距其他射线源不得少于 10m。

⑤ 当用散射法测定时，应用细砂填平测试位置路表结构凹凸不平的空隙，使路表面平整，能与仪器紧密接触。

⑥ 当使用直接透射法测定时，应在表面上用钻杆打孔，孔深略深于要求测定的深度，孔应竖直圆滑并稍大于射线源探头。按照规定的时间，预热仪器。

⑦ 如用散射法测定时，应将核子密度湿度仪平稳地置于测试位置上。如用直接透射法测定时，将放射源棒放下插入已预先打好的孔内。

⑧ 打开仪器，测试员退出仪器 2m 以外，按照选定的测定时间进行测量，到达测定时间后，读取显示的各项数值，并迅速关机。

2）钻芯法测定沥青面层压实度试验方法

① 按《公路路基路面现场测试规程》JTG E60—2008“T0901 取样方法”钻取路面芯样，芯样直径不宜小于 ϕ100mm。当一次钻孔取得的芯样包含有不同层位的沥青混合料时，应根据结构组合情况用切割机将芯样沿各层结合面锯开分层进行测定。

钻孔取样应在路面完成后进行，对普通的沥青路面通常在第二天取样，对改性沥青及 SMA 路面宜在第三天后取样。

② 将钻取的试件在水中用毛刷轻轻刷净粘附的粉尘。如试件边角有浮松颗粒，应仔细清除。

③ 将试件晾干或用电风扇吹干不少于 24h，直至恒重。

④ 按现行《公路工程沥青及沥青混合料试验规程》JTG E20—2011 的沥青混合料试验方法测定试件密度 ρ_s。通常情况下采用表干法测定试件的毛体积相对密度，对吸水率大于 2%的试件，宜采用蜡封法测定试件的毛体积相对密度，对吸水率小于 0.5%特别致密的沥青混合料，在施工质量检（试）验时，允许采用水中重法测定表观相对密度。

（2）平整度试验

1）三米直尺测定平整度试验方法

① 按有关规范规定选择测试路段，清扫路面测定位置处的污物。

② 在施工过程中检测时，按根据需要确定的方向，将 3m 直尺摆在测试地点的路面上。目测 3m 直尺底面与路面之间的间隙情况，确定间隙为最大的位置。

③ 用有高度标线的塞尺塞进间隙处，量记其最大间隙的高度（mm），或者用深度尺在最大间隙位置测直尺上顶推距地面的深度，该深度减去尺高即为测试点的最大间隙的高度，准确到 0.2mm。

2）连续式平整度仪测定平整度试验方法

① 将连续式平整度测定仪置于测试路段路面起点上。

② 在牵引汽车的后部，将连续式平整度仪与牵引汽车连接好，放下测定轮，按照仪器使用手册依次完成各项操作。

③ 启动牵引汽车，沿道路纵向行驶，横向位置保持稳定。并检查连续式平整度仪表上测定数字情况，确认牵引连续式平整度仪的速度应保持均匀，速度宜为 5km/h，最大不得超过 12km/h。

④ 在测试路段较短时，亦可用人力拖拉平整度仪测定路面的平整度。但拖拉时应保持匀速前进。

（3）承载能力试验

1）贝克曼梁测定路基路面回弹弯沉试验方法

测试步骤同土的回弹弯沉值试验。

弯沉仪的支点变形修正可有以下两种情况

① 当采用长度为 3.6cm 的弯沉仪对半刚性基层沥青路面、水泥混凝土路面等进行弯沉测定时，有可能引起弯沉仪支座处变形，因此测定时应检（试）验支点有无变形，此时应用另一台检（试）验用的弯沉仪安装在测定用弯沉仪的后方，其测定架于测定用弯沉仪的支点旁。当汽车开出时，同时测定两台弯沉仪的弯沉读数，如检（试）验用弯沉仪百分表有读数，即应该记录并进行支点变形修正。当在同一结构层上测定时，可在不同位置测定 5 次，求取平均值，以后每次测定时以此作为修正值。支点变形修正的原理如图 8-1 所示。

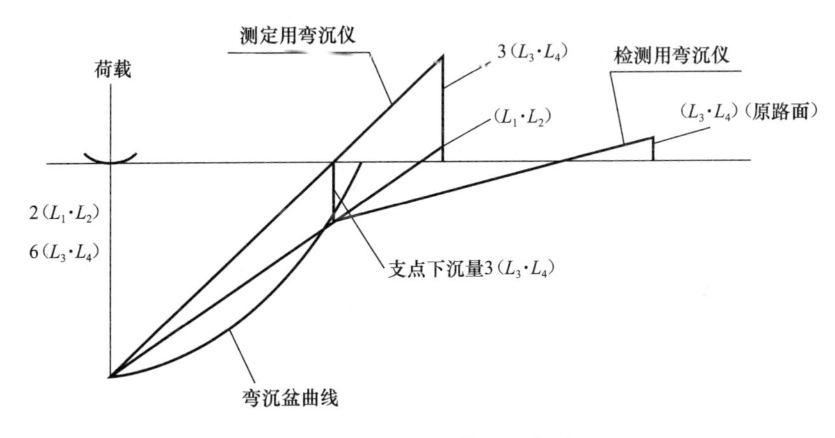

图 8-1 支点变形修正示意图

② 当采用长度为 2.5cm 的弯沉仪测定时，可不进行支点变形修正。

2）自动弯沉仪测定路面弯沉试验方法

① 测试系统在开始测试前需要通电预热，时间不少于设备操作手册要求，并开启工程警灯和导向标等警告标志。

② 在测试路段前 20m 处将测量架放落在路面上，并检查机测试机构（图 8-2）的部件情况。

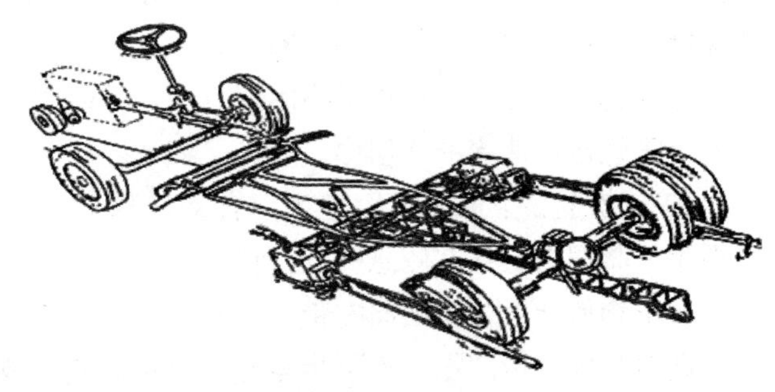

图 8-2 自动弯沉仪的测量机构示意图

③ 操作人员按照设备使用手册

的规定和测试路段的现场技术要求设置完毕所需的测试状态。

④ 驾驶员缓慢加速承载车到正常测试速度，沿正常行车轨迹驶入测试路段。

⑤ 操作人员将测试路段起终点、桥涵等特殊位置的桩号输入到记录数据中。

⑥ 当测试车辆驶出测试路段后，操作人员停止数据采集和记录，并恢复仪器各部分至初始状态，驾驶员缓慢停止承载车，提起测量架。

⑦ 操作人员检查数据文件，文件应完整，内容应正常，否则需要重新测试。

⑧ 关闭测试系统电源，结束测试。

(4) 抗滑性能

1) 手工铺砂测定路面构造深度试验方法

① 用扫帚或毛刷子将测点附近的路面清扫干净，面积不小于 30cm×30cm；

② 用小铲装砂，沿筒壁向圆筒（容积为 25mL±0.15mL）（图 8-3）中注满砂。手提圆筒上方，在硬质路表面上轻轻地叩打 3 次，使砂密实，补足砂面用钢尺一次刮平。

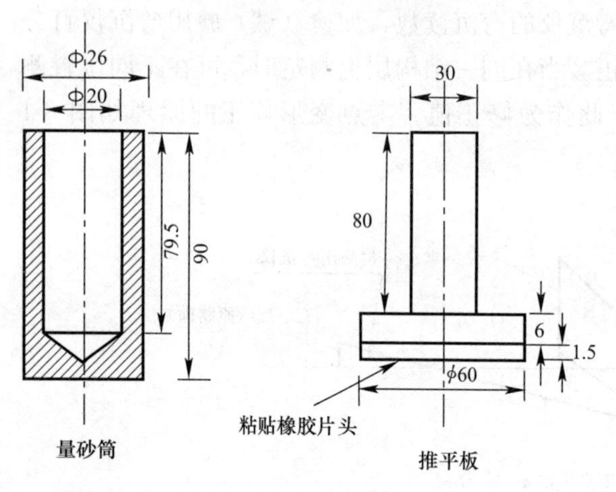

图 8-3 人工测试构造深度圆筒仪器（mm）

③ 将砂倒在路面上，用底面粘有橡胶片的摊平板（图 8-3），由里向外重复作旋转摊铺运动，稍稍用力将砂细心地尽可能地向外摊开，使砂填入凹凸不平的路表面的空隙中，尽可能将砂摊成圆形，并不得在表面上留有浮动余砂。注意，摊铺时不可用力过大或向外摊挤。

④ 用钢板尺测量所构成圆的两个垂直方向的直径，取其平均值，准确至 5mm。

⑤ 按以上方法，同一处平行测定不少于 3 次，3 个测点均位于轮迹带上，测点间距3～5m。对同一处，应该由同一个试验员进行测定。该处的测定位置以中间测点的位置表示。

2) 摆式仪测定路面摩擦系数试验方法

① 检查摆式仪的调零灵敏情况，并定期进行仪器的标定。

② 对测试路段按随机取样方法，决定测点所在横断面位置。测点应选在行车车道的轮迹带上，距路面边缘不应小于 1m，并用粉笔作出标记。测点位置宜紧靠铺砂法测定构造深度的测点位置，并与其一一对应。

③ 将仪器（图 8-4）置于路面测点上，并使摆的摆动方向与行车方向一致。转动底座上的调平螺栓，使水准泡居中。

④ 放松上、下两个紧固把手，转动升降把手，使摆升高并能自由摆动，然后旋紧紧固把手。将摆固定在右侧悬臂上，使摆处于水平释放位置，并把指针抬至右端与摆杆平行处。按下释放开关，使摆向左带动指针摆动，当摆达到最高位置后下落时，用手将摆杆接住，此时指针应指向零。若不指零时，可稍旋紧或放松摆的调节螺母；重复上述步骤，直至指针指零。调零允许误差为±1。

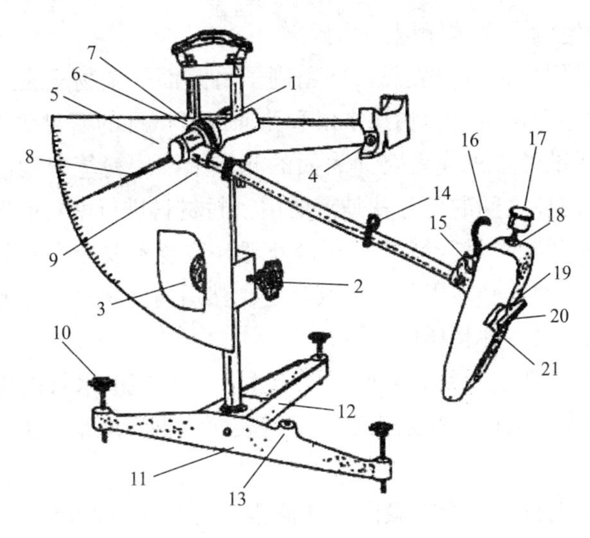

图 8-4　摆式摩擦系数测定仪

1、2—紧固把手；3—升降把手；4—释放开关；5—转向节螺盖；6—调节螺母；7—针簧片或毡垫；8—指针；9—连接螺母；10—调平螺栓；11—底座；12—铰链；13—水准泡；14—卡环；15—定位螺栓；16—举升柄；17—平衡锤；18—并紧螺母；19—滑溜块；20—橡胶片；21—止滑螺栓

⑤ 让摆处于自由下垂状态，放松紧固把手，转动升降把手、使摆下降。与此同时，提起举升柄使摆向左侧移动，然后放下举升柄使橡胶片下缘轻轻触动，紧靠橡胶片摆放滑动长度量尺，使量尺左端对准橡胶片下缘；再提起举升柄使摆向右侧移动，然后放下举升柄使橡胶片下缘轻轻触动，检查橡胶片下缘应与滑动长度量尺的右端齐平。若齐平，则说明橡胶片两次触地的距离（滑动长度）符合 126mm 的规定。校核滑动长度时，应以橡胶片长度刚刚接触路面为准，不可借摆的力量向前滑动，以免标定的滑动长度与实际不符。若不齐平，升高或降低摆或仪器底座的高度。微调时用旋转仪器底座上的调平螺丝调整仪器底座的高度的方法比较方便，但需注意保持水准泡居中。重复上述动作，直至滑动长度符合 126mm 的规定。

⑥ 将摆固定在右侧悬臂上，使摆处于水平释放位置，并把指针拨至右端与摆杆平行处。

⑦ 用喷水壶浇洒测点，使路面处于湿润状态。

⑧ 按下右侧悬臂上的释放开关，使摆在路面滑过。当摆回落时，用手接住，读数但不记录。然后使摆杆和指针重新置于水平释放位置。

⑨ 重复⑦和⑧的操作 5 次，并读记每次测定的摆值，单点测定 5 个值中最大值与最小值的差值不得大于 3。如差数大于 3 时，应检查产生的原因，并再次重复上述各项操作，至符合规定为止。取 5 次测定的平均值作为单点的路面抗滑值（即摆值 BPNt），取整数。在测点位置上用路表温度计测记潮湿路面的温度，精确至 1℃。

⑩ 每个测点由 3 个单点组成，即需按以上方法在同一测点处平行测定 3 次，以 3 次测定结果的平均值作为该测点的代表值（精确至 1）。

3 个单点均应位于轮迹带上，单点间距 3～5m。该测定的位置以中间测点的位置表示。

（5）沥青路面渗水系数

1）在测试路段的行车道面上，按随机取样方法选择测试位置，每一个检测路段应测定5个测点，并用粉笔画上测试标记。

2）试验前，首先用扫帚清扫表面，并用刷子将路面的杂物刷去，杂物的存在一方面会影响水的渗入；另一方面也会影响渗水仪和路面或者试件的密封效果。

3）将塑料圈置于试件中央或者路面表面的测点上，用粉笔分别沿塑料圈的内侧和外侧画上圈，在外环和内环之间的部分就是需要用密封材料进行密封的区域。

4）用密封材料对环状密封区域进行密封处理，注意不要使密封材料进入内圈，如果密封材料不小心进入内圈，必须用刮刀将其刮走。然后再将搓成拇指粗细的条状密封材料摞在环状密封区域的中央，并且摞成一圈。

5）将渗水仪放在试件或者路面表面的测点上，注意使渗水仪的中心尽量和圆环中心重合，然后略微使劲将渗水仪压在条状密封材料表面，再将配重加上，以防压力水从底座与路面间流出。

6）将开关关闭，向仪器的上方量筒中注满水，总量为600mL。然后打开开关，使量筒中的水下流排出渗水仪底部内的空气，当量筒中水面下降速度变慢时用双手轻压渗水仪使底部的气泡全部排出。关闭开关，并再次向量筒注满水。

7）将开关打开，待水面下降100mL时，立即开动秒表开始计时，每间隔60s，读记仪器管的刻度一次，至水面下降500mL时为止。测试过程中，如水从底座与密封材料间渗出，说明底座与路面密封不好，应移至附近干燥路面处重新操作。如水面下降速度较慢，则测定3min的渗水量即可停止；如果水面下降速度较快，在不到3min的时间内到达了500mL刻度线，则记录到达了500mL刻度线时的时间；若水面下降至一定程度后基本保持不动，说明路面基本不透水或根本不透水，则在报告中注明。

8）按以上步骤在同1个检测路段选择5个测点测定渗水系数，取其平均值，作为检测结果。

（6）混凝土路面强度试验

1）混凝土抗压强度试验方法

① 混凝土抗压强度试件以边长为150mm的正立方体为标准试件，其骨料最大粒径为40mm，混凝土强度以该试件标准养护28d，按规定方法测得的强度为准。当采用非标准时试件（表8-5）时，骨料最大粒径应满足以下条件，其抗压强度应乘以相应换算系数。

非标准试件　　**表8-5**

骨料最大粒径（mm）	30	40	60
试件尺寸（mm）	100×100×100	150×150×150	200×200×200
换算系数（k）	0.95	1.00	1.05

② 抗压强度试件应同龄期者为一组，每组为3个同条件制作和养护的混凝土试块。

③ 将养护到指定龄期的混凝土试件取出，擦除表面水分。检查测量试件外观尺寸，看是否有几何形状变形。试件如有蜂窝缺陷，可以在试验前2天用水泥浆填补修整，但需在报告中加以说明。

④ 以成型时的侧面作为受压面，将混凝土置于压力机中心并使位置对中。施加荷载时，对于强度等级小于C30的混凝土，加载速度为0.3～0.5MPa/s；强度等级大于C30

时，取 0.5～0.8MPa/s 的加载速度。当试件接近破坏而开始迅速变形时，应停止调整试验机的油门，直到试件破坏，记录破坏时的极限荷载。

⑤ 整理试验数据，提供试验报告。

2）混凝土抗折强度试验方法

① 混凝土抗折强度试件为直角棱柱体小梁，标准试件尺寸为 150mm×150mm×550mm，集料粒径应不大于 40mm。

② 混凝土抗折强度试件应取同龄期者为一组，每组为同条件制作和养护的试件 3 根。

③ 采用 50～300kN 抗折试验机或万能试验机。加载试验装置由双点加载压头和活动支座组成。

④ 试件成型并养护将达到规定龄期的抗折试件取出。擦干表面，检查试件，如发现试件中部 1/3 长度内有蜂窝等缺陷，则该试件废弃。

⑤ 标记试件。从试件一端量起，在距端部的 50mm、200mm、350mm 和 500mm 处划出标记，分别作为支点（50mm 和 500mm 处）和加载点（200mm 和 350mm 处）的具体位置。

⑥ 加载试验。调整万能机上两个可移动支座，使其准确对准试验机下距离压头中心点两侧各 225mm 的位置，随后紧固支座。将抗折试件放在支座上，且侧面朝上，位置对准后，先慢慢施加一个初始荷载，大约 lkN。接着以 0.5～0.7MPa/s 的速度连续加荷，直至试件破坏，记录最大荷载。但当断面出现在加荷点外侧时，则试验结果无效。

⑦ 整理试验数据，提供试验报告

（7）混凝土路面拌合物稠度试验（坍落度仪试验方法）

1）试验前将坍落筒内外洗净，放在经水润湿过的平板上（平板吸水时应垫以塑料布），踏紧踏脚板。

2）将代表样分三层装入筒内，每层装入高度稍大于筒高的 1/3，用捣棒在每一层的横截面上均匀插捣 25 次，插捣在全部面积上进行，沿螺旋线边缘至中心，插捣底层时插至底部，插捣其他两层时，应插透本层并插入下层约 20～30mm，插捣须垂直压下（边缘部分除外），不得冲击。

3）在插捣顶层时，装入的混凝土应高出坍落筒口，随插捣过程随时添加拌合物，当顶层插捣完毕后，将捣棒用锯和滚的动作，清除掉多余的混凝土，用镘刀抹平筒口，刮净筒底周围的拌合物，而后立即垂直地提起坍落筒，提筒在 5～10s 内完成，并使混凝土不受横向及扭力作用，从开始装筒至提起坍落筒的全过程，不应超过 150s。

4）将坍落筒放在锥体混凝土试样一旁，筒顶平放木尺，用小钢尺量出木尺底面至试样顶面中心的垂直距离，即为该混凝土拌合物的坍落度，并予记录，精确至 1mm。

5）当混凝土的一侧发生崩塌或一边剪切破坏，则应重新取样另测，如果第二次仍发生上述情况，则表示该混凝土和易性不好，应记录。

6）当混凝土拌合物的坍落度大于 220mm 时，用钢尺测量混凝土扩展后最终的最大直径和最小直径，在这两个直径之差小于 50mm 的条件下，用其算术平均值作为坍落扩展度值；否则，此次试验无效。

7）坍落度试验的同时，可用目测方法评定混凝土拌合物的性质。

3. 判断标准

（1）压实度采用《公路工程质量检（试）验评定标准》JTJ F80/1—2004 进行判定。

沥青面层：当 $K \geqslant K_0$ 且全部测点大于等于规定值减 1 个百分点时，评定路段的压实度可得规定的满分；当 $K \geqslant K_0$ 时，对于测定值低于规定值减 1 个百分点的测点，按其占总检查点数的百分率计算扣分值。

$K < K_0$ 时，评定路段的压实度为不合格，评为零分。

（2）平整度采用《公路路基路面现场测试规程》JTG E60—2008 判定，以一个检测断面为基数，按规定计算评定路段内测定值的平均值、标准差、变异系数。而确定测定断面合格或不合格。

（3）抗滑性能采用《公路路基路面现场测试规程》JTG E60—2008 判定，每一处均取 3 次路面构造深度的测定的平均值作为试验结果。当平均值小于 0.2mm 时，试验结果以小于 0.2mm 表示。

（4）弯沉值采用《公路工程质量检（试）验评定标准》JTG E80/1—2004 进行判断。

$$l_r = \bar{l} + Z_\alpha S$$

式中 l_r——弯沉代表值（0.01mm）；

$\bar{l}$——实测弯沉的平均值（0.01mm）；

S——标准差；

Z_α——与要求保证率有关的系数（查规范）。

用两台弯沉仪同时进行左右轮弯沉值测定时，应接两个独立测点计，不能采用左右两点的平均值。

弯沉代表值大于设计要求的弯沉值时相应分项工程不合格。

（5）混凝土路面强度采用《混凝土强度检验评定标准》GB/T 50107—2010 进行判断。

1）弯拉强度。

① 试件组数大于 10 组时，平均弯拉强度合格判断式为：

$$f_{cs} \geqslant f_r + K_\sigma$$

式中 f_{cs}——混凝土合格判定平均弯拉强度（MPa）；

f_r——设计弯拉强度标准值（MPa）；

K——合格判定系数（见表 8-6）；

σ——强度标准差。

合格判定系数 **表 8-6**

试件组数 n	11～14	15～19	≥20
合格判定系数 K	0.75	0.7	0.65

② 当试件组数为 11～19 组时，允许有一组最小弯拉强度小于 $0.85f_r$，但不得小于 $0.80f_r$。当试件组数大于 20 组时，不得小于 $0.75f_r$；高速公路和一级公路均不得小于 $0.85f_r$。

③ 试件组数等于或少于 10 组时，试件平均强度不得小于 $1.10f_r$，任一组强度均不得

小于 0.85f_r。

④ 当标准小梁合格判定平均弯拉强度 f_{cs} 和最小弯拉强度 f_{min} 中有一个不符合上述要求时，应在不合格路段每公里每车道钻取 3 个以上 ϕ150mm 的芯样，实测劈裂强度，通过各自工程的经验统计公式换算弯拉强度，其合格判定平均弯拉强度 f_{cs} 和最小值 f_{min} 必须合格，否则，应返工重铺。

⑤ 实测项目中，水泥混凝土弯拉强度评为不合格时相应分项工程评为不合格。

2）抗压强度。

① 试件≥10 组时，应以数理统计方法按下述条件评定：

$$R_n - K_1 S_n \geqslant 0.9R$$

$$R_{min} \geqslant K_2 R$$

式中　n——同批混凝土试件组数；

R_n——同批 n 组试件强度的平均值（MPa）；

S_n——同批 n 组试件强度的标准差（MPa），当 $S_n < 0.06R$ 时，取 $S_n = 0.06R$；

R——混凝土设计强度等级（MPa）；

R_{min}——n 组试件中强度最低一组的值（MPa）；

K_1、K_2——合格判定系数，见表 8-7。

K_1、K_2 的值　　**表 8-7**

n	10～14	15～24	≥25
K_1	1.70	1.65	1.60
K_2	0.9	0.85	

② 试件<10 组时，可用非统计方法按下述条件进行评定：

$$R_n \geqslant 1.15R$$

$$R_{min} \geqslant 0.95R$$

③ 实测项目中，水泥混凝土抗压强度评为不合格时相应分项工程为不合格。

（6）沥青路面渗水采用《公路路基路面现场测试规程》JTG E60—2008 进行判断。

1）计算时以水面从 100mL 下降至 500mL 所需的时间为标准，若渗水时间过长，亦可采用 3min 通过的水量计算：

$$C_w = \frac{V_2 - V_1}{t_2 - t_1} \times 60$$

式中　C_w——路面渗水系数（mL/min）；

V_2——第二次计时时的水量（mL），通常为 100mL；

V_1——第一次计时时的水量（mL），通常为 100mL；

t_2——第二次计时时间（s）；

t_1——第一次计时时间（s）。

2）报告列表逐点报告每个检测路段各个测点的渗水系数，及 5 个测点的平均值、标准差、变异系数。若路面不透水，则在报告中注明为 0。

（7）混凝土拌合物稠度采用《普通混凝土拌合物性能试验方法标准》GB/T 50080—2002 进行判定。

1）当混凝土的一侧发生崩塌或一边剪切破坏，则应重新取样另测。如果第二次仍发生上述情况，则表示该混凝土和易性不好，应记录。

2）当混凝土拌合物的坍落度大于220mm时，用钢尺测量混凝土扩展后最终的最大直径和最小直径，在这两个直径之差小于50mm的条件下，用其算术平均值作为坍落扩展度值；否则，此次试验无效。

（四）地基基础工程的试验内容、方法和判断标准

1. 试验内容

（1）桩基工程包含下列主要检测项目：

1）单桩竖向抗压承载力；

2）单桩、带承台单桩水平承载力；

3）单桩抗拔承载力；

4）桩身完整性；

5）桩基混凝土强度。

（2）复合地基包含下列主要检测项目：

1）单桩、多桩复合地基竖向抗压承载力；

2）桩身完整性。

（3）天然地基、压实填土地基、预压地基、强夯地基、注浆地基及换填垫层等人工地基主要检测项目有竖向抗压承载力及变形模量。

2. 试验方法

（1）钻孔灌注桩、沉管灌注桩、夯扩桩、预制桩、人工挖孔桩的检测应执行以下规定：

1）为设计提供单桩竖向抗压承载力依据时，应采用竖向抗压静载荷试验的方法进行检测并宜加载至破坏。当单桩极限承载力大于15000kN时，对端承型桩或嵌岩桩，有条件时可采用深层平板静载荷试验（嵌岩桩可采用岩基静载荷试验）进行检测。

2）工程桩应进行单桩竖向抗压承载力验收检测。检测方法及每单位工程同一条件下的工程桩抽检数量应遵守表8-8规定。

3）同一场地多栋建筑物岩土工程情况相同，当桩型、桩径、桩长及施工工艺相同时，可由设计单位决定静载荷试验为设计提供承载力依据和承载力验收检测的数量。但每栋建筑物不应少于1根（高层建筑或检测中离散性较大时，宜适当增加检测数量），且每一施工单位所施工的桩的检测数量不应少于3根。

4）需对单桩竖向抗压承载力进行跟踪施工检测时，宜在取得试桩动静对比或测试经验的条件下，采用高应变方法进行检测，对打入式预制桩可采用高应变法进行打桩监控。

5）对单桩竖向抗压承载力进行鉴定检测时，应优先采用静载荷试验方法。当桩已隐

藏时，根据现场条件及设计要求，采用岩土工程补勘估算、坑探等方法进行综合检测评定。

单桩竖向抗压承载力验收检测方法及数据表 **表 8-8**

桩基类别	检测方法	抽检数量
甲级设计等级撞击，地质条件复杂、成桩质量可靠性低及采用新工艺新桩型的灌注桩基	应采用单桩竖向抗压静载荷试验方法	不应少于总桩数的 1%且不应少于 3 根。总桩数少于 50 根时不应少于 2 根
大直径人工开挖孔扩底桩及嵌岩桩	应采用单桩竖向抗压静载荷试验	不应少于 3 根。总桩数少于 50 根时不应少于 2 根
其他桩基	宜采用单桩竖向抗压静载荷试验方法	静载荷试验不应少于 3 根。总桩数少于 50 根时不应少于 2 根

6）不应采用低应变法检测单桩承载力。

7）工程桩应进行桩身完整性的验收检测。特级设计等级的桩基或地质条件复杂、成桩质量可靠性低的灌注桩，抽检数量不应少于总桩数的 30%，且不应少于 20 根。其他建筑物的桩基，抽检数量不应少于总桩数的 20%，且不应少于 10 根；对压入式预制桩及干成孔作业且终孔后经过核验的灌注桩，检测数量不应少于总桩数的 10%，且不应少于 10 根。

8）采用低应变法进行桩身完整性检测时，每根柱下承台抽检的桩数不应少于 1 根，且单桩、二桩承台下的桩应全数检测。

9）对于直径大于 800mm 的特级设计等级的嵌岩桩、单桩极限承载力大于 15000kN 的桩或桩身强度控制设计的桩，除进行低应变法检测外，尚宜采用钻芯法或声波透射法检测桩身质量并综合判定其完整性。抽检数量不宜少于 3 根。

10）人工挖孔桩可采用低应变法或高应变法检测桩身完整性。特级设计等级的桩尚宜采用钻芯法或声波透射法进行检测比对，抽检数量不宜少于 3 根。

11）各种桩基当用高、低应变法检测桩身完整性时，如怀疑多个缺陷或判断有疑问时，宜采用钻芯法或声波透射法进一步验证。

（2）各种复合地基、天然地基、其他人工地基（压实填土地基、预压地基、强夯地基、注浆地基、换填垫层等）竖向抗压承载力及变形模量检测应遵守下列规定：

1）为设计提供天然地基（特级设计等级建筑物）、复合地基、其他人工地基的竖向抗压承载力及变形模量的依据时，应采用静载荷试验方法。每单位工程试验数量不应少于 3 点。

2）天然地基应进行验槽，必要时应进行验收检测，重要工程或沉降有严格要求的工程，应由设计单位确定持力层承载力及变形模量（或压缩模量）的验收检测方法（宜优先选用静载荷试验方法）。

3）复合地基应进行承载力的验收检测，应采用静载荷试验方法，检测数量每单位工程不应少于总桩数的 0.5%～1%且不应少于 3 根，有单桩承载力检（试）验要求时，数量为总数的 0.5%～1%，且不应少于 3 根。对地质条件复杂的工程尚宜适当增加检测数量。

4）强夯、换填、预压、注浆及压实填土等人工地基应进行承载力及变形模量的验收检测。应采用静载荷试验方法，检测数量每单位工程不应少于3点。同时对处理面积1000m² 以上工程每100m² 至少应有1点，3000m² 以上工程每300m² 至少应有一点。每一独立基础下宜有1点，基槽每20延长米宜有1点。当压板影响深度小于处理层深度时，尚应采用钻探取样、触探等原位测试方法进行检测。强夯置换墩承载力除采用单墩静载试验检测外，尚应采用动力触探等有效手段查明置换墩着底情况及承载力与密度随深度的变化，对饱和粉土和砂类土地基允许采用单墩复合地基载荷试验代替单墩载荷试验。

5）复合地基中的混凝土桩（CFG桩等）、水泥土桩、石灰桩、砂石桩（渣土桩）应进行桩身质量或完整性的验收检测。

检测方法及数量应符合表8-9规定。

复合地基桩身质量或完整性的验收检测方法及数量　表8-9

序　号	类　型	检测方法	检测数量
1	混凝土桩（CPG桩等）	应采用低应变法	不应少于总桩数的10%，且不应少于20根
2	水泥土桩	宜采用单桩静载荷试验或连续钻芯法、坑探法	不应少于3根
3	石灰桩	应采用静力触探法	不应少于10根
4	砂石桩（渣土桩）	应采用动力触探法	不应少于10根

注：水泥土桩钻芯龄期不宜少于28天，石灰桩静力触探龄期不宜少于28天，砂石桩动力触探龄期不宜少于15天。

6）压实填土地基、换填垫层等人工地基的施工检测宜分层采用核子密度仪法或环刀取样法，在取得相关资料的条件下也可采用轻便触探、静力触探、动力触探等方法对地基密实度进行检测。

7）强夯地基、注浆地基，预压地基的施工检测宜采用钻探取样、标贯，动力及触力触探等方法。

8）各种复合地基及其他人工地基的施工检测及验收检测尚应符合《建筑地基处理技术规范》JGJ 79—2012及《建筑地基基础工程施工质量验收规范》GB 50202—2002的有关规定。

9）采用静载荷试验检测复合地基、天然地基、人工地基竖向抗压承载力及变形模量时，应考虑压板宽度及其影响深度与实际地基工作状态的差异，并在检测报告中作出必要的说明。

3. 判断标准

（1）桩基承载力采用《建筑基桩检测技术规范》JGJ 106—2014进行判定。

（2）桩基完整性采用《建筑基桩检测技术规范》JGJ 106—2014进行判定。

1）判定桩身完整性时，其等级可按四类划分：

Ⅰ类：桩身结构完整。

Ⅱ类：桩身结构基本完整，存在轻微缺陷，对桩身结构完整性有一定影响，不影响桩身结构承载力的正常发挥。

Ⅲ类：桩身结构存在明显缺陷，完整性介于Ⅱ类和Ⅳ类之间，对桩身结构承载力有一定的影响。宜采用钻芯法或声波透射法等其他方法进一步判断或直接进行处理。

Ⅳ类：桩身结构存在严重缺陷，不宜考虑其承载作用。

2）检测结果应包括：

① 桩身波速取值；

② 桩身完整性描述、缺陷的位置及桩身完整性类别；

③ 能直观反映桩身完整性的实测曲线。如时域信号时段所对应的桩身长度标尺、指数或放大的范围及倍数，或幅频信号曲线分析的频率范围、桩底或桩身缺陷对应的相邻谐振峰间的频差。

3）出现下列情况之一，桩身完整性判定宜结合其他检测方法进行：

① 实测信号复杂，无规律，无法对其进行准确评价；

② 对同一批桩，由桩长估算波速或由波速估算桩长，其估算值出现异常，且又缺乏相关资料解释论证其结果；

③ 设计桩身截面渐变或多变，且变化幅度较大的混凝土灌注桩。

④ 嵌岩端承型桩虽有明显的桩底反射，但反射波却与入射波相位相同。

（3）桩混凝土强度采用《混凝土强度检验评定》GB/T 50107—2010 进行判断。其方法同路面一样。

（五）构筑物主体结构的检测内容、方法和判断标准

1. 材料与混凝土检测

（1）检测内容

1）原材料及构配件试验检（试）验（水泥、钢筋、骨料、外加剂、预应力配件等）；

2）混凝土强度及结构外观；

3）预制构件结构性能；

4）钢结构；

5）构筑物。

（2）检测方法

1）原材料

① 水泥：按《通用硅酸盐水泥》GB 175—2007 进行强度、安定性及凝结时间等必要的性能指标。

② 钢筋：按国家现行相关标准的规定抽取试件作力学性能和重量偏差检（试）验。

③ 骨料：粗细骨料按《普通混凝土用砂、石质量及检验方法标准》JGJ 52—2006 的规定进行检（试）验。

④ 外加剂按《混凝土外加剂》GB 8076—2008 进行检（试）验。

⑤ 预应力配件：

A. 预应力筋按《预应力混凝土用钢绞线》GB/T 5224—2003 等的规定抽取试件作力学性能检（试）验。

B. 锚具、夹具和连接器按《预应力筋用锚具、夹具和连接器》GB/T 14370—2007 等规定抽取试件进行外观、硬度、静载锚固性能试验。

C. 张拉机具设备及仪器按国家有关要求进行校验和标定。

2）混凝土强度及结构外观

① 混凝土强度检测方法有钻芯法、拔出法、压痕法、射击法、回弹法、超声法、回弹超声综合法、超声衰减综合法、射线法、落球法等。

② 结构外观质量检测用目测及检测工具等方法

3）预制构件结构性能

预制构件结构性能按《混凝土结构工程施工质量验收规范》GB 50204—2002（2011 年版）用短期静力加载方法进行承载力、挠度和抗裂检（试）验。

4）钢结构按国家现行有关标准的规定对材料性能、钢材锈蚀检测、连接（焊接、螺栓连接）、构件尺寸与偏差及防火涂层厚度等进行抽检，必要时，可进行结构或构件性能的实荷检验或结构的动力测试。

5）构筑物按有关规范要求主要是强度等级、尺寸偏差、外观质量、抗冻性能、材料品种等检测项目。

（3）判断标准

1）原材料按国家现行有关标准进行判定

2）混凝土强度及结构外观采用《混凝土结构工程施工质量验收规范》GB 50204—2002（2011 年版）进行判断混凝土强度及结构外观质量。

3）预制构件结构性能按《混凝土结构工程施工质量验收规范》GB 50204—2002（2011 年版）进行判定。

4）钢结构按《钢结构工程施工质量验收规范》GB 50205—2001 进行判定。

5）构筑物按国家现行有关规范要求进行判定。

2. 给水排水构筑物的满水试验

（1）满水试验前必备条件

1）池体的混凝土或砖、石砌体的砂浆已达到设计强度要求；池内清理洁净，池内外缺陷修补完毕。

2）现浇钢筋混凝土池体的防水层、防腐层施工之前；装配式预应力混凝土池体施加预应力且锚固端封锚以后，保护层喷涂之前；砖砌池体防水层施工以后，石砌池体勾缝以后。

3）设计预留孔洞、预埋管口及进出水口等已做临时封堵，且经验算能安全承受试验压力。

4）池体抗浮稳定性满足设计要求。

5）试验用的充水、充气和排水系统已准备就绪，经检查充水、充气及排水闸门不得渗漏。

6）各项保证试验安全的措施已满足要求；满足设计的其他特殊要求。

（2）满水试验准备工作

1）选定好洁净、充足的水源；注水和放水系统设施及安全措施准备完毕。

2）有盖池体顶部的通气孔、人孔盖已安装完毕，必要的防护设施和照明等标志已配备齐全。

3）安装水位观测标尺、标定水位测针。

4）准备现场测定蒸发量的设备。一般采用严密不渗，直径500mm，高300mm的敞口钢板水箱，并设水位测针，注水深200mm。将水箱固定在水池中。

5）对池体有观测沉降要求时，应选定观测点，并测量记录池体各观测点初始高程。

（3）水池满水试验与流程

1）试验流程

试验准备→水池注水→水池内水位观测→蒸发量测定→整理试验结论

2）池内注水

① 向池内注水宜分3次进行，每次注水为设计水深的1/3。对大、中型池体，可先注水至池壁底部施工缝以上，检查底板抗渗质量，当无明显渗漏时，再继续注水至第一次注水深度。

② 注水时水位上升速度不宜超过2m/d。相邻两次注水的间隔时间不应小于24h。

③ 每次注水宜测读24h的水位下降值，计算渗水量，在注水过程中和注水以后，应对池体作外观检查。当发现渗水量过大时，应停止注水。待作出妥善处理后方可继续注水。

④ 当设计有特殊要求时，应按设计要求执行。

3）水位观测

① 利用水位标尺测针观测、记录注水时的水位值。

② 注水至设计水深进行水量测定时，应采用水位测针测定水位。水位测针的读数精确度应达1/10mm。

③ 注水至设计水深24h后，开始测读水位测针的初读数。

④ 测读水位的初读数与末读数之间的间隔时间应不少于24h。

⑤ 测定时间必须连续。测定的渗水量符合标准时，须连续测定两次以上；测定的渗水量超过允许标准，而以后的渗水量逐渐减少时，可继续延长观测。延长观测的时间应在渗水量符合标准时止。

4）蒸发量测定

① 池体有盖时可不测，蒸发量忽略不计。

② 池体无盖时，须作蒸发量测定。

③ 每次测定水池中水位时，同时测定水箱中蒸发量水位。

（4）满水试验标准

1）水池渗水量计算，按池壁（不含内隔墙）和池底的浸湿面积计算。

2）渗水量合格标准。钢筋混凝土结构水池不得超过$2L/(m^2 \cdot d)$；砌体结构水池不得超过$3L/(m^2 \cdot d)$。

3. 给水排水构筑物气密性试验

（1）气密性试验要求

1）需进行满水试验和气密性试验的池体，应在满水试验合格后，再进行气密性试验；

2）工艺测温孔的加堵封闭、池顶盖板的封闭、安装测温仪、测压仪及充气截门等均已完成；

3）所需的空气压缩机等设备已准备就绪。

（2）试验精确度

1）测气压的U形管刻度精确至mm水柱；

2）测气温的温度计刻度精确至1℃；

3）测量池外大气压力的大气压力计刻度精确至10Pa。

（3）测读气压

1）测读池内气压值的初读数与末读数之间的间隔时间应不少于24h；

2）每次测读池内气压的同时，测读池内气温和池外大气压力，并换算成同于池内气压的单位。

（4）池内气压降计算

池内气压降按下式计算：

$$P=(P_{d1}+P_{a1})-(P_{d2}+P_{a2})\times\frac{273+t_1}{273+t_2}$$

式中 P——池内气压降（Pa）；

P_{d1}——池内气压初读数（Pa）；

P_{d2}——池内气压末读数（Pa）；

P_{a1}——测量P_{d1}时的相应大气压力（Pa）；

P_{a2}——测量P_{d2}时的相应大气压力（Pa）；

t_1——测量P_{d1}时的相应池内气温（℃）；

t_2——测量P_{d2}时的相应池内气温（℃）。

（5）气密性试验合格标准

1）试验压力宜为池体工作压力的1.5倍；

2）24h的气压降不超过试验压力的20%。

（六）构筑物附属工程的试验内容、方法和判断标准

1. 试验内容

（1）倒虹管及涵洞

1）地基承载力；

2）混凝土、砂浆强度；

3）原材料；

4）倒虹管闭水试验；

5）回填压实度。

（2）钢纤维混凝土

1）钢纤维原材料（长度、抗拉强度、长径比等）；

2）钢纤维混凝土强度。

2. 试验方法

（1）倒虹管及涵洞

1）地基承载力按《建筑地基基础工程施工质量验收规范》GB 50202—2013 采用动力触探检（试）验法进行检（试）验。

2）混凝土、砂浆强度按《给水排水管道工程施工及验收规范》GB 50268—2008 相关要求进行检（试）验。

3）倒虹管闭水试验按《给水排水管道工程施工及验收规范》GB 50268—2008 相关要求进行检（试）验。

4）回填压实度按《给水排水管道工程施工及验收规范》GB 50268—2008 相关要求采取环刀法、灌砂法、灌水法等方法进行检（试）验。

5）原材料按《混凝土和钢筋混凝土排水管》GB 11836—2009 的有关要求进行检（试）验。

（2）钢纤维混凝土

1）钢纤维原材料（长度、抗拉强度、长径比等）

按有关钢纤维混凝土的规范、标准对长度、抗拉强度、长径比等进行检（试）验。

2）钢纤维混凝土强度

按《城镇道路工程施工与质量验收规范》CJJ 1—2008 有关要求进行检（试）验。

3. 判断标准

（1）倒虹管及涵洞

1）地基承载力按《建筑地基基础工程施工质量验收规范》GB 50202—2013 判定符合设计要求。

2）原材料出厂合格证、复检报告，符合现行国家标准《混凝土和钢筋混凝土排水管》GB 11836—2009 的有关规定，达到设计要求。

3）混凝土、砂浆强度：砂浆平均抗压强度等级应符合设计规定，任一组试件抗压强度最低值不得低于设计强度的 85%。混凝土强度应符合设计要求。

4）闭水试验：应符合现行国家标准《给水排水管道工程施工及验收规范》GB 50268—2008 的有关规定，主体结构建成后，闭水试验应在倒虹管充水 24h 后进行，测定 30min 渗水量。渗水量不得大于计算值。

5）回填土压实度：按《给水排水管道工程施工及验收规范》GB 50268—2008 有关要求进行判定。

（2）钢纤维混凝土

1）钢纤维混凝土的原材料

① 长度：钢纤维的长度与其标称值的偏差，不应超过±10%。长度偏差合格率不应低于90%，10根纤维长度平均值同时应满足偏差的要求。

② 直径或等效直径：钢纤维的直径或等效直径平均值与其标称值的偏差，不应超过±10%。，求得的直径平均值与其标称值的偏差应满足规定偏差的要求。

③ 长径比：钢纤维的长径比与其标称值的偏差，不应超过±10%。根据实测平均长度和实测平均直径或等效直径，求得的长径比平均值与其标称值的偏差，应满足规定偏差的要求。

④ 形状合格率：异形钢纤维的形状符合出厂规定形状数量占纤维总量的百分数称为形状合格率。除平直形钢纤维外的其他形状钢纤维，其形状合格率不宜小于90%。检查时，如有断钩、单边成形和其他形状缺陷者视为不合格，受检钢纤维的形状合格率不应低于85%。

⑤ 抗拉强度：钢纤维的抗拉强度不得低于380MPa。当工程有特殊要求时，钢纤维的抗拉强度可由需方根据技术与经济条件提出。测得的抗拉强度平均值不得低于规定值，单根钢纤维的抗拉强度不得低于规定值的90%。当母材为钢板或钢丝时，可用母材大试样进行试验，所测得任一试样的抗拉强度不得低于规定值。

2）钢纤维混凝土强度

钢纤维混凝土的抗拉强度，可通过试验所得的劈裂抗拉强度乘以强度折减系数0.80确定。钢纤维混凝土的抗冻性、抗渗性试验方法，按《普通混凝土长期性能和耐久性能试验方法标准》GB/T 50082—2009规定进行。实测的抗冻性、抗渗性指标值，不应低于设计要求。

（七）城市管道工程的试验内容、方法和判断标准

1. 给水排水管道

（1）试验内容

1）管道原材料检（试）验；

2）混凝土强度；

3）水压试验、严密性试验；

4）回填压实度。

（2）试验方法

1）管道原材料检（试）验按《给水排水管道工程施工及验收规范》GB 50268—2008有关要求对管节及配件进行检测。

2）混凝土强度按《给水排水管道工程施工及验收规范》GB 50268—2008有关要求对混凝土强度进行抽检，方法与混凝土工程相同。

3）压力管道

① 检（试）验方法：应按《给水排水管道工程施工及验收规范》GB 50268—2008第

9.2 节的规定进行压力管道水压试验，试验分为预试验和主试验阶段。

② 判断标准：试验合格的判定依据分为允许压力降值和允许渗水量值，按设计要求确定；设计无要求时，应根据工程实际情况，选用其中一项值或同时采用两项值作为试验合格的最终判定依据。

4）无压管道

① 试验管段灌满水后浸泡时间不少于 24h；

② 试验水头应按上述要求确定；

③ 试验水头达规定水头时开始计时，观测管道的渗水量，直至观测结束时，应不断地向试验管段内补水，保证试验水头恒定，渗水量的观测时间不得小于 30min。

（3）判断标准

按《给水排水管道工程施工及验收规范》GB 50268—2008 有关要求对排水管道有关检测进行判定。

无压管道允许渗水量计算：

$$q = 1.25\sqrt{D_i}$$

异形截面管道的允许渗水量可按周长折算为圆形管道计；

化学建材管道的实测渗水量应小于或等于按下式计算的允许渗水量。

$$q = 0.0046\,D_i$$

式中 q——允许渗水量 [$m^3/(24h \cdot km)$]；

D_i——管道内径（mm）。

回填压实度按《给水排水管道工程施工及验收规范》GB 50268—2008 有关规定抽取压实度，其方法与路基方法相同。

2. 供热管网

（1）强度试验

管线施工完成后，经检查除现场组装的连接部位（如：焊接连接、法兰连接等）外，其余均符合设计文件和相关标准的规定后，方可以进行强度试验。

强度试验应在试验段内的管道接口防腐、保温施工及设备安装前进行，试验介质为洁净水，环境温度在 5℃以上，试验压力为设计压力的 1.5 倍，充水时应排净系统内的气体，在试验压力下稳压 10min，检查无渗漏、无压力降后降至设计压力，在设计压力下稳压 30min，检查无渗漏、无异常声响、无压力降为合格。

当管道系统存在较大高差时，试验压力以最高点压力为准，同时最低点的压力不得超过管道及设备的承受压力。

当试验过程中发现渗漏时，严禁带压处理。消除缺陷后，应重新进行试验。

试验结束后，应及时拆除试验用临时加固装置，排净管内积水。排水时应防止形成负压，严禁随地排放。

（2）严密性试验

严密性试验应在试验范围内的管道、支架全部安装完毕后进行，固定支架的混凝土已达到设计强度，回填土及填充物已满足设计要求，管道自由端的临时加固装置已安装完成，并安全可靠。严密性试验压力为设计压力的1.25倍，且不小于0.6MPa。一级管网稳压1h内压力降不大于0.05MPa；二级管网稳压30min内压力降不大于0.05MPa，且管道、焊缝、管路附件及设备无渗漏，固定支架无明显变形的为合格。

钢外护管焊缝的严密性试验应在工作管压力试验合格后进行。试验介质为空气，试验压力为0.2MPa。试验时，压力应逐级缓慢上升，至试验压力后，稳压10min，然后在焊缝上涂刷中性发泡剂并巡回检查所有焊缝，无渗漏为合格。

（3）试运行

工程已经过有关各方预验收合格且热源已具备供热条件后，对供热系统应按建设单位、设计单位认可的参数进行试运行，试运行的时间应为连续运行72h。

试运行过程中应缓慢提高工作介质的升温速度，应控制在不大于10℃/h。在试运行过程中对紧固件的热拧紧，应在0.3MPa压力以下进行。

试运行中应对管道及设备进行全面检查，特别要重点检查支架的工作状况。

对于已停运两年或两年以上的直埋蒸汽管道，运行前应按新建管道要求进行吹洗和严密性试验。新建或停运时间超过半年的直埋蒸汽管道，冷态启动时必须进行暖管。

供热站内所有系统应进行严密性试验。试验前，管道各种支吊架已安装调整完毕，安全阀、爆破片及仪表组件等已拆除或加盲板隔离，加盲板处有明显的标记并做记录，安全阀全开，填料密实，试验管道与无关系统应采用盲板或采取其他措施隔开，不得影响其他系统的安全。试验压力为1.25倍设计压力，且不得低于0.6MPa，稳压在1h内，详细检查管道、焊缝、管路附件及设备等无渗漏，压力降不大于0.05MPa为合格；开式设备只做满水试验，以无渗漏为合格。

供热站在试运行前，站内所有系统和设备须经有关各方预验收合格，供热管网与热用户系统已具备试运行条件。试运行应在建设单位、设计单位认可的参数下进行，试运行的时间应为连续运行72h。

3. 燃气管道

（1）强度试验

1）试验前应具备条件

① 试验用的压力计及温度记录仪应在校验有效期内。

② 编制的试验方案已获批准，有可靠的通信系统和安全保障措施，已进行了技术交底。

③ 管道焊接检（试）验、清扫合格。

④ 埋地管道回填土宜回填至管上方0.5m以上，并留出焊接口。

⑤ 管道试验用仪表安装完毕，且符合设计要求或下列规定：

A. 试验用压力计的量程应为试验压力的1.5～2倍，其精度不得低于1.5级。

B. 压力计及温度记录仪表均不应少于两块，并应分别安装在试验管道的两端。

2）试验参数与合格判定

① 强度试验压力和介质应符合表8-10的规定。

强度试验压力和介质表 **表 8-10**

管道类型	设计压力 P_N（MPa）	试验介质	试验压力（MPa）
钢管	$P_N>0.8$	清洁水	$1.5P_N$
	$P_N \leqslant 0.8$	压缩空气	$1.5P_N$ 且$\geqslant 0.4$
球墨铸铁管	P_N		$1.5P_N$ 且$\geqslant 0.4$
	P_N		$1.5P_N$ 且$\geqslant 0.4$
钢骨架聚乙烯复合管	P_N（SDR11）		$1.5P_N$ 且$\geqslant 0.4$
聚乙烯管	P_N（SDR17.6）		$1.5P_N$ 且$\geqslant 0.2$

② 管道应分段进行压力试验，试验管道分段最大长度应按表 8-11 的规定。

管道试压分段最大长度表 **表 8-11**

设计压力 P_N（MPa）	试验管道最大长度（m）
$P_N \leqslant 0.4$	1000
$0.4<P_N \leqslant 1.6$	5000
$1.6<P_N \leqslant 4.0$	10000

3）强度试验分为水压试验和气压试验，应符合 CJJ 33—2005 规定。

（2）气压试验

1）当管道设计压力小于或等于 0.8MPa 时，试验介质应为空气，利用空气压缩机向燃气管道内充入压缩空气，借助空气压力来检（试）验管道接口和材质的致密性的试验。

2）除聚乙烯（SDR17.6）管外，试验压力为设计输气压力的 1.5 倍，但不得低于 0.4MPa，1.5 倍设计压力。当压力达到规定值后，应稳压 1h，然后用肥皂水对管道接口进行检查，全部接口均无漏气现象认为合格。若有漏气处，可放气后进行修理，修理后再次试验，直至合格。

（3）水压试验

1）当管道设计压力大于 0.8MPa 时，试验介质应为清洁水，试验压力不得低于 1.5 倍设计压力。水压试验时，试验管段任何位置的管道环向应力不得大于管材标准屈服强度的 90%。架空管道采用水压试验前，应核算管道及其支撑结构的强度，必要时应临时加固。试压宜在环境温度 5℃以上进行，否则应采取防冻措施。

2）水压试验应符合现行国家标准《液体石油管道压力试验》GB/T 16805—2009 的有关规定。

3）试验压力应逐步缓升，首先升至试验压力的 50%，应进行初检，如无泄漏、异常，继续升压至试验压力，然后宜稳压 1h 后，观察压力计不应少于 30min，无压力降为合格。

4）水压试验合格后，应及时将管道中的水放（抽）净，并按《城镇燃气输配工程施工及验收规范》CJJ 33—2005 有关规定进行吹扫。

5）经分段试压合格的管段相互连接的焊缝，经射线照相检（试）验合格后，可不再进行强度试验。

（4）严密性试验

1）试验前应具备条件

① 试验用的压力计及温度记录仪应在校验有效期内。

② 严密性试验应在强度试验合格且燃气管道全部安装完成后进行。若是埋地敷设，必须回填土至管顶 0.5m 以上后才可进行。

③ 编制的试验方案已获批准，有可靠的通信系统和安全保障措施，已进行了技术交底。

A. 压力和介质应符合《城镇燃气输配工程施工及验收规范》CJJ 33—2005 有关规定，宜采用严密性试验。

B. 严密性试验是用空气（试验介质）压力来检（试）验在近似于输气条件下燃气管道的管材和接口的致密性。

④ 试验压力应满足下列要求：

A. 设计压力小于 5kPa 时，试验压力应为 20kPa。

B. 设计压力大于或等于 5kPa 时，试验压力应为设计压力的 1.15 倍，且不得小于 0.1MPa。

⑤ 试验用的压力计量程应为试验压力的 1.5～2 倍，其精度等级、最小分格值及表盘直径应满足《城镇燃气输配工程施工及验收规范》CJJ 33—2005 的要求。

2）试验

① 试验设备向所试验管道充气逐渐达到试验压力，升压速度不宜过快。

② 设计压力大于 0.8MPa 的管道试压，压力缓慢上升至 30%和 60%试验压力时，应分别停止升压，稳压 30min，并检查系统有无异常情况，如无异常情况继续升压。管内压力升至严密性试验压力后，待温度、压力稳定后开始记录。

③ 稳压的持续时间应为 24h，每小时记录不应少于 1 次，修正压力降不超过 133Pa 为合格。修正压力降应按下式确定：

$$\Delta P' = (H_1 + B_1) - (H_2 + B_2)\frac{273 + t_1}{273 + t_2}$$

式中　$\Delta P'$——修正压力降（Pa）；

H_1、H_2——试验开始和结束时的压力计读数（Pa）；

B_1、B_2——试验开始和结束时的气压计读数（Pa）；

t_1、t_2——试验开始和结束时的管内介质温度（℃）。

④ 所有未参加严密性试验的设备、仪表、管件，应在严密性试验合格后进行复位，然后按设计压力对系统升压，应采用发泡剂检查设备、仪表、管件及其与管道的连接处，不漏为合格。

（八）市政工程质量检查常用的仪器、设备

市政工程常规质量检查仪器、设备主要包括水准仪、经纬仪、钢尺、弯沉仪、环刀、灌砂筒、坍落度筒。

1. 测量仪器

（1）水准仪

1）水准仪的功能

水准仪（图 8-5）主要部件有望远镜、管水准器（或补偿器）、垂直轴、基座、脚螺

旋。按结构分为微倾水准仪、自动安平水准仪、激光水准仪和数字水准仪（又称电子水准仪）。按精度分为精密水准仪和普通水准仪。水准仪主要是进行水平视线测定地面两点间高差（高程）测量。

图 8-5　水准仪示意图

2）水准仪的应用

水准仪适用于水准测量的仪器，目前我国水准仪是按仪器所能达到的每千米往返测高差中数的偶然中误差这一精度指标划分的，共分为 4 个等级。

水准仪型号都以 DS 开头，分别为“大地”和“水准仪”的汉语拼音第一个字母，通常书写省略字母 D，其后“05”、“1”、“3”、“10”等数字表示该仪器的精度，水准仪精度等级表见表 8-12，S3 级和 S10 级水准仪又称为普通水准仪，用于我国国家三、四等水准及普通水准测量，S05 级和 S1 级水准仪称为精密水准仪，用于国家一、二等精密水准测量。

水准仪精度等级表　　**表 8-12**

水准仪型号	DS05	DS1	DS3	DS10
千米往返高差中数偶然中误差	≤0.5mm	≤1mm	≤3mm	≤10mm
主要用途	国家一等水准测量及地震监测	国家二等水准测量及精密水准测量	国家三、四等水准测量及一般工程水准测量	一般工程水准测量

图 8-6　经纬仪示意图

（2）经纬仪

经纬仪（图 8-6）主要由基座、水平度盘、照准部组成，剖析图如图 8-7 所示。

经纬仪最主要的功能就是测量水平角和竖向角度的，它有两个度盘，一个是 H（horizantal）水平的，一个是 V（vertical）竖向的，根据站点（就是仪器位置，坐标已知）与所测未知点、已知坐标点三点的夹角，再配合尺量距离就能够测未知点坐标，或知道那个点坐标，将它实际放样出来。

（3）全站仪（图 8-8）

1）全站仪是一种采用红外线自动数字显示距离和角度的测量仪器，主要由接收筒、发射筒、照准头、振荡器、混频器、控制箱、电池、反射棱镜及专用三脚架等组成。全站仪主要应用于施工平面控制网的测量以及施工过程中点间水平距离、水平角度的测量；在没有条件使用水准仪进行水准测量时，还可考虑利用全站仪进行精密三角高程测量以代替水准测量；在特定条件下，市政公用工程施工常选用全站仪进行三角高程测量和三维坐标的测量。

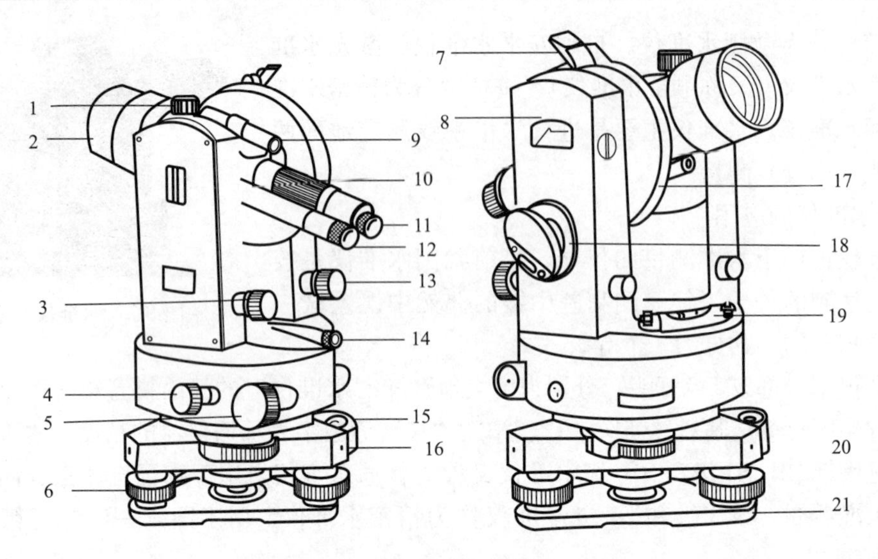

图 8-7 经纬仪剖析图

1—望远镜制动螺旋；2—望远镜物镜；3—望远镜微动螺旋；4—水平制动；5—水平微动螺旋；6—脚螺旋；7—竖盘水准管观察镜；8—竖盘水准管；9—光学瞄准器；10—物镜调焦；11—目镜调焦；12—度盘读数显微镜调焦；13—竖盘指标管水准器微动螺旋；14—光学对中器；15—基座圆水准器；16—仪器基座；17—竖直度盘；18—垂直度盘照明镜；19—平盘水准器；20—水平度盘位置变换轮；21—基座底盘

2）全站仪在测站上一经观测，必要的观测数据如斜距、天顶距（竖直角）、水平角等均能自动显示，而且几乎是同一瞬间得到平距、高差、点的坐标和高程。如果通过传输接口把全站仪野外采集的数据终端与计算机、绘图机连接起来，配以数据处理软件和绘图软件，即可实现测图的自动化。

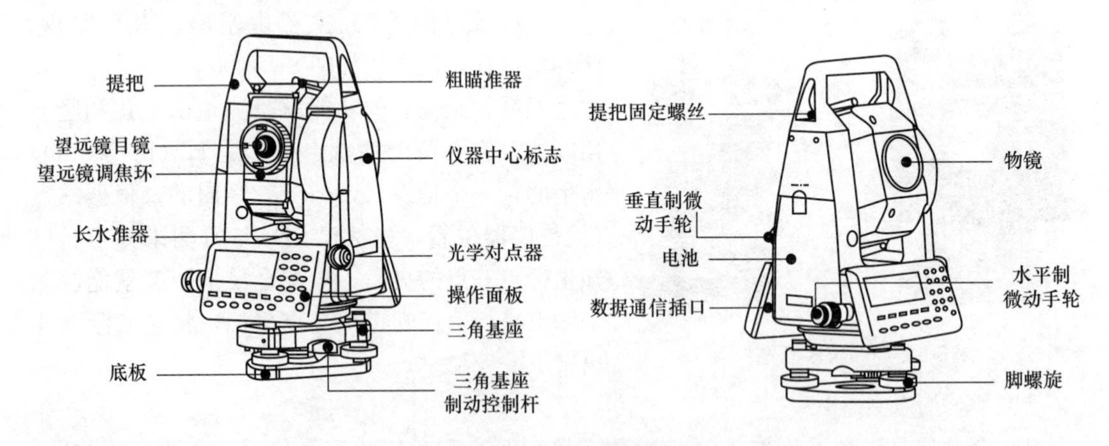

图 8-8 全站仪功能部件图

2. 压实度检测

（1）环刀（图 8-9）

环刀是用来取原状土的是做重度（土体密度）、压缩、剪切和渗透等试验必不可少的一种常用仪器。主要用来测定土体的压实度。

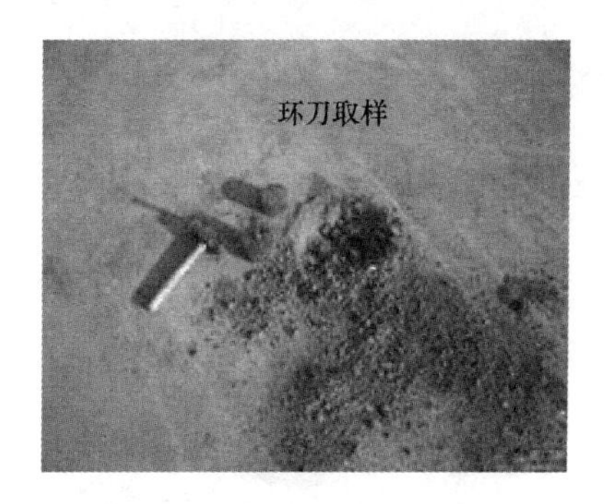

图 8-9　环刀示意图

环刀容积为 60～150m^3，直径为 6～8cm，高度为 2～3cm，壁厚一般用 1.5～2mm。

（2）灌砂筒

灌砂筒（图 8-10）主要用来现场测定基层（或底基导层）、砂石路面及路基土的各种材料压实层的密度和压实度检测。其主要尺寸要求见表 8-13。

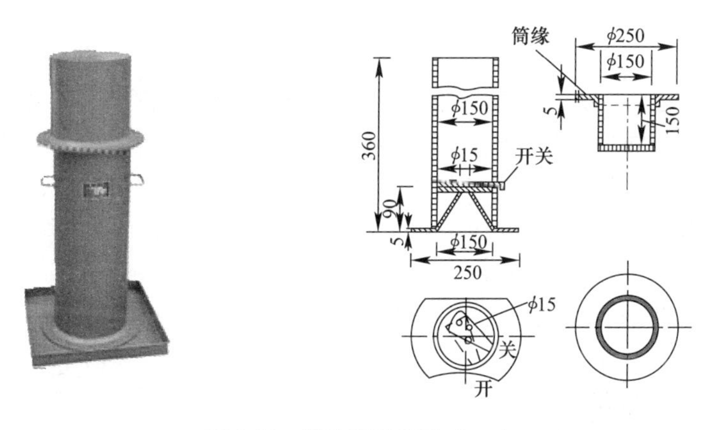

图 8-10　灌砂筒示意图（mm）

灌砂筒的主要尺寸要求表　　表 8-13

结构		小型灌砂筒	大型灌砂筒
储砂筒	直径（mm）	100	150
	容积（cm^3）	2120	4600
流砂孔	直径（mm）	10	15
金属标定罐	内径（mm）	100	150
	外径（mm）	150	200
金属方盘基板	边长（mm）	350	400
	深（mm）	40	50
中孔	直径（mm）	100	150

3. 混凝土检测

（1）坍落度筒

坍落度筒（图 8-11）适用于坍落度在 1～15cm，最大集料粒径不大于 40cm 的塑性混凝土做坍落试验。

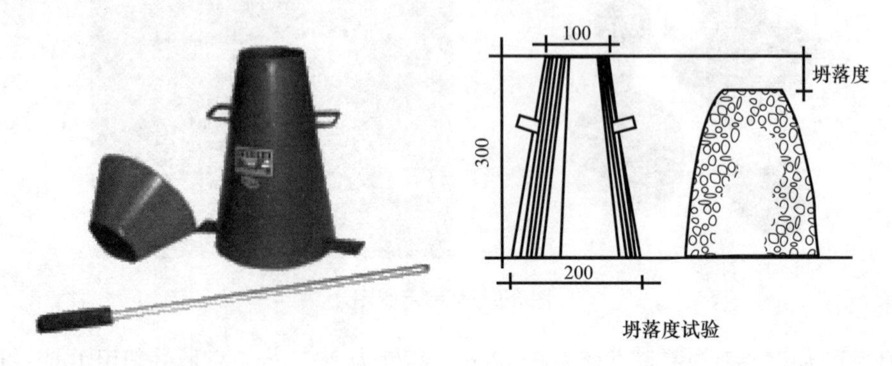

图 8-11　坍落度筒示意图

（2）新拌混凝土检测仪

施工现场可检测混凝土坍落度、水胶比、施工温度及预测 28 天强度，并对检测结果进行计算。

测试仪内部集成经过大量试验得到的新拌混凝土塌落度、水胶比、强度等质量系数与新拌混凝土黏稠度之间的关系曲线，操作人员可以直接使用内部集成的关系曲线对现场新拌混凝土进行检测；同时由于各地混凝土实际情况存在各种差异，仪器内部集成的关系曲线可能与现场存在各种各样的误差，操作人员可以根据现场实际测量情况对仪器进行自定义标定修正，在现场实际使用过程中，操作人员自己现场标定的曲线进行混凝土质量检测。

坍落度：50～260mm 误差：±10%测试时间：≥8s；

水胶比：0.20～0.60 误差：±5%；

28 天强度：10～80MPa 误差：±10%；

水泥稠度：试锤下沉深度 13～40mm；

温度：－20～＋80℃误差：±5%测试时间：≥8s。

4. 道路检测设备

（1）弯沉仪

1）简介

弯沉仪适用于路面回弹弯沉值测定，以评价路面的整体强度。

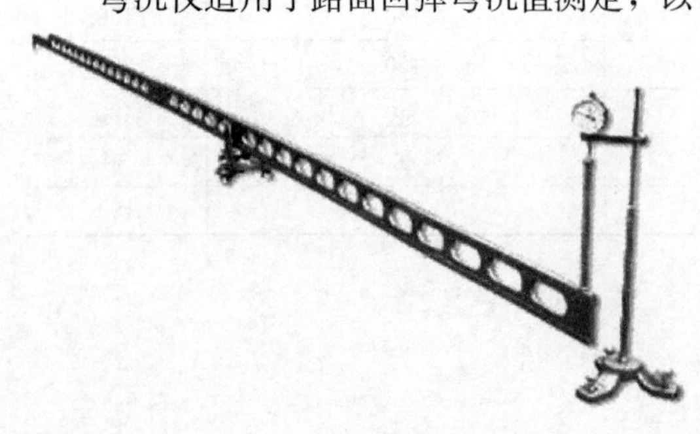

图 8-12　弯沉仪示意图

杠杆比：2∶1；

示值分度：0.01mm；

规格：3.6m，5.4m，7.2m。

贝克曼梁路面弯沉仪（图 8-12）由前、后杠杆、底座及百分表支架组成。前、后杠杆用 M12 螺栓连接可以装拆。杠杆与底座之间采用轴承连接，底座上装有调平螺栓和水平泡，备有长度 50、100、150mm 的测杆三支，可根据现场需要选择使用。

2）测量精度：将弯沉仪置于稳定的平台上，测头置于压力机的下承台上，并于测头处安置一百分表（用以测量下承压台的位移），启动压力机，使承压台微升（或下降）同时读记弯沉仪和测头处百分表读数，计算出位移值，量值范围 0.2～4.0mm，每次测定应反复 5 次，精度在±0.02mm 内。

3）仪器长度，测头长度，测头宽度与厚度，采用经检定的钢尺或卡尺量测，精度应符合要求。

4）梁的横向刚度：用百分表或千分表测量，摆动度应符合要求。

5）仪器质量：用小磅秤称重，质量应符合要求。

6）主要零部件材料：肉眼观察，经验或用简单方法检查。

7）装配及外观要求：肉眼观察或用简单方法检查。

（2）路面平整度测量仪（图 8-13）

路面平整度的测试设备分为断面类及反应类两大类。断面类是实际测定路面表面凹凸情况的，如最常用的三米直尺及连续式平整度仪；反应类是利用路面凹凸引起的车辆的振动颠簸，测得驾驶员和乘客直接感受到的平整度指标。

（3）摆式摩擦系数测定仪

摆式摩擦系数测定仪（简称摆式仪）（图 8-4）是一种测定路面、机场跑道、标线漆等摩擦系数的仪器。也可以进行典型路面摩擦系数的测定，作为确定保护轮胎配方的依据之一。本仪器调试方便、操作简单，测试时对交通影响较小，数据也较稳定，且室内外均可使用。摆式仪是动力摆冲击型仪器。它是根据“摆的位能损失等于安装于摆臂末端橡胶片滑过路面时，克服路面等摩擦所做的功”这一基本原理研制而成。

图 8-13　YLPY-F 型路面平整度仪

图 8-14　钢卷尺示意图

5. 检测用具

（1）钢卷尺（图 8-14）

钢尺是用薄钢片制成的带状尺，可卷入金属圆盒内，故又称钢卷尺。尺宽约 10～15mm，长度有 20m、30m 和 50m 等几种。

钢尺是钢制的带尺。钢尺的基本分划为厘米，在每米及每分米处都有数字注记，适用于一般的距离测量。有的钢尺在起点处至第一个 10cm 间，甚至整个尺长内都刻有毫米分划，这种钢尺适用于精密距离测量。

钢尺根据零点位置的不同，又可分为端点尺和刻线尺两种。端点尺是以尺的最外端边线作为刻划的零线，当从建筑物墙边开始量距时使用很方便；刻线尺是以刻在钢尺前端的“0”刻划线作为尺长的零线，在测距时可获得较高的精度。由于钢尺的零线不一致，使用时必须注意钢尺的零点位置。

（2）直尺、楔形塞尺（塞尺）

2m 直尺和楔形塞尺主要用于工程构筑物、构件表面平整度的测定，在于评定其表面的使用质量和外观质量。

3m 直尺和楔形塞尺主要用来测定距离路表面的最大间隙，表示中期路面的平整度，以 mm 计。适用于测定压实成型的路面各层表面的平整度，以评定路面的施工质量及使用质量，也可用于路基表面成型后的施工平整度检测。

直尺（图 8-15）长度有 2m 和 3m，可用硬木、玻璃钢或铝合金材料制作，具有一定钢度，一般宽度为 10～15cm。

楔形塞尺（图 8-16）用合金材料制成，呈直角梯形，斜边坡度为 1∶10，读数精度为 0.01mm。

图 8-15　直尺示意图

图 8-16　楔形塞尺示意图

（3）钢尺、靠尺、塞尺、辅助尺

这些工具主要是用于尺寸检测。市政工程中属于尺寸检（试）验的项目较多，尺寸检（试）验常用的方法是用尺量，一般市政工程尺寸检（试）验用尺量的精确度（常用的钢尺，最小读数是 mm），可以满足质量标准中允许偏差值所提出的要求。

钢尺：钢板尺最小刻度 0.5mm，2m 钢卷尺最小刻度 1mm，根据检（试）验尺寸的需要选用。

塞尺：由一组不同厚度钢片重叠，每片厚度标示在钢片表面，精度为 0.01mm。

靠尺：一般 300m 长，可用硬木、玻璃钢或铝合金材料制作。

辅助尺：配合量测量挡土墙底宽，在钢助尺上安装线附（垂球）。

1）检（试）验长度、宽度、厚度

方式一：直接用尺量检（试）验

适用范围：模板（整体式、装配式和小型预制构件）的长度、宽度和高度。钢筋：受力钢筋成型长度，弯起钢筋弯起点位置、弯起点高度；钢筋网片长、宽、网格尺寸和对角线之差；钢筋骨架长、宽和高度；受力钢筋间距、排距；箍盘尺寸、间距；保护层厚度。

水泥混凝土构筑物（构件）长度、间距，同跨各肋（桁）间距。

方式二：挂中线用尺量检（试）验

适用范围：挂中线用尺量是检（试）验构筑物中心线两侧的半幅宽度。它适用于道路路基宽度、管道的沟槽、垫层、平基、管肩宽度、沟渠的渠底、基础的宽度等。

2）检（试）验相邻板（件）高差

检（试）验工具：钢尺、塞尺、靠尺

适用范围：相邻板（件）高差的检（试）验，主要适于对水泥混凝土和预制混凝土相邻板，井框（井面）与路，路面侧石、缘石相邻块，整体式和装配式结构模板的相邻板面，安装梁的相邻两梁端面，悬臂拼装块间接缝，两拱波底面间，相邻构件支点处顶面，箱体顶进相邻段及饰面相邻的量测。

3）检（试）验断面尺寸

检（试）验工具：钢尺、辅助尺具

适用范围：

① 适用涵洞、倒虹管泄水断面，集水井尺寸，护底、护坡、挡土墙（重力式）砌体断面，预制侧石、缘石外形尺寸，基坑尺寸。

② 适用于桥梁工程的水泥混凝土构筑物的基础、墩、台、梁、柱、板、墙、扶手等。

③ 适用于检查井井身、井盖尺寸，水泥混凝上和钢筋混凝土渠、石渠、砖渠的拱圈、盖板的断面尺寸。

④ 适用于地下工程的现浇水泥混凝土构筑物断面，结构尺寸，砖砌结构室内尺寸。

4）检（试）验构筑物和构件的轴线及平面位置

工具：用尺量检（试）验

适用范围：基础沉入桩的基础桩、排架桩和板桩的桩位，钢筋电弧焊绑条接关沿接头中心线的纵向偏移、接头处钢筋轴线的弯折和偏移，先张法预应力筋中心移；预埋件、预留孔、预应力筋孔道位置；铸铁管、钢管管件安装的中心线位移等。

（4）小线

小线一般为直径 0.5mm 的锦纶线，长度有 20m、10m 或视检（试）验构件而取用的长度。主要用于直顺度（侧向弯曲）的检（试）验。主要是挂小线用尺量最大误差值，用以表示工程、构筑物或构件的直顺度。

1）20m 小线

挂 20m 小线用尺量侧构筑物（构件）直顺度，适用于道路的水泥混凝土路面面层模板、纵缝、侧石、缘石、预制块人行道纵缝的检（试）验。

2）10m 小线

挂 10m 小线用尺量测量构筑物（构件）直顺度，适用于桥梁的地梁、扶手，浆砌料石、砖和砌筑的挡土墙（重力式）、墩、台。

3）视检（试）验构件长度而定的小线

沿构筑物或全长（宽）挂线用尽量检（试）验其直顺度（侧向弯曲值）。适用于水泥混凝土面层和预制块人行道的横缝；装配式构件模板中的梁、柱、桩、板、拱肋、桁架的侧向弯曲；水泥混凝土构筑物（构件）中的梁、柱、桩、板、拱波、箱体、扶手的侧向弯曲的检（试）验。

（5）垂球

垂球（图 8-17）又名垂线检测方法。其上端系有细绳的倒圆锥形金属锤，在测量工作中用于投影对点或检（试）验物体是否铅垂的简单工具。

（6）游标卡尺

游标卡尺（图 8-18）是一种测量长度、内外径、深度的量具。游标卡尺由主尺和附在主尺上能滑动的游标两部分构成。主尺一般以毫米为单位，而游标上则有 10、20 或 50 个分格，根据分格的不同，游标卡尺可分为十分度游标卡尺、二十分度游标卡尺、五十分度格游标卡尺等。游标卡尺的主尺和游标上有两副活动量爪，分别是内测量爪和外测量爪，内测量爪通常用来测量内径，外测量爪通常用来测量长度和外径。

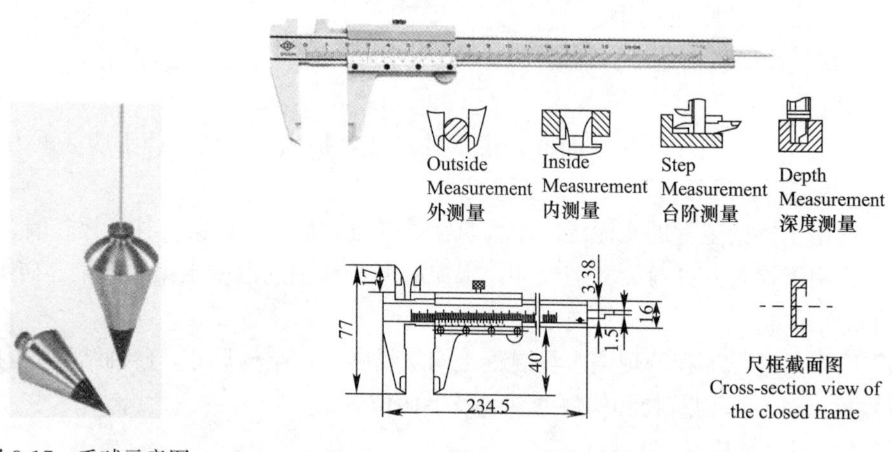

图 8-17　垂球示意图

图 8-18　游标卡尺示意图

游标卡尺是工业上常用的测量长度的仪器，它由尺身及能在尺身上滑动的游标组成。若从背面看，游标是一个整体。游标与尺身之间有一弹簧片（图 8-18 中未能画出），利用弹簧片的弹力使游标与尺身靠紧。游标上部有一紧固螺钉，可将游标固定在尺身上的任意位置。尺身和游标都有量爪，利用内测量爪可以测量槽的宽度和管的内径，利用外测量爪可以测量零件的厚度和管的外径。深度尺与游标尺连在一起，可以测槽和筒的深度。

尺身和游标尺上面都有刻度。以准确到 0.1mm 的游标卡尺为例，尺身上的最小分度是 1mm，游标尺上有 10 个小的等分刻度，总长 9mm，每一分度为 0.9mm，比主尺上的最小分度相差 0.1mm。量爪并拢时尺身和游标的零刻度线对齐，它们的第一条刻度线相差 0.1mm，第二条刻度线相差 0.2mm，……，第 10 条刻度线相差 1mm，即游标的第 10 条刻度线恰好与主尺的 9mm 刻度线对齐。

当量爪间所量物体的线度为 0.1mm 时，游标尺向右应移动 0.1mm。这时它的第一条刻度线恰好与尺身的 1mm 刻度线对齐。同样当游标的第五条刻度线跟尺身的 5mm 刻度线对齐时，说明两量爪之间有 0.5mm 的宽度，……，依此类推。

在测量大于 1mm 的长度时，整的 mm 数要从游标“0”线与尺身相对的刻度线读出。

九、市政工程质量资料的收集与整理

（一）基本要求

在市政工程的各类内业资料中，最为复杂、重要且比较容易出现问题的当属施工资料。工程资料管理应建立岗位责任制，工程资料的收集、整理应由专人负责。应确保资料合法、真实、准确、安全、有效，不得伪造或故意抽撤工程资料。工程资料应随工程进度同步收集、整理并按规定移交。施工资料中需要进行申报并由相关方进行审查、签字和批准的，负有申报责任的单位应及时申报，负有审查批准责任的单位应认真审查，及时、明确地签署意见。

在施工过程中所形成的内业资料，应该按照报验、报审程序，通过施工单位的有关部门审核后，报送建设单位或监理单位进行审核认定。施工资料的报验、报审具有时限性的要求，与工程有关的各单位宜在合同中约定清楚报验、报审的时间及应该承担的责任。如果没有约定，施工资料的申报、审批应遵守国家和当地建设行政主管部门的有关规定，并不得影响正常施工。

（二）施工资料的分类

市政基础设施工程施工资料分类，应根据工程类别和专业项目进行划分。按照《市政基础设施工程资料管理规程》的要求，施工资料宜分为施工管理资料、施工技术资料、工程物资资料、施工测量监测资料、施工记录、施工试验记录及检测报告、施工质量验收资料和工程竣工验收资料等八类。

在大量的施工资料中，质量资料主要是指隐蔽工程的质量检查验收记录；检验（收）批、分项工程的检查验收记录；原材料的质量证明文件、复验报告；结构物实体功能性检测报告；分部工程、单位工程的验收记录。

（三）质量保证资料、复检报告的收集与整理

1. 基本要求

原材料的质量证明文件、复验报告，工程物资质量必须合格，并有出厂质量证明文件（包括质量合格证明文件或检（试）验/试验报告、产品生产许可证、产品合格证、

产品监督检（试）验报告等），对列入国家强制商检目录或建设单位有特殊要求的进口物资还应有进口商检证明文件。进口物资应有安装、试验、使用、维修等中文技术文件。对国家和地方所规定的特种设备和材料应附有有关文件和法定检测单位的检测证明。

工程物资资料应分级管理。半成品供应单位或半成品加工单位负责收集、整理、保存所供物资或原材料的质量证明文件。施工单位则需收集、整理、保存供应单位或加工单位提供的质量合格证明文件和进场后进行的检（试）验、试验文件。各单位应对各自范围内的工程资料的汇总整理结果负责，并保证工程资料的可追溯性。

如合同或其他文件约定，在工程物资订货或进场之前须履行工程物资选样审批手续时，施工单位应填写《工程物资选样送审表》，报请监理单位审定。材料、配件进场后，由施工单位进行检（试）验，需进行抽检的材料、配件按规定比例进行抽检，并进行记录，填写《材料、配件检（试）验记录汇总表》。对进场后的产品，按有关检测规程的要求进行复试，填写产品复试记录/报告。施工过程中所作的见证取样均应填写《见证记录》。工程完工后由施工单位对所作的见证试验进行汇总，填写《有见证试验汇总表》。

2. 主要内容

（1）水泥

1）水泥应有生产厂家的出厂质量证明书和试验报告（内容包括厂家、品种、强度等级、生产日期、出厂日期和试验编号）。

2）水泥生产厂家的检（试）验报告应包括后补的28天强度报告。

3）水泥使用前的复试项目：抗压强度、抗折强度和安定性、凝结时间、细度等试验报告应有明确结论。

4）水泥采用快速试验仍以标养28天强度为准。

5）混凝土试配单、混凝土强度试验报告单上注明的水泥品种、强度等级、试验编号应与水泥出厂证明或复验单上的内容相一致。

（2）钢筋

1）钢筋应有出厂质量证明书和试验报告单，并按有关标准的规定抽取试件作力学性能和重量偏差检（试）验。

2）进口钢筋，应有机械性能试验、化学分析报告和可焊性试验报告。

3）集中加工的钢筋，应有加工单位出具的出厂证明及钢筋出厂合格证明的钢筋试验单的抄件（复印件）。

4）预应力混凝土所用钢材：

① 常用预应力混凝土所用钢材进场时应分批验收，机械性能验收时，除应对其出厂质量证明书及外观包装、商标和规格进行检查外，尚须按规定进行检（试）验。

② 每批重量不大于60t按规定抽样，若有试样不合格，则不合格盘报废，另取双倍试样重新检（试）验，如再有不合格项，则整批预应力筋报废。

（3）钢材配件

1）必须有出厂质量证明书，并应符合设计文件的要求，如对质量有疑义时，必须按规范进行机械性能试验和化学成份检（试）验。

2）钢结构出厂时制造单位应提交下列技术文件：

① 产品质量证明；

② 钢结构施工图，有设计变更的，应有变更洽商文件，并在图中注明修改部位；

③ 所用钢材和其他连接件的质量证明和试验报告；

④ 新材料、新工艺试验鉴定资料；

⑤ 发运构件清单。

（4）焊条

焊条应有出厂合格证，其性能应符合现行国家标准《非合金钢及细晶粒钢焊条》GB/T 5117—2012 或《热强钢焊条》GB/T 5118—2012 的规定，其型号应根据设计确定。

（5）砖、砌筑（预制块等）

1）应有出厂质量证明书。

2）用于承重结构时，使用前复试项目为：抗压、抗折强度。

3）使用的页岩砖、粉煤灰砖、路面砖都应分别见证取样。

（6）砂、石

1）市政工程所使用的砂、石按产地、品种、规格、批量按有关规定取样进行试验。

2）砂、石试验结果不符合质量标准的，原则上不应使用，采取技术措施进行处理后，应有复试报告，并有审批手续。

（7）混凝土外加剂

必须有生产厂家的质量证明，内容包括：产品名称、品种、包装、质量、出厂日期、性能和使用说明；使用前，新型材料应进行性能试验，并出具试验报告的掺量配比的试配单。

（8）防水材料

1）油毡应有出厂质量证明书，内容包括：品种、标号等各项技术指标，并应抽样检（试）验，检（试）验内容为不透水性、拉力、柔度和耐热度。

2）沥青：应有沥青的出产地、品种、标号和报告单。必须试验的项目为针入度、软化点和延伸度。

3）新型防水材料的性能必须符合设计要求，应有产品鉴定书、出厂合格证、质量标准和施工工艺要求，并有抽样复验记录。

（9）管材、管件

1）各种管材、管件都应有出厂合格证；合格证的内容应能说明该产品符合国家规范和设计要求。

2）各种塑料管材、橡胶圈、胶粘剂、电热熔带等材料应有出厂检（试）验报告。管材环刚度应有见证取样送检报告。

3）各种管材、管件在使用前应按设计要求核对其规格、材质、型号及外观检查，并做好记录（可在施工日志中反映）。

（10）检查井井室的砖材井圈、井盖、爬梯及防腐内衬材料应有出厂检（试）验报告及复检报告。

（11）支座、变形装置、止水带等产品应有出厂质量合格证书，若设计有要求的，应出具复试报告。

（12）土工合成材料

1）土工合成材料应有出厂质量检（试）验合格证，出厂检（试）验项目包括：尺寸偏差、物理机械性能、抗光老化等级、外观质量。

2）土工合成材料的分类、型号、规格、尺寸偏差的技术要求、检（试）验规则及试验方法应按交通行业标准《公路工程土工合成材料》JT/T 513～521—2004。

（13）水泥、石灰、粉煤灰、级配碎石类混合料

1）混合料应有生产厂家向施工单位提供的出厂合格证明。

2）连续供料时，生产单位出具合格证书的有效期最长不得超过 7d。

3）路拌要有以下试验资料。

① 混合料配合比实测数值（水泥、粉煤灰、石灰含量）；

② 混合料的活性氧化物含量；

③ 混合料最大干密度；

④ 混合料颗粒筛析结果；

⑤ 混合料无侧限抗压强度（7d）。

（14）沥青混合料

应有沥青拌合厂按同类型、同配比、每批次向施工单位提供的至少一份产品质量合格证。连续生产时，每 2000t 提供一次。合格证应包括如下内容：

1）沥青混凝土类型（矿料级配及沥青规格用量）；

2）稳定值；

3）流值；

4）空隙率（保水率）；

5）饱和度；

6）标准密度。

（15）商品混凝土。

1）应有商品混凝土生产单位按同配比、同批次、同强度等级提供的出厂质量合格证书。

2）应有商品混凝土生产单位按水泥、砂、石料、外掺剂的使用批量提供水泥外掺剂的出厂合格证和复检报告及砂石料的筛分级配和施工配合比、混凝土强度报告。

3）总含碱量有要求的地区，应有所提供混凝土碱含量报告。

（16）预应力混凝土设备检（试）验资料

1）应有预应力锚头、夹片、顶塞等出厂合格证明及硬度试验记录、锚具、夹片锚片锚固性能试验报告。

2）有由法定计量检测单位对张拉设备（油泵、千斤顶、压力表）进行鉴定的记录。

3）采用金属波纹管成孔时应有波纹管的质量合格证明及现场检（试）验记录。

（17）混凝土预制构件技术质量资料

1）应有作为主体结构使用的梁、板、墩、柱、挡墙板等钢筋混凝土及预应力钢筋混凝土结构预制构件生产厂家必须提供的下列技术资料。

① 构件混凝土强度资料（含28天标养及同条件养护的）；

② 预应力混凝土钢筋张拉记录；

③ 所用水泥钢筋和其他材料的质量证明书和试验报告；

④ 构件质量评定资料（隐蔽工程验收记录及工序质量评定表）。

2）一般混凝土预制构件如侧平石、方砖、栏杆、地梁、防撞墩等，应有生产厂家提供的合格证明，内容包括：混凝土强度及按有关规定进行抽检的技术资料。

3）应有施工单位根据出厂合格证明依照现行标准逐件验收填写的验收记录。

（18）钢结构构件

1）作为主体结构使用的钢结构，应有生产厂家依据GB 50205—2001规定提供的相应能够证明产品质量的基本质量保证资料，如钢材的复试报告、可焊性试验报告、焊接检（试）验报告的连接件的试验报告、机械连续记录等。

2）施工单位依据有关标准进行检查验收的记录。

（四）结构实体功能性检测报告的收集和整理

1. 道路工程的功能性检（试）验资料

道路工程功能性检测主要是土路床、基层及沥青面层的弯沉检测，要收集以下资料：

（1）弯沉值检（试）验记录（收集荷载磅单）；

（2）弯沉值检（试）验报告；

（3）弯沉值检（试）验成果汇总表。

2. 给水排水工程的功能性检（试）验资料

（1）水池满水试验与气密性试验

水池应按设计要求进行满水试验和气密性试验，并由试验（检测）单位出具试验（检测）报告。

（2）雨污水管道闭水试验

已经施工完成的雨污水管道，在回填前应该按照设计及规范要求，进行闭水试验及无压力管、涵严密性试验，并有试验单位出具的检测报告。

（3）给水管道压力试验或闭气试验

给水管道需要进行压力管道强度及严密性试验，并由试验（检测）单位出具试验（检测）报告。

3. 桥梁工程的功能性检（试）验资料

（1）预制混凝土构件（梁、板）结构性能检（试）验报告；

（2）桥梁锚具、夹具静载锚固性试验报告；
（3）桥梁拉索超张拉检（试）验报告；
（4）桥梁拉索静载、动载试验报告；
（5）高强度螺栓连接摩擦力试验报告；
（6）结构应力监测报告；
（7）桥梁静载、动载试验报告。

4. 供热、燃气管道功能性检（试）验资料

供热管道安装经质量检查符合标准和设计文件规定后，应分别按标准规定的长度进行分段和全长的管道水压试验，管道清洗可分段或整体联网进行。试验后填写《供热管道水压试验记录》、《供水、供热管网冲洗记录》。供热管网应按标准要求进行整体热运行，填写《供热管网（场、站）试运行记录》。管道补偿器安装时应按设计文件要求进行预拉伸，并填写《补偿器冷拉记录》。

燃气管道为输送燃气、天然气、液化石油气的压力管道，管道及安全附件的校验、防腐绝缘、阴极保护、管道清洗、强度、严密性等试验，均是确保管道使用安全的重要条件。管道及管道附件在施工质量检查合格后应根据规范要求，严格进行试验并记录：《燃气管道强度试验验收单》、《燃气管道严密性试验验收单》、《燃气管道气压严密性试验记录》、《管道通球试验记录》、《管道系统吹洗（脱脂）记录》、《阴极保护系统验收测试记录》。

5. 地基载荷试验

当设计要求或经过处理的地基需要进行地基承载力检测时，应由试验单位出具《地基平板载荷试验报告》，并绘制检测平面示意图。

6. 钢筋焊接

钢筋焊接接头、机械连接接头应按焊（连）接类型和验收批进行现场取样检测，由试验单位出具检测报告。

（五）质量检查验收资料

市政建设项目从施工准备开始到竣工交付使用，要经过若干工序、工种的配合施工。施工质量的优劣，取决于各个施工工序、工种的管理水平和操作质量。因此，为了便于控制、检查、评定和监督每个工序和工种的工作质量，就要把整个项目逐级划分为若干个子项目，并分级进行编号，在施工过程中据此来进行质量控制和检查验收。

根据《建筑工程施工质量验收统一标准》GB 50300—2013 规定，建筑工程质量验收应逐级划分为单位（子单位）工程、分部（子分部）工程、分项工程和检验（收）批，见表 9-1。

1. 检验（收）批检查验收记录

检验（收）批的质量验收应按主控项目和一般项目验收。检验（收）批施工完成后，施工单位首先自行检查验收，填写检验（收）批质量验收记录，确认符合设计文件，相关验收规范的规定，然后向专业监理工程师提交申请，由专业监理工程师组织检查并予以确认。

工程施工质量验收项目表 **表 9-1**

序号	验收层次	验收时间	验收资料	验收组织形式
1	隐蔽工程	隐蔽工程隐蔽前	《隐蔽工程检查验收记录》	专业监理工程师负责验收
2	检验（收）批	检验（收）批完工自检合格后	《检验（收）批质量验收记录》	由专业监理工程师组织施工单位质量检查员等验收
3	分项工程	分项工程完工自检合格后	《分项工程质量验收记录》	由专业监理工程师组织施工单位项目专业技术负责人等进行验收
4	分部工程	分部工程完工自检合格后	《分部（子分部）工程质量验收记录》	由总监理工程师组织施工单位项目负责人和有关勘察、设计单位项目负责人进行验收
5	单位工程	单位工程完工自检合格后	《单位（子单位）工程质量竣工验收记录》 《单位（子单位）工程质量控制资料核查记录》 《单位（子单位）工程安全和功能检（试）验资料核查及主要功能抽查记录》 《单位（子单位）工程观感质量检查记录》	建设单位项目负责人组织建设单位项目技术质量负责人、有关专业设计人员、总监理工程师和专业监理工程师、施工单位项目负责人参加工程验收
6	竣工验收	构成各分项工程、分部工程、单位工程质量验收均合格后	《工程竣工验收报告（建设单位）》、《工程竣工报告（施工单位）》、《工程质量评价报告（监理单位）》、《工程质量检查报告（勘察单位）》、《工程质量检查报告（设计单位）》、《工程竣工验收证书》、《质量保修书》及规划、公安、消防、环保等部门出具的认可文件或准许使用文件	工程竣工验收应由建设单位组织验收组进行。验收组应由建设、勘察、设计、施工、监理与设施管理等单位的有关负责人组成，亦可邀请有关方面专家参加

检验（收）批的质量验收包括了质量资料的检查和主控项目、一般项目的检（试）验两方面的内容。质量控制资料反映了检验（收）批从原材料到验收的各施工工序的完整施工操作依据，质量验收记录检查情况以及保证质量所必需的管理制度等。

检验（收）批的合格质量主要取决于对主控项目和一般项目的检（试）验结果。其中主控项目是对检验（收）批的基本质量起决定性影响的检（试）验项目，因此必须全部符合有关专业工程验收规范的规定。

检验（收）批的质量验收记录由施工项目专业质量检查员填写，专业监理工程师组织项目专业质量检查员等进行验收。

当国家现行标准有明确规定隐蔽工程检测项目的设计文件和合同要求时，应进行隐蔽工程验收并填写隐蔽工程检查记录、形成验收文件，验收合格方可继续施工。

2. 分项工程的验收记录

分项工程的验收在检验（收）批的基础上进行。一般情况下，两者具有相同或相近的性质，只是批量的大小不同而已。构成分项工程的各检验（收）批的验收资料完整，并且均验收合格，则分项工程验收合格。

分项工程验收记录由施工项目专业质量检查员填写，专业监理工程师组织施工单位项目专业技术负责人等进行验收。

3. 分部工程质量验收记录

分部工程验收记录由施工项目专业质量检查员填写，总监理工程师组织施工单位项目负责人和有关勘察、设计单位项目负责人等进行验收。

4. 单位工程质量验收记录

单位工程质量验收记录由单位工程质量评定记录、单位（子单位）工程质量竣工验收记录、单位（子单位）工程质量控制资料核查表、单位（子单位）工程安全和功能检查资料核查及主要功能抽查记录、单位（子单位）工程观感质量检查记录配合使用。

验收记录由施工单位填写，验收结论由监理（建设）单位填写。综合验收结论由参加验收各方共同商定，建设单位填写，应对工程质量是否符合设计和规范要求和总体质量水平作出评价。

5. 质量检查验收资料的收集和整理

对于单位工程除原材料、半成品、构配件出厂质量证明及试（检）验报告和功能性试验记录外，还有隐蔽记录、施工记录、过程试验报告、质量检查记录等，因此质量检查验收应按检验（收）批、分项工程、分部工程、单位工程进行资料的收集和整理。其主要内容如下：

（1）基础/主体结构工程验收；
（2）分部验收记录；
（3）工程竣工验收鉴定书；
（4）工程竣工报告；
（5）施工测量监控记录等。

（六）工程竣工验收资料

1. 工程竣工验收资料

工程竣工验收资料是在工程竣工时形成的重要文件，主要内容有：单位工程竣工预验收报验表、单位（子单位）工程质量竣工验收记录、单位（子单位）工程质量控制资料核查记录、单位（子单位）工程安全和功能检查资料核查及主要功能抽查记录、单位（子单位）工程观感质量检查记录、工程质量事故报告、工程竣工报告、工程概况表等，以及合同约定应检测项目报告。

(1) 单位（子单位）工程质量竣工验收记录

建设单位应组织设计、监理、施工等单位对工程进行竣工验收，各单位应在单位（子单位）工程质量竣工验收记录上签字并加盖公章。“验收结论”应明确：是否完成设计和合同约定的任务，工程是否符合设计文件和技术标准的要求，验收是否合格。

(2) 工程竣工报告

工程完工后由施工单位编写工程竣工报告（施工总结），主要内容包括：

1) 工程概况：工程名称，工程地址，工程结构类型及特点，主要工程量，建设、勘察、设计、监理、施工（含分包）单位名称，施工单位项目经理、技术负责人、质量管理负责人等情况；

2) 工程施工过程：开工、完工及预验收日期，主要/重点施工过程的简要描述；

3) 合同及设计约定施工项目的完成情况；

4) 工程质量自检情况：评定工程质量采用的标准，自评的工程质量结果（对施工主要环节质量的检查结果，有关检测项目的检测情况、质量检测结果，功能性试验结果，施工技术资料和施工管理资料情况）；

5) 主要设备调试情况；

6) 其他需说明的事项：有无减项或增项（量），有无质量遗留问题，需说明的其他问题，建设行政主管部门及其委托的工程质量监督机构等有关部门责令整改问题的整改情况；

7) 经质量自检，工程是否具备竣工验收条件。

项目经理、单位负责人签字，单位盖公章，填写报告日期；实行建设监理制度的工程还应由总监理工程师签署意见并签字。

(3) 竣工测量委托书、竣工测量报告

由施工单位填写《竣工测量委托书》委托具有相应资质的单位对工程完成情况进行竣工测量并记录、编制《竣工测量报告》，竣工测量资料及附图并应绘制在竣工图上。

(4) 其他工程竣工验收资料

单位（子单位）工程完工自检合格后，由施工单位填写单位工程竣工预验收报验表报监理单位申请工程竣工预验收。总监理工程师组织各专业监理工程师对工程质量进行竣工预验收，必要时还应邀请设计单位参加。存在施工质量问题由施工单位整改、整改完毕后，由施工单位向建设单位提交工程竣工报告并附单位（子单位）工程质量竣工验收记录、单位（子单位）工程质量控制资料核查记录、单位（子单位）工程安全和功能检验资料核查及主要功能抽查记录和单位（子单位）工程观感质量检查记录等，申请工程竣工验收。

表中的“核查意见”和“核查（抽查）人”均由负责核查的总监理工程师（建设单位项目负责人）签署。

检查项目及抽查项目由验收组或检查单位协商确定；当相关专业标准（规范）给出相应的检查项目时应按已给出的项目检查（或抽查）。

2. 竣工图

（1）竣工图的内容

1）竣工图应包括与施工图（及设计变更）相对应的全部图纸及根据工程竣工情况需要补充的图纸。

2）各专业竣工图按专业和系统分别进行整理，主要包括：道路工程、桥梁工程、供水工程、排水工程、供热工程、地下交通工程、供气工程、公交广场工程、生活垃圾处理工程、交通安全设施工程、市政基础设施机电设备安装工程、轨道交通工程、景观绿化工程等以及招投标文件、合同文件规定的其他方面的竣工图。

（2）竣工图的基本要求

1）各项新建、改建、扩建的工程均须编制竣工图。竣工图均按单位工程进行整理。

2）竣工图应满足以下要求：

竣工图的图纸必须是蓝图或绘图仪绘制的白图，不得使用复印的图纸；

竣工图应字迹清晰并与施工图比例一致；

竣工图应有图纸目录，目录所列的图纸数量、图号、图名应与竣工图内容相符；

竣工图使用国家法定计量单位和文字；

竣工图应与工程实际境况相一致；

竣工图应有竣工图章，并签字齐全；

管线竣工测量资料的测点编号、数据及反映的工程内容应编绘在竣工图上。

3）用施工图绘制竣工图应使用专业绘图工具、绘图笔及绘图墨水。

4）按图施工，没有设计洽商变更的，可在原施工图上加盖竣工图章形成竣工图。设计洽商变更不多的，可将设计洽商变更的内容直接改绘在原施工图上，并在改绘部位注明修改依据，加盖竣工图章形成竣工图。

5）设计洽商变更较大的，不宜在原施工图上直接修改和补充的，可在原图修改部位注明修改依据后另绘修改图；修改图应有图名、图号。原图和修改图均应加盖竣工图章形成竣工图。

6）绘制竣工图应使用专业绘图工具、绘图笔及绘图墨水。使用施工图电子文件（电子施工图）绘制竣工图时，可将设计洽商变更的结果直接绘制在电子施工图上，用云图圈出修改部。修改过的图纸应有修改依据备注表（表9-2）。

修改依据备注表　　**表9-2**

洽商变更编号	简要变更内容

7）使用施工图电子文件绘制的竣工图，应有图签并有原设计人员的签字；没有设计人员签字的，须附有原施工图，原图和竣工图均应加盖竣工图章形成竣工图。

8）竣工图章的内容和尺寸应符合相关规范和合同文件的规定。

9）竣工图章应加盖在图签附近的空白处，图章应清晰。

10）利用施工蓝图绘制竣工图时所使用的蓝图必须是新图，不得使用刀刮、补贴等方法进行绘制。

（七）建设工程文件归档的质量要求

1. 工程资料编制与组卷

（1）工程完工后参建各方应对各自的工程资料进行收集整理，编制组卷。

（2）工程资料组卷应遵循以下原则：

1）组卷应遵循工程文件资料的形成规律，保证卷内文件资料的内在联系，便于文件资料保管和利用；

2）基建文件和监理资料可按一个项目或一个单位工程进行整理和组卷；

3）施工资料应按单位工程进行组卷，可根据工程大小及资料的多少等具体情况选择按专业或按分部、分项等进行整理和组卷；

4）施工资料管理过程中形成的分项目录应与其对应的施工资料一起组卷；

5）竣工图应按设计单位提供的各专业施工图序列组卷；

6）工程资料可根据资料数量多少组成一卷或多卷；

7）专业承包单位的工程资料应单独组卷；

8）工程系统节能检测资料应单独组卷。

（3）工程资料案卷应符合以下要求：

1）案卷应有案卷封面、卷内目录、内容、备考表及封底；

2）案卷不宜过厚，一般不超过 40mm；

3）案卷应美观、整齐，案卷内不应有重复资料。

（4）移交城建档案管理部门保存的工程档案案卷封面、卷内目录、备考表应符合城建档案管理部门的有关要求。

（5）市政工程工程资料归档保存应符合住房和城乡建设部和当地主管部门的规定。

（6）单位工程档案总案卷数超过 20 卷的，应编制总目录卷。

（7）分包单位应按合同约定将工程资料案卷向总包单位进行移交，并应单独组卷，办理相关移交手续。

（8）监理单位、施工总包单位应按合同约定将工程资料案卷向建设单位进行移交，并办理相关的移交手续。

2. 验收与移交有关规定

（1）工程参建各方应将各自的工程资料案卷归档保存。

（2）监理单位、施工单位应根据有关规定合理确定工程资料案卷的保存期限。

（3）建设单位工程资料案卷的保存期限应与工程使用年限相同。

（4）依法列入城建档案管理部门保存的工程档案资料，建设单位在工程竣工验收前应组织有关各方，提请城建档案管理部门对归档保存的工程资料进行预验收，并办理相关验收手续。

（5）国家和省市重点工程及合同约定的市政基础设施工程，建设单位应将列入城建档案管理部门保存的工程档案资料制作成缩微胶片，提交城建档案管理部门保存。

（6）依法列入城建档案管理部门保存的工程档案资料，经城建档案管理部门预验收合格，建设单位应在工程竣工验收后6个月内将工程档案案卷或缩微胶片交由城建档案管理部门保存，并办理相关手续。